土木工程力学基础

主　编：刘晓风

副主编：江　毅　林敏聪　梁德光

厦门大学出版社
XIAMEN UNIVERSITY PRESS
国家一级出版社
全国百佳图书出版单位

图书在版编目(CIP)数据

土木工程力学基础/刘晓风主编.—厦门:厦门大学出版社,2019.8
ISBN 978-7-5615-7460-7

Ⅰ.①土… Ⅱ.①刘… Ⅲ.①土木工程—工程力学—中等专业学校—教材 Ⅳ.①TU311

中国版本图书馆 CIP 数据核字(2019)第 132619 号

出 版 人 郑文礼
责任编辑 陈进才

出版发行 厦门大学出版社
社　　址 厦门市软件园二期望海路 39 号
邮政编码 361008
总　　机 0592-2181111　0592-2181406(传真)
营销中心 0592-2184458　0592-2181365
网　　址 http://www.xmupress.com
邮　　箱 xmup@xmupress.com
印　　刷 厦门市明亮彩印有限公司

开本 787 mm×1 092 mm 1/16
印张 12.5
字数 310 千字
版次 2019 年 8 月第 1 版
印次 2019 年 8 月第 1 次印刷
定价 32.00 元

本书如有印装质量问题请直接寄承印厂调换

厦门大学出版社
微信二维码

厦门大学出版社
微博二维码

前　言

本书根据教育部于2009年发布的《中等职业学校土木工程力学基础教学大纲》要求，适应2020年开始高职院校分类考试改革后，高职院校、应用型本科院校招收对应的中职专业学生，高职专业人才培养对中职专业基础的要求；备战我省中等职业学校学生学业水平考试；结合省级精品课程开发工作编写。

省中职学业水平考试迫切要求提升课堂教学整体水平，本书将作者多年力学教学中积累化难为易的经验融入教材编写。教学内容采用小步走、勤反馈的编写思路，分解难点、细化项目的具体措施体现在例题设计和习题安排上。例题习题兼顾基本要求和难度提升。例题后跟练一练，课堂及时反馈学习。A类基础题，可直接在课本上作答。教材结合福州建筑工程职业中专学校省级精品课程开发工作编写，配套大量力学小实验视频，教学重难点动画演示及电子教案。力学小实验视频由武汉铁路桥梁学校卢光斌提供。

本书由福州建筑工程职业中专学校刘晓风任主编，福州建筑工程职业中专学校江毅、福建省建设人才与科技发展中心林敏聪、福建省福清龙华职业中专学校梁德光任副主编。本书编写过程中得到武汉铁路桥梁学校卢光斌具体指导。具体分工如下：第1章由江毅编写，第2章由江毅、刘晓风编写，第3章由福州建筑工程职业中专学校尹冰、胡自英编写，第4章由梁德光、刘晓风编写，第5章由福建省建设人才与科技发展中心林敏聪编写。

由于编者水平有限，书中不足之处，恳请读者批评指正。

编著者

2019年5月

前言

目 录

引 言………………………………………………………… 1
第 1 章 力和受力图………………………………………… 3
1.1 力的基本知识 ………………………………………… 3
1.2 静力学四公理 ………………………………………… 9
1.3 常见约束与受力图 …………………………………… 16
1.4 物体系统受力分析…………………………………… 29
第 2 章 平面力系的平衡 ………………………………… 35
2.1 力的投影 ……………………………………………… 35
2.2 平面汇交力系的平衡 ………………………………… 41
2.3 力矩 …………………………………………………… 47
2.4 力偶 …………………………………………………… 54
2.5 平面一般力系的平衡………………………………… 62
第 3 章 直杆轴向拉伸压缩 ……………………………… 79
3.1 材料力学的基本概念………………………………… 79
3.2 直杆轴向拉伸(压缩)时的内力……………………… 86
3.3 直杆轴向拉伸(压缩)时横截面上的正应力………… 93
3.4 直杆轴向拉伸(压缩)时的强度计算………………… 98
3.5 直杆轴向拉伸(压缩)时的变形 ……………………… 109
第 4 章 直梁弯曲………………………………………… 118
4.1 梁的形式和平面弯曲 ………………………………… 118
4.2 梁的内力 ……………………………………………… 121
4.3 梁的内力图 …………………………………………… 131
4.4 梁的正应力强度条件 ………………………………… 144
4.5 直梁弯曲知识 ………………………………………… 164
第 5 章 受压构件的稳定性……………………………… 170
部分习题参考答案………………………………………… 178
参考书目…………………………………………………… 195

目 录

引 言

参考书目

引 言

用建筑材料建造建筑物或构筑物(房屋、道路、桥梁、市政等)的生产活动和工程技术称为土木工程。

建筑物或构筑物中承受外部作用的骨架称为结构。组成结构的基本部件称为构件。如图 0-1 所示，柱、主梁、次梁、板是建筑物承受外力的基本构件。

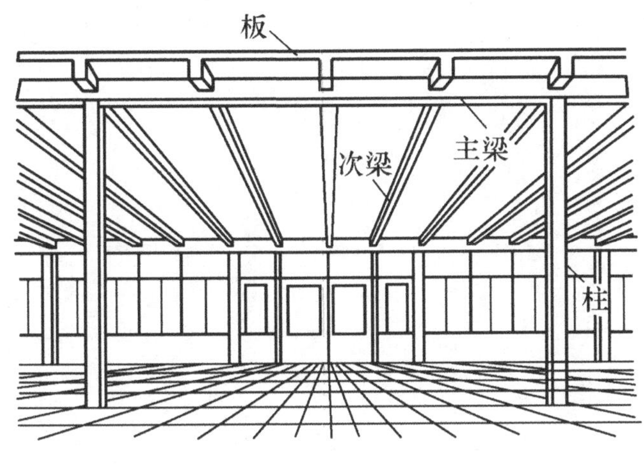

图 0-1

建筑物在使用中，会受到各种力的作用，如外墙上的风力、屋顶上的积雪、楼面上的人群、设备重量以及各部分构件自身重量等。这些作用在建筑物上的力，在工程上称为荷载。

任何一个构件，在设计时首先需要弄清楚它受到哪些荷载作用以及周围物体对它的反作用力。例如一根受荷载作用的梁，搁在柱子上，梁对柱有作用力，而柱对梁也起支承力作用。同时，构件在这些力的共同作用下，本身发生变形，可能被破坏。但构件本身具有一定抵抗变形和破坏的能力，即承载能力。这种承载能力的大小与构件的材料性质、截面几何形状及尺寸、受力性质、工作条件、构造情况等有关。对构件的承载能力进行计算，使所设计的构件既安全又经济。

土木工程力学的基本任务：研究各种建筑结构或构件在荷载作用下的平衡条件以及承载能力。

从事建筑施工的工程技术人员，只有掌握土木工程力学的基本知识，才能懂得建筑物中各种构件的作用、受力情况、传力情况、传力途径以及它们在各种力的作用下可能产生怎样破坏等。这样,在施工中就可以正确理解设计意图,确保工程质量,避免事故发生。例如:不懂力矩平衡的要求,造成阳台倾覆;不懂梁的内力分布,错误配置钢筋,引起楼梯折断;由于不懂力学知识,造成脚手架搭设事故,更是屡见不鲜。

第 1 章　力和受力图

1.1　力的基本知识

一、力的概念

力是物体间相互的机械作用。力作用效应是使物体运动或发生形状改变。任何物体在力的作用下，都将引起大小和形状的改变，即发生变形。但是，工程实际中许多物体的变形是非常微小的。例如建筑物中的梁，它在中央处最大的下垂一般控制在梁长度的 1/250～1/300。在分析力的运动效应时，可以不考虑物体的变形，将实际变形的物体抽象为受力而不变形的物体即**刚体**。

力对物体的作用效果取决于力的大小、方向和作用点这三要素。力是矢量。在国际单位制中，力的单位是 N(牛顿)，工程中常用 kN(千牛顿)。

力通常作用在物体的一定部位、一定范围，并且有一定的方向和大小。如果力作用范围相对于受力物体尺寸可以忽略不计，将力看做集中在一点上，称为**集中力**。通过集中力的作用点，沿力方位的直线，称为**力作用线**。

练一练：以 A 为力作用点，画力矢量，并画出该力的作用线(用虚线表示)。

A 。

在物体一定范围内连续分布的力，用力的分布集度矢量表示力的作用，这类力的模型称为**分布力**。如图堆放在脚手板上一堆砖块(图 1-1a)，总重量为 200 N，看成集中力。若将其均匀分散排放在 0.5 m 长范围(图 1-1b)，看作线分布力。线分布力集中在一点处的大小为 $q=200\ \mathrm{N}/0.5\ \mathrm{m}=400\ \mathrm{N/m}$。力沿线的分布集度矢量 q 称为**力的线集度**，单位：N/m 或 kN/m。

工程中的梁、柱、板等构件通常看成每单位体积重量为常量的匀质物体，其自重可根据外形尺寸和重度 γ 计算。图 1-2a 所示钢筋混凝土梁，当梁长 $l=6$ m，截面积 $A=200\times500\ \mathrm{mm}^2$，材料重度 $\gamma=25\ \mathrm{kN/m^3}$ 时，自重 W 等于重度和体积的乘积，为 $W=\gamma lA=25\times6\times0.2\times0.5=15$ kN。

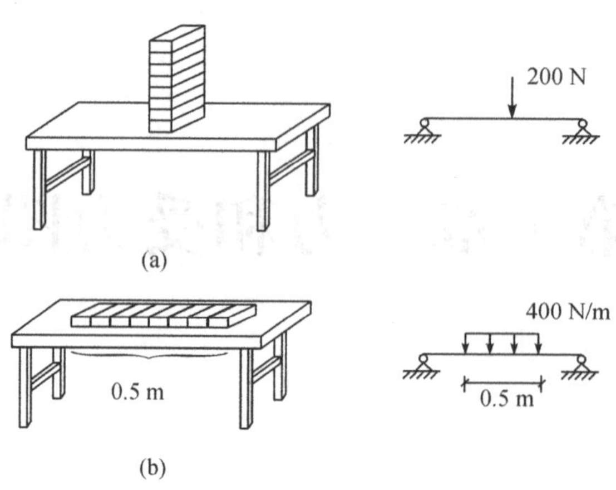

图 1-1

如果横截面尺寸沿梁长不变，即单位长度上梁的自重相同，则将总重量除以梁长就是以均布线集度 q 表示的自重（图 1-2b），大小为

$$q=\frac{W}{l}=\gamma\cdot A=25\times0.2\times0.5=2.5\ \text{kN/m}$$

这说明**等截面梁单位长度上的自重 q 可由总重量除以梁长或由重度乘以横截面积计算。**

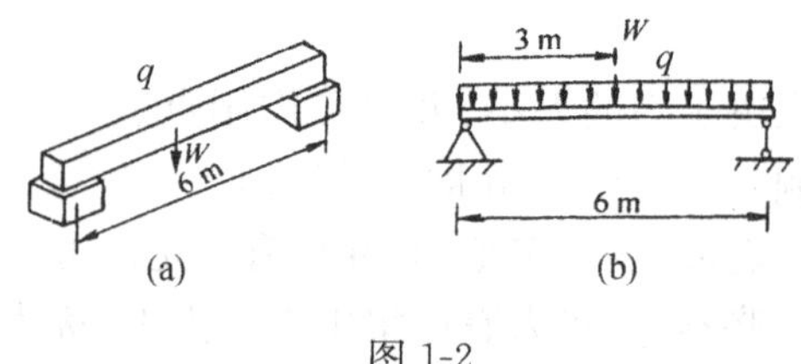

图 1-2

练一练：图示梁的自重简化为沿梁长的线分布力 q，试将图中均布线分布力（均布线荷载）合成集中力 Q。

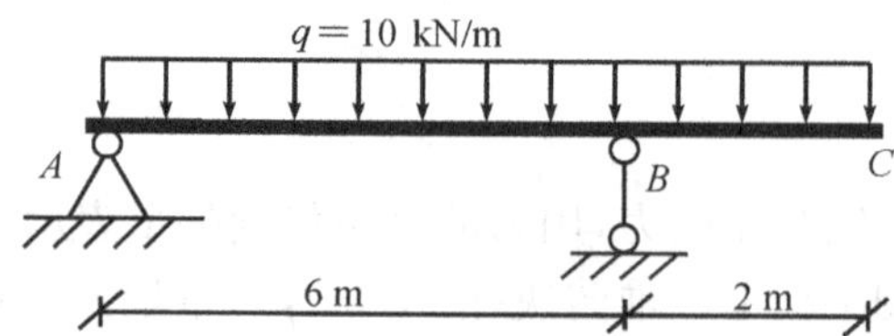

二、荷载分类

作用在建筑结构上的主动力称为**荷载**。例如结构构件的自重、楼面上人群或物品的重量、风压、雪压等，都是以力的形式直接作用在结构上的。

荷载按作用性质分为静荷载和动荷载。缓慢加到结构上去，不改变运动状态的荷载称为**静荷载**。急剧加在结构上，伴随运动状态改变的荷载称为**动荷载**。

荷载按作用的时间久、暂分为恒载和活荷载。长期作用在结构上的不变荷载称为**恒载**。

施工和使用期间可能作用在结构上的可变荷载称为**活荷载**。

荷载按作用范围分为集中荷载和分布荷载。作用在结构上的面积与结构的尺寸相比很小的荷载称为**集中荷载**。连续地作用在整个结构或结构的一部分上的荷载称为**分布荷载**。当分布荷载在各处的大小均相同时，称为**均布荷载**。

三、均布面荷载转化为均布线荷载的计算

工程结构计算中，通常需要将板面上受到的均匀分布的面荷载化简为沿板跨度方向的均匀分布的线荷载计算。图 1-3 中的板面，板宽为 b(m)，板跨度为 l (m)，若板上受到均匀分布的面荷载 q'(kN/m^2)作用，这块板受到的总荷载 Q 为

$$Q = q' \times b \times l\ (\text{kN})$$

荷载沿板的跨度方向均匀分布，沿板跨度方向均匀分布的线荷载 q 大小为

$$q = \frac{Q}{l} = q' \times b(\text{kN/m})$$

可见，均布面荷载转化为均布线荷载时，**均布线荷载集度大小等于均布面荷载集度大小乘以受荷宽度。**

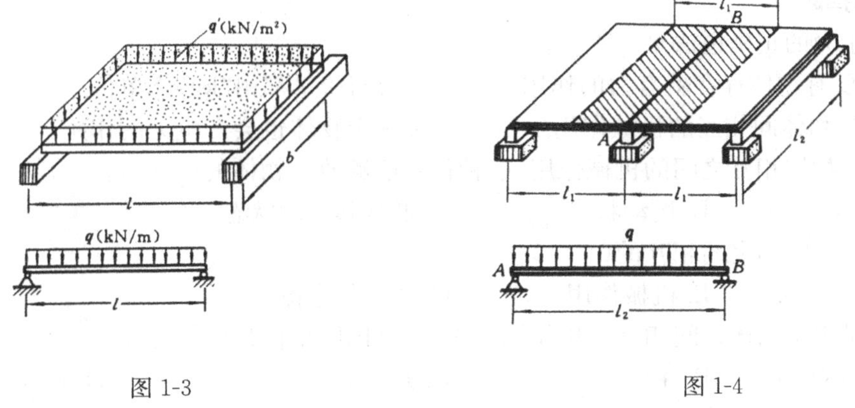

图 1-3　　图 1-4

在图 1-4 中，平板支承在梁上，梁支承在柱上，梁的跨度为 l_1，间距为 l_2，平板自重为 P (kN/m^2)，计算板传给梁 AB 的荷载时，需要把板传来的面荷载 P 转化成沿梁轴线方向的线荷载 q。为此，可认为梁 AB 承受图中阴影部分面积(梁的受荷宽度 l_2乘以梁的跨度 l_1)板的重力，即 $W = p \times l_2 \times l_1$ ，于是，沿梁轴线方向的线荷载 q 为

$$q = \frac{W}{l_1} = p \times l_2$$

1.1 习 题

A类

一、填空题

1. 力是物体之间________作用，这种作用会使物体产生两种力学效应分别是________和________。

2. 我们把实际的变形物体抽象为受力而不变形的物体，称为________。

3. 过集中力的作用点，沿力的方位的直线，称为________。

4. 力的三要素为________、________、________。

5. 力的单位为________，力的线集度 q 单位为________。

6. 荷载按其作用的范围可以简化为________和________。荷载按其作用的性质可以分为________和________。

二、选择题

1. 关于力的正确说法是(　　)。

A. 只要有物体存在就有力的作用　　B. 力与质量都用“kg”作单位

C. 力是物体间相互的机械作用　　D. 一个物体也会产生力的作用

2. 力是物体相互之间的机械作用，这种作用能够改变物体的(　　)。

A. 形状　　B. 运动状态　　C. 形状和运动状态

3. “力”是物体之间相互的(　　)。

A. 机械运动　　B. 机械作用　　C. 冲击与摩擦

4. 力是表示物体之间相互机械作用的程度，其国际单位是(　　)。

A. 千克(kg)　　B. 牛顿(N)　　C. 升(L)　　D. 吨(t)

5. 力的线集度 q 单位为(　　)。

A. N　　B. N/m　　C. N/m^2　　D. m

6. (1)作用在建筑结构上的主动力称为(　　)。

(2)荷载按作用性质分为(　　)和(　　)。

(3)荷载按作用的时间久、暂分为(　　)和(　　)。

(4)荷载按作用范围分为(　　)和(　　)。

(5)连续地作用在整个结构或结构的一部分上的荷载称为(　　)。

(6)缓慢加到结构上去，不改变运动状态的荷载称为(　　)。

(7)长期作用在结构上的不变荷载称为(　　)。

(8)急剧加在结构上，伴随运动状态改变的荷载称为(　　)。

(9)施工和使用期间可能作用在结构上的可变荷载称为(　　)。

(10)作用在结构上的面积与结构的尺寸相比很小的荷载称为(　　)。

A. 静荷载　　B. 动荷载　　C. 恒载　　D. 活荷载

E. 集中荷载　　F. 分布荷载　　G. 均布荷载　　H. 荷载

三、判断题

1. 力作用的效应是使物体的运动状态发生变化。(　　)
2. 在任何外力作用下,大小和形状保持不变的物体称为刚体。(　　)
3. 力对物体的作用,不会在产生外效应的同时产生内效应。(　　)
4. 力的三要素为力的大小、方向和作用点。(　　)
5. 线荷载集度 q 的单位为 kN。(　　)

四、画图题

1. 分别以 A 为力作用点画水平向左力 F_A,以 B 为力作用点画竖直向上力 F_B。

A　。　　　　　　　　B　。

2. 将图中均布线荷载合成集中力。

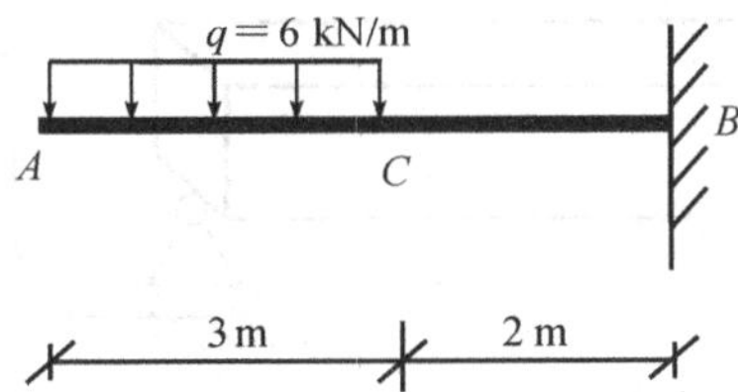

B类

一、选择题

1. 下列各量为矢量的是(　　)。

A. 长度　　B. 力　　C. 面积　　D. 质量

2. 在外力作用下的刚体,其(　　)。

A. 大小和形状都不变　　B. 大小不变,形状可变

C. 大小可变,形状不变

3. 以下关于刚体的四种说法,正确的是(　　)。

A. 处于平衡的物体都可视为刚体

B. 变形小的物体都可视为刚体

C. 自由飞行的物体都可视为刚体

D. 在外力作用下,大小和形状看作不变的物体视为刚体

二、判断题

1. 力对刚体的作用效应取决于力的大小、力的方向和力的作用线。（　　）

2. 对于刚体而言，作用线并不重要，影响力的作用效应的是力的作用点。（　　）

三、计算题

在图 1-3 的结构简图中，板宽为 $b=3$ m，板跨度为 $l=4$ m，若板上受到均匀分布的面荷载 $q'=3$ kN/m² 作用，计算均布线荷载值 q。

C 类

1. 混凝土梁重度（单位体积重量）$\rho=25$ kN/m³，梁长 $L=3$ m，截面如图所示。画出计算简图，计算其线荷载集度 q。

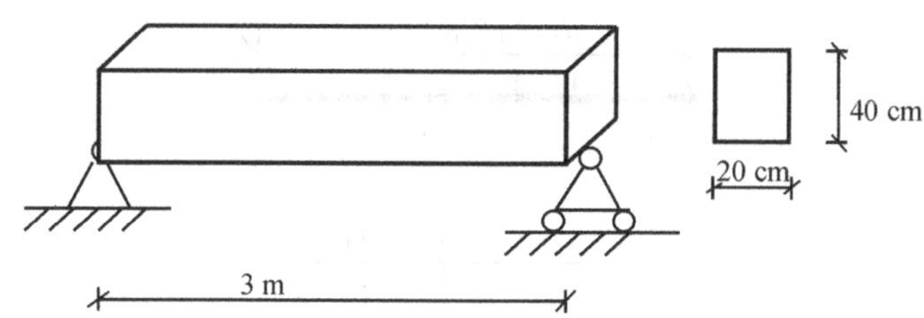

2. 图示结构简图中，板跨度 $l_1=3$ m，梁 AB 长 $l_2=5$ m，若板上受到均匀分布的面荷载 $q'=10$ kN/m² 作用，画出梁 AB 的受力简图，并计算由板传到梁上的均布线荷载值 q。

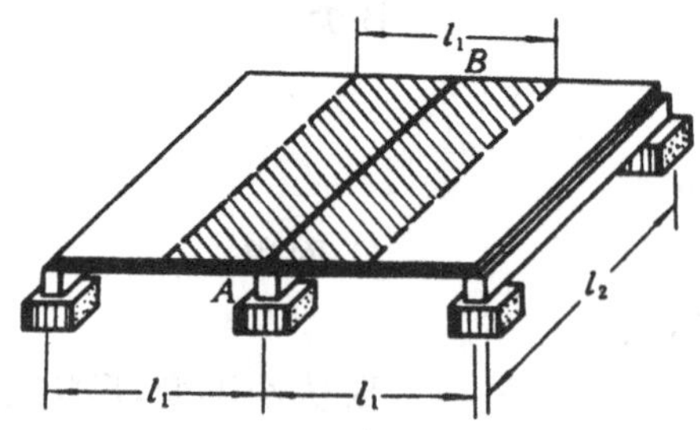

1.2 静力学四公理

平衡是物体相对于地面处于静止或作匀速直线运动的状态。作用在物体上的一群力称为力系。一个力系作用在物体上使物体平衡，这个力系称为**平衡力系**。静力学公理说明了作用在刚体上的力的基本性质，是静力学的基础。它阐述力的基本性质，是以实验观察为依据，并在人类长期实践中反复验证、无须再证明的客观规律。

作用与反作用公理：两物体间相互作用力总是同时存在，分别作用在相互作用的两个物体上，沿同一直线，指向相反，大小相等。这个公理说明了物体之间相互的作用关系，契合了力的定义中，力的产生必然有施力和受力两方面因素这一点。

例 1-1 天花板上用绳索吊一小球，小球受重力 G 作用(图 1-5a)，绳重不计。试分析各物体间相互的作用力与反作用力。

解：小球与地球之间有一对作用力 G 与反作用力 G'，它们分别作用于小球中心和地球中心(图 1-5b、c)，且 $G=G'$，方向相反，并沿同一直线。

小球与绳索之间有一对作用力 F_{T2} 与反作用力 F'_{T2}，它们分别作用于绳索的 2 点和小球的 2 点(图 1-5b、d)，且 $F_{T2}=F'_{T2}$，方向相反，并沿着绳索中心线。

同理，绳索对天花板有向下的作用力 F'_{T1}，作用在板的 1 点，其反作用力 F_{T1}，作用在绳的端点 1(图 1-5d、e)。

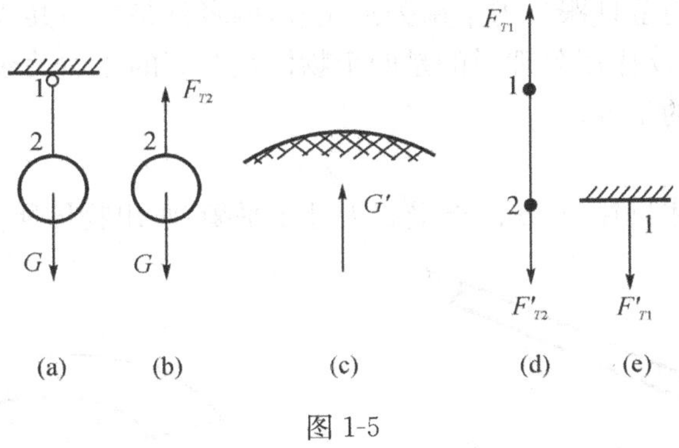

图 1-5

二力平衡公理：作用在同一刚体上的两个力，使刚体处于平衡的必要和充分条件是这两个力的大小相等、方向相反、作用在同一直线上(图 1-6)。这是刚体平衡的最简单情形，也是推证各种力系平衡条件的依据。

这个公理说明若一个刚体上只受两个力作用而平衡，则这两个力必定是大小相等、方向相反、作用于同一直线上。如把雨伞挂在桌边(图 1-7)，雨伞摆动到其重心和挂点在同一铅垂线上时，雨伞才能平衡。因为这时雨伞的向下重力和桌面的向上支承力在同一直线上。

若一根直杆只在两点受力而处于平衡，则作用在此两点的二力的方向必在这两点的连线上。此杆件称为**二力杆**。只在两点受力而处于平衡的一般物体称为**二力构件**。如图 1-8a 所示支架，BC 杆由于只在 C，B 两点受力而达到平衡，根据二力平衡公理，此二力必定大小相等、方向相反、作用在同一直线上(图 1-8b)。

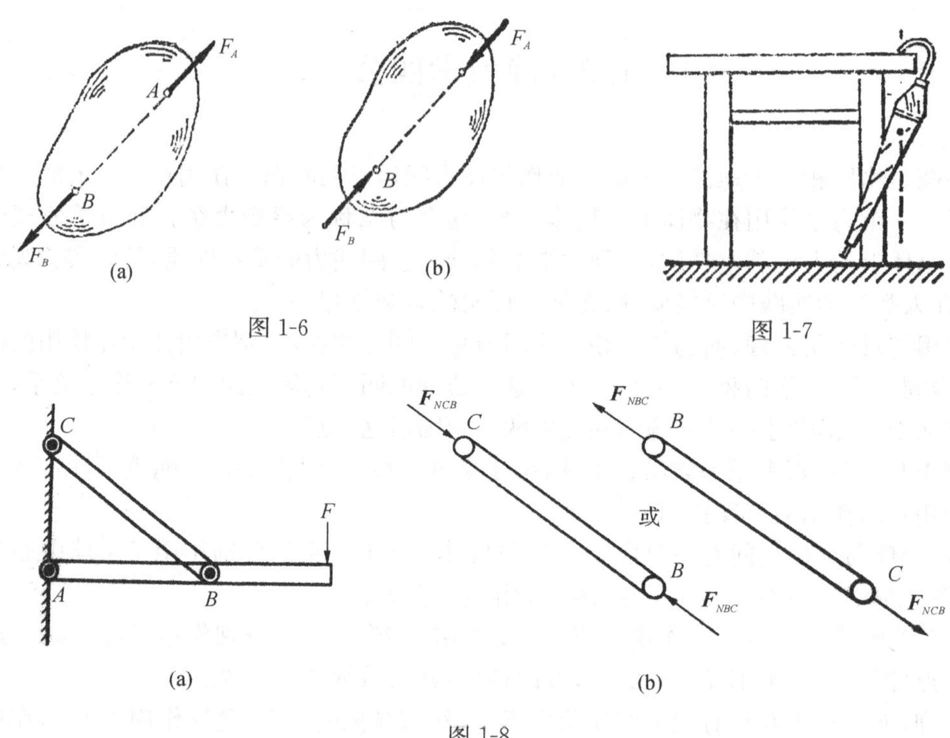

图 1-6

图 1-7

图 1-8

作用力与反作用力公理跟二力平衡公理比较，两者都是二力共线、反向、等值，然而两者存在本质区别，作用与反作用公理说的是两个物体相互间的作用关系，二力平衡公理说的是一个刚体上二力平衡的条件。

练一练：

1. 已知下列各物体只在 A、B 两点受二力处于平衡，画出物体所受二力。

2. 指出各图中的二力杆或二力构件

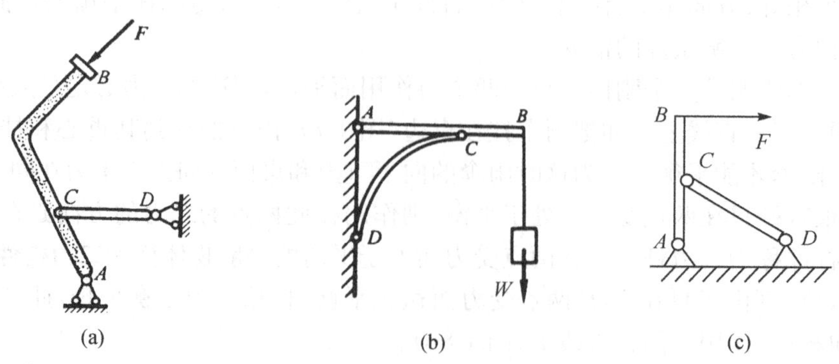

加减平衡力系公理:在已知的力系上,加上或减去任意的平衡力系,不改变原力系对刚体的作用效应。

根据这个公理可以得到作用于刚体上的力的一个重要性质,即**力的可传性**:作用在刚体上的力,可以沿着它的作用线移动到刚体的任意一点,不改变力对刚体的作用效应(图1-9)。

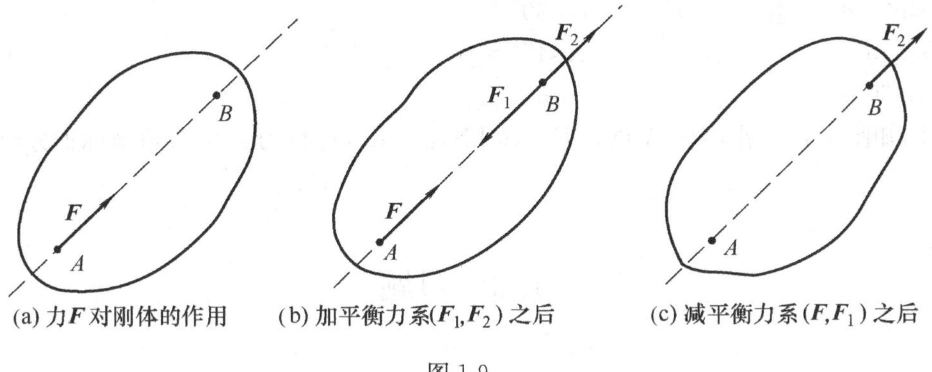

(a) 力$\boldsymbol{F}$对刚体的作用　(b) 加平衡力系($\boldsymbol{F}_1,\boldsymbol{F}_2$)之后　(c) 减平衡力系($\boldsymbol{F},\boldsymbol{F}_1$)之后

图1-9

力的平行四边形公理:作用在物体上同一点的两个力,可以合成一个合力,合力也作用在该点,合力大小和方向由两分力为邻边所构成的平行四边形的对角线确定(图1-10a)。

欲将已知的力矢量沿指定的两个方位分解,可通过力矢量的起点或终点分别作指定方位的平行线,即得相应的平行四边形。力学计算中经常用到力沿两互相垂直方向的分解(图1-10b)。

如果一个力与一个力系等效,这个力就称为该力系的**合力**,该力系的各力则称为这个力的**分力**。用合力等效替换力系的过程称为**力系的合成**,用力系等效替换单个力的过程称为**力的分解**。力系的合成与力的分解,是力学分析的基本方法之一。

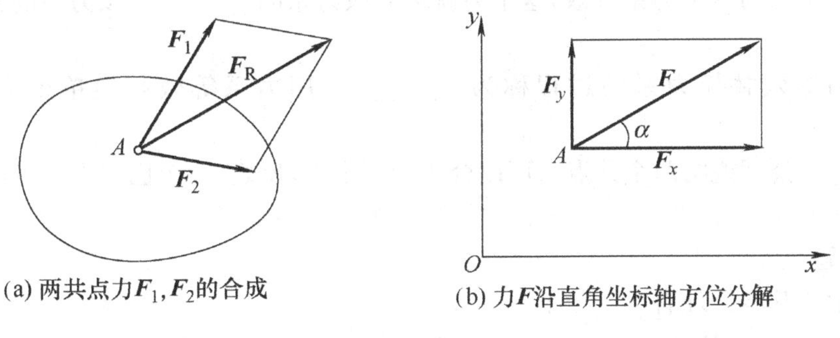

(a) 两共点力$\boldsymbol{F}_1,\boldsymbol{F}_2$的合成　(b) 力$\boldsymbol{F}$沿直角坐标轴方位分解

图1-10

练一练:

1. 在图示直角三角形中,已知斜边长为F,两直角边长分别为F_x和F_y,那么,α角的正弦$\sin\alpha=$________,α角的余弦$\cos\alpha=$________。

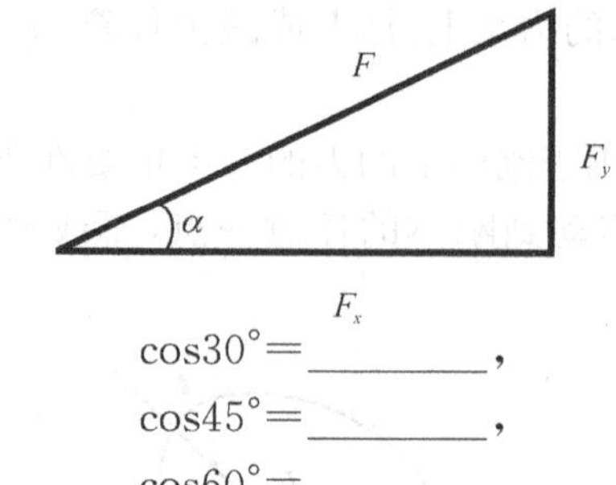

2. sin30°=________，　　　cos30°=________，

sin45°=________，　　　cos45°=________，

sin60°=________，　　　cos60°=________。

3. 已知图 1-10b，作用在 A 点力 $F=10$ kN，$\alpha=30°$，计算力 F 沿直角坐标轴分解所得分力大小。

1.2　习题

A 类

一、填空题

1. 作用在物体上的一组力称为________。

2. 平衡是指物体相当于地球________或________的状态。

3. 二力平衡条件为物体所受二力________、________、________且作用于________上。

4. 二力杆件所受二力的方向________。

5. 在作用于刚体的任一力系上，增加或减去________、________、________的两个力，不改变原力系对刚体的作用效果。

6. 如果一个力与一个力系等效，这个力就称为该力系的________，该力系的各力则称为这个力的________。

7. 用合力等效替换力系的过程称为________，用力系等效替换单个力的过程称为________。

8. ________公理说明两个共点力可以合成为一个力，反之，一个已知力也可以分解为两个力。

二、选择题

1. 静力学的基本公理有(　　)个。

A. 1　　　B. 2　　　C. 3　　　D. 4

2. 物体系统中的作用力与反作用力应是(　　)。

A. 等值、反向、共线　　　B. 等值、反向、共线、同体

C. 等值、反向、共线、异体　　　D. 等值、同向、共线、异体

3. 合力与分力之间的关系，不正确的说法为(　　)。

A. 合力一定比分力大

B. 合力不一定比分力大

C. 两个分力夹角越小合力越大

4. 刚体受二力作用而平衡时，此二力必须满足(　　)。

A. 二力汇交　　B. 二力同向

C. 二力共线　　D. 二力合力

5. 平衡是指物体相当于地面(　　)状态。

A. 处于静止　　B. 匀速运动

C. 匀速直线运动　　D. 静止或匀速直线运动

6. 下图可能满足二力平衡的是(　　)。

A.　　B.　　C.　　D.

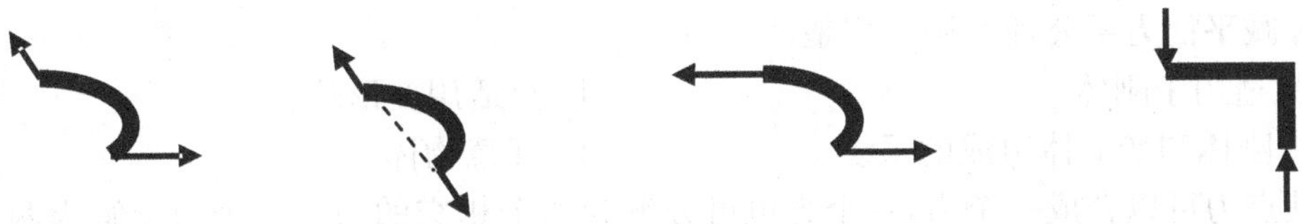

三、判断题

1. 图示 W 和 F_N 为二力平衡关系。(　　)

2. 图示 F_N 与 F_N' 为一对作用与反作用力。(　　)

3. 合力一定比分力大。(　　)

4. 作用力与反作用力既可以作用在同一个物体上，又可以分别作用在两个物体上。(　　)

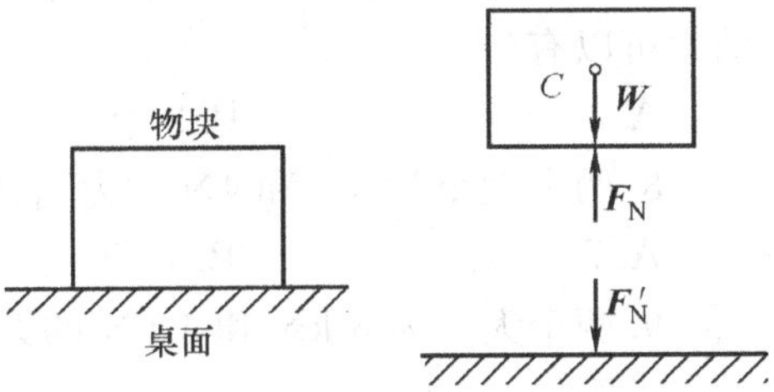

5. 图示放在水平面上纸板，受大小相等、方向相反二力作用处于平衡。(　　)

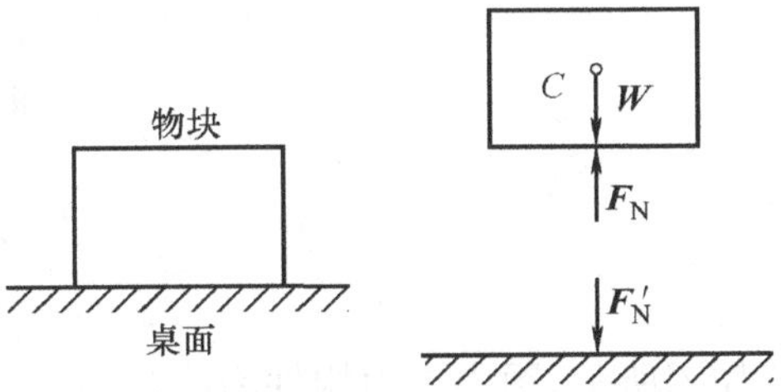

B类

一、选择题

1. 作用力与反作用力公理是(　　)。

A. 分别作用在两个相互作用的物体上　　B. 作用在同一个物体上

C. 二力平衡力　　D. 二力平衡构件

2. 作用力与反作用力公理的适用范围是(　　)。

A. 只适用于刚体　　B. 只适用变形体

C. 对刚体和变形体均适用　　D. 只适用于物体处于平衡状态

3. 在原来作用于物体上的力系中,(　　),物体的状态不会发生改变。
A. 增加一个作用力　　B. 增加一个与原作用力相反的力
C. 减少一个作用力　　D. 减少一对平衡的力
4. 物体在一个力系作用下,此时只能(　　),不会改变原力系对物体的外效应。
A. 加上由两个力组成的力系　　B. 去掉由两个力组成的力系
C. 加上或去掉由两个力组成的力系　　D. 加上或去掉一个平衡力系
5. 二力平衡公理适用于(　　)。
A. 刚体　　B. 非刚体　　C. 变形体　　D. 弹性体
6. 加减平衡力系公理适用范围是(　　)。
A. 只适用于刚体　　B. 只适用变形体
C. 由刚体和变形体组成的系统　　D. 任意物体
7. 共点力可以合成一个力,一个力也可分解为两个相交的力。一个力分解为两个相交的力可以有(　　)解。
A. 1 个　　B. 2 个　　C. 几个　　D. 无穷多
8. 两个大小为 3N 和 4N 的力,合成一个力时,此合力最大值为(　　)N。
A. 7　　B. 1　　C. 12　　D. 5
9. 两个大小为 3 kN 和 4 kN 的力,合成一个力时,此合力最小值为(　　)kN。
A. 7　　B. 1
C. 12　　D. 5
10. 结构及其所受荷载如图所示,图中二力构件为(　　)。
A. *AB* 杆
B. *BC* 杆
C. 两杆都是
D. 两杆都不是

11. 结构及其所受荷载如图所示,图中二力构件为(　　)。
A. *AB* 杆
B. *BC* 杆
C. 两杆都是
D. 两杆都不是

二、判断题
1. 凡是受二力作用的构件就是二力构件。(　　)
2. 作用力与反作用力公理只适用于刚体。(　　)
3. 力沿其作用线移动后,不会改变力对物体的外效应,但会改变力对物体的内效应。(　　)
4. 凡是两点受力的构件都是二力杆。(　　)
5. 任何物体在两个等值、反向、共线的力作用下都将处于平衡。(　　)
6. 二分力的夹角越小,合力也越小。(　　)
7. 力的可传性原理只适用于刚体而不适用于变形体。(　　)

8. 若力 F1 和 F2 大小相等、方向相反且作用在同一个刚体上，则刚体保持平衡。(　　)

9. 二力构件所受二力共线。(　　)

三、求作用在 O 点的力沿水平、竖直方位分解的分力大小，并在图上画出两分力。

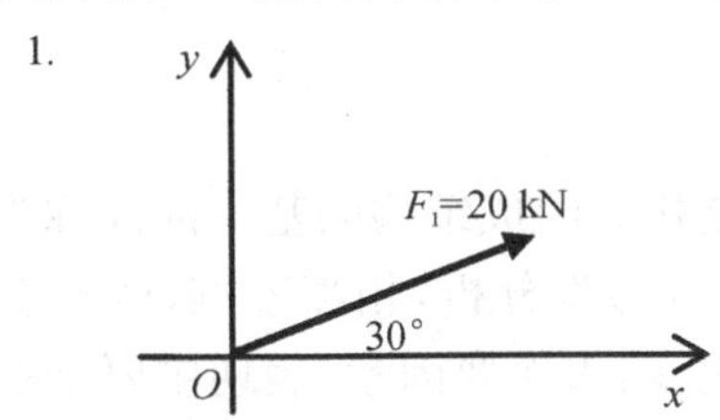

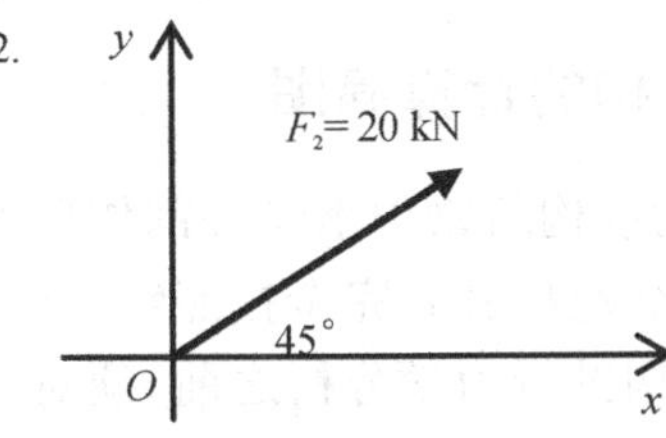

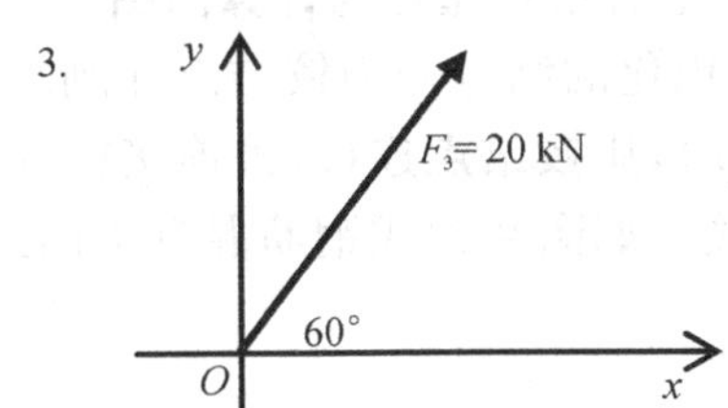

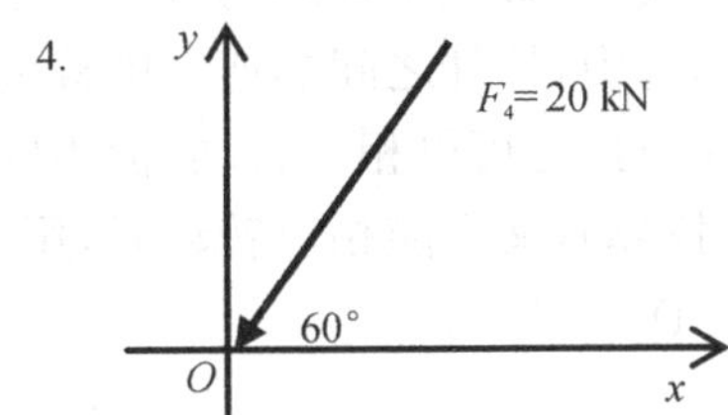

C 类

一、选择题

1. 用电线吊在天花板上的灯，属于作用力与反作用力的是(　　)。

A. 电线对灯的拉力，灯受到的重力

B. 电线对天花板的拉力，天花板对电线的拉力

C. 灯受到的重力，灯对电线的拉力

D. 天花板对电线的拉力，灯对电线的拉力

2. 三力作用在同一物体上，组成平面汇交力系。若不计物体重力，则图示物体(　　)。

A. 必平衡　　B. 不能平衡　　C. 不一定

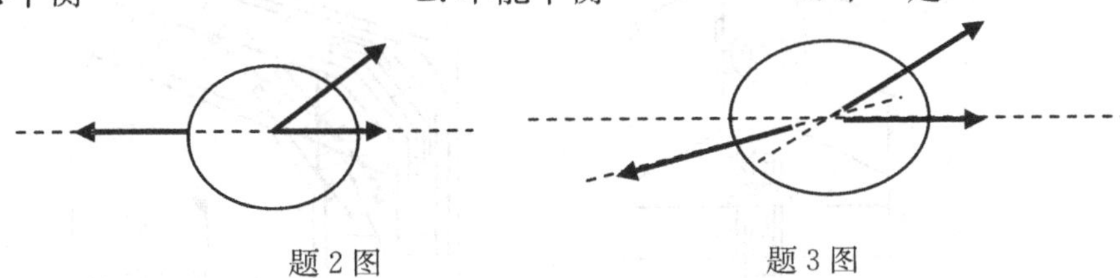

题 2 图　　题 3 图

3. 三力作用在同一物体上，组成平面汇交力系。若不计物体重力，则图示物体(　　)。

A. 必平衡　　B. 不能平衡　　C. 不一定

二、判断题

4. 若一根杆件受三力作用而处于平衡，则此三力必平行或者汇交于一点(　　)。

1.3　常见约束及受力图

一、结构的计算简图

建筑物或构筑物中承受外部作用的骨架称为**结构**。组成结构的基本部件称为**构件**。实际结构是比较复杂的，完全按照结构的实际情况进行力学分析，相当繁难，也没有必要。因此，在对结构进行力学分析之前，须对结构进行简化：略去次要因素，表现主要特点。用简化的图形作为模型，替代实际结构进行力学分析计算，这样的模型称为**计算简图**。

杆系结构中，杆件之间的连接区称为**结点**。理想化的结点分为铰结点和刚结点。被连接的杆件在连接处可以相对转动，但不能相对移动时，用**铰结点**连接；被连接杆件在连接处既不能相对移动，又不能相对转动时，用**刚结点**连接。如图装配式钢筋混凝土门式刚架（图1-11a、b、c、d）。

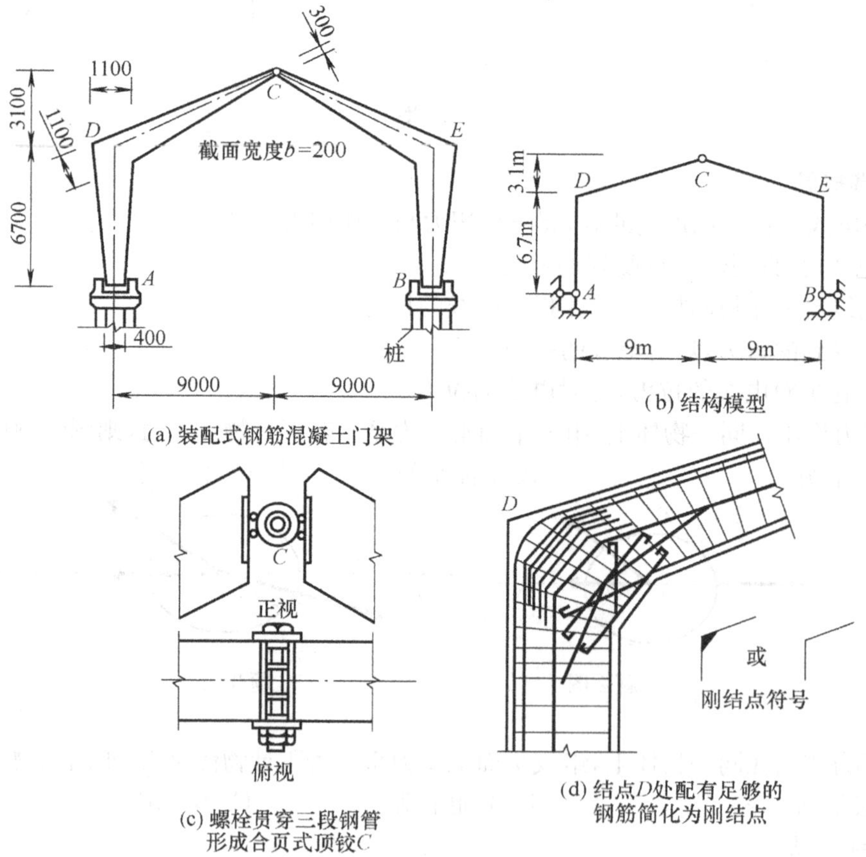

(a) 装配式钢筋混凝土门架

(b) 结构模型

(c) 螺栓贯穿三段钢管形成合页式顶铰C

(d) 结点D处配有足够的钢筋简化为刚结点

图 1-11

二、约束与约束力概念

在荷载作用下，结构或构件有运动的趋势。那些阻碍物体运动的限制物称为**约束**。建筑物中，楼板由于受到梁或柱子的限制而不能移动，柱子和墙受到基础的限制也无法移动。梁和柱是楼板的约束，基础是柱和墙的约束。约束限制物体运动的力，称为**约束力**。约束力的方向总是与约束所能阻碍的物体运动的方向相反。约束力的大小，将用平衡条件确定。主动改变物体的运动状态或使物体有运动趋势的力，称为**主动力**。结构的荷载或其他构件传给研究对象的力是主动力，一般为已知。对结构进行力学分析的一项基本内容，是对研究对象进行**受力分析**。

分析结构或构件的受力，需要把结构或构件从与周围相连的物体中隔离出来，从而明确研究对象，准确显示其他物体对研究对象的作用。这种从与其他物体连接中隔离出来的研究对象称为**隔离体**。用以显示隔离体全部受力的图形称为**受力图**。受力图应包括：研究对象，作用在研究对象上所有的力（主动力和约束力）。

画受力图的一般步骤为：1. 取隔离体；2. 画主动力；3. 画约束力。

三、几种常见约束的约束力

在对研究对象进行受力分析时，须将实际的约束抽象为理想约束，从而确定约束力的作用点和方向。

1. 柔性约束

由绳索、钢丝束、链条、胶带等形成的约束称为柔性约束。柔性约束的约束力作用在与研究对象的连接点，沿柔性约束的中心线，背离物体（为拉力）（图 1-12）。

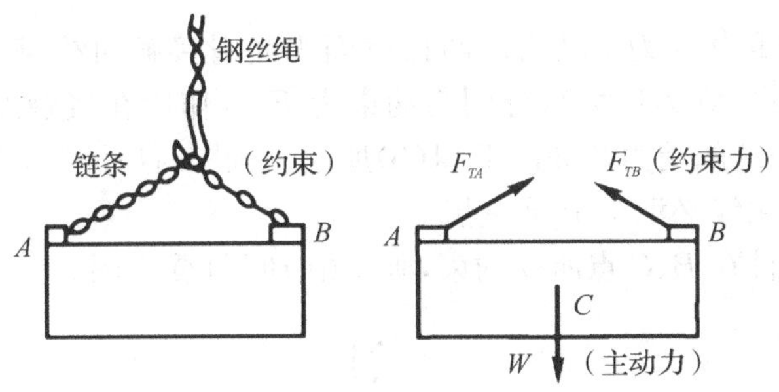

图 1-12

2. 光滑接触面约束

当约束与研究对象的接触略去摩擦时，接触面抽象为**光滑接触面**，此时的约束称为**光滑接触面约束**。光滑接触面约束的约束力作用在与研究对象的接触处，沿接触面的公法线，指向研究对象（为压力）（图 1-13）。

约束力的字符常采用双注脚：第一注脚表示约束力的性质，或分力的作用线方位。比如图 1-12 中，第一注脚 T 表示柔性约束的拉力；图 1-13 中，第一注脚 N 表示光滑面约束的压力。第二注脚表示力的作用点，或同类约束力的序号。

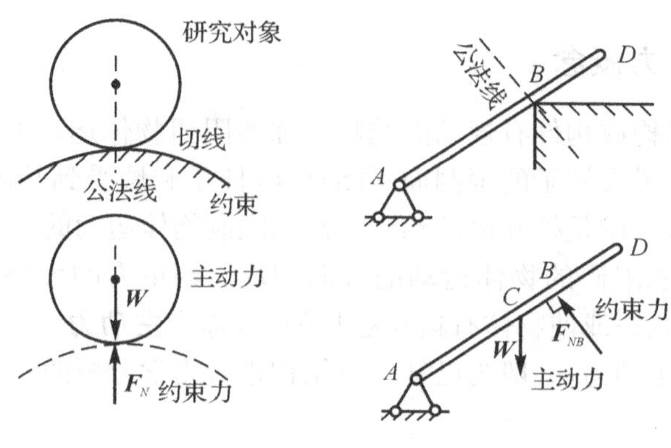

图 1-13

例 1-2 图 1-14(a)所示小球重 G,两接触面光滑,画小球的受力图。

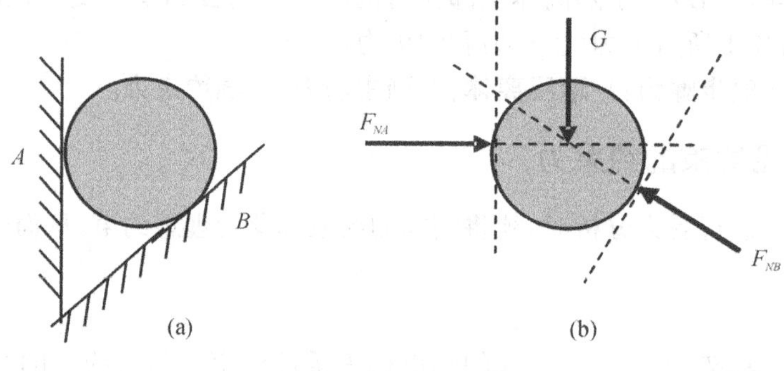

图 1-14

解:小球所受的重力 G 为主动力。两接触面为光滑接触面约束,约束力沿接触面的公法线(通过球心),指向球(为压力),分别为约束力 F_{NA},作用在接触点 A,及约束力 F_{NB},作用在接触点 B。画小球的受力图如图 1-14(b)所示。画图时应注意,若一个物体只受三力处于平衡,此三力的作用线必汇交于同一点。

练一练:说出杆件在 B、C 点所受约束,画图中 BC 杆受力图。

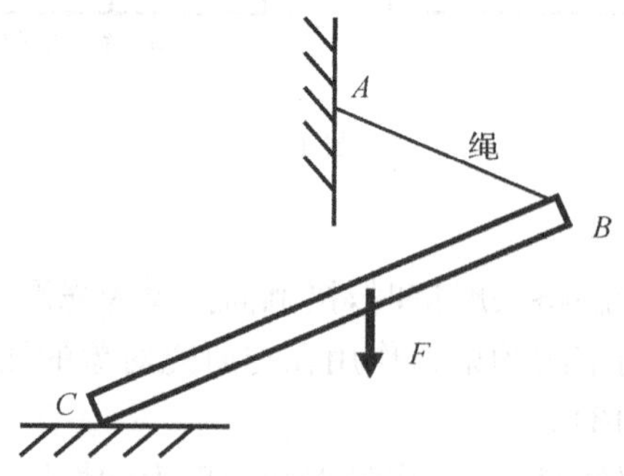

3. **二力杆件约束**

只受二力作用且处于平衡状态的杆件称为**二力杆件**。依据二力平衡条件,这两个力必在连接两作用点的直线上。因此,二力杆件约束的约束力作用在与研究对象的连接点,沿连接两作用点的直线,指向由研究对象的平衡确定[图 1-15(b)]。

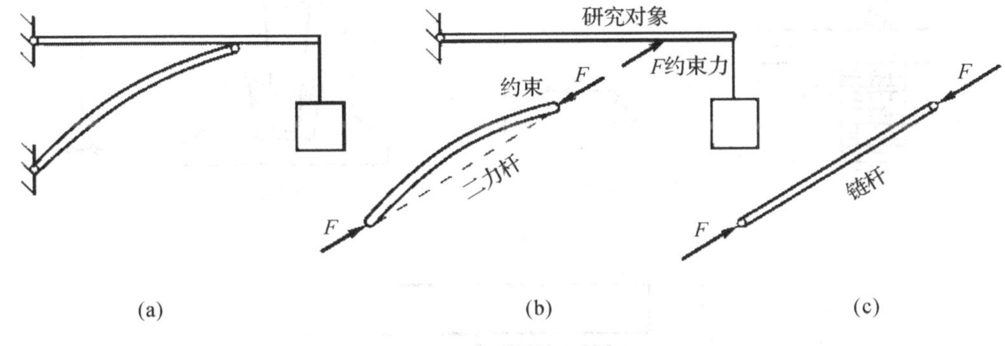

图 1-15

在受力分析时,两端铰接,中间不受力(包括略去自重)的直杆称为**链杆**。链杆是二力杆件的特例。当链杆成为约束时,称为**链杆约束**[图 1-15(c)]。

4. **光滑圆柱铰链约束**

一个光滑的圆柱销钉插入两构件的光滑圆孔,形成**光滑圆柱铰链**。将销钉与一个构件看成一体,作为对另一构件的约束,则约束力作用在钉与孔的接触点(用平面图形表示),作用线通过孔的圆心,指向孔壁。接触点的位置由研究对象上的力系决定,往往不易判定,因而约束力的方位也就不易判定。约束力的方位能够判断时用一个力表示,方位不能判断时用相互垂直的两个分力表示(图 1-16),V 表示竖直方位,H 表示水平方位(经常用 y 表示竖直方位,x 表示水平方位)。

圆柱销钉连接两根杆件,一般称为**中间铰**。

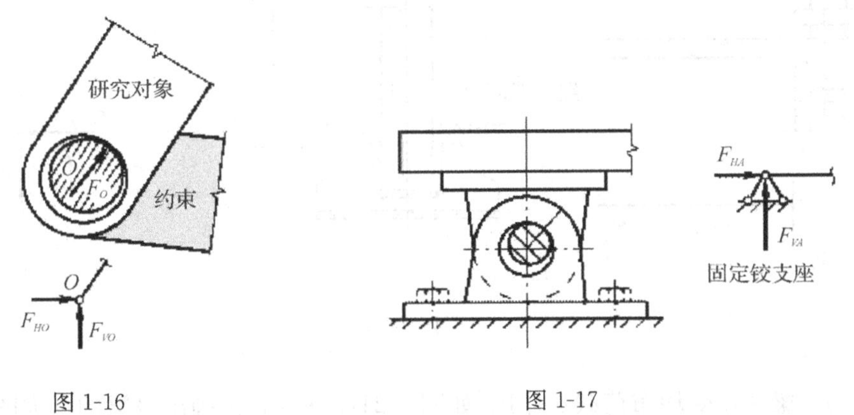

图 1-16　　图 1-17

5. **固定铰支座**

当圆柱销钉的位置被支承物固定时,光滑圆柱铰链为固定铰支座。约束力(常称**支座反力**)的方位不易判断时,用相互垂直的两个分力表示(图 1-17)。工程上,屋架端部与砖墙之间的连接,柱子与杯形基础之间填以沥青麻丝,均视为固定铰支座(图 1-18)。

6. **可动铰支座**

当支承物允许圆柱销钉沿支承面方位做微小移动时,光滑圆柱铰链为可动铰支座。支座反力的方位垂直于支承面(图 1-19)。用单注脚表示铰的名称。

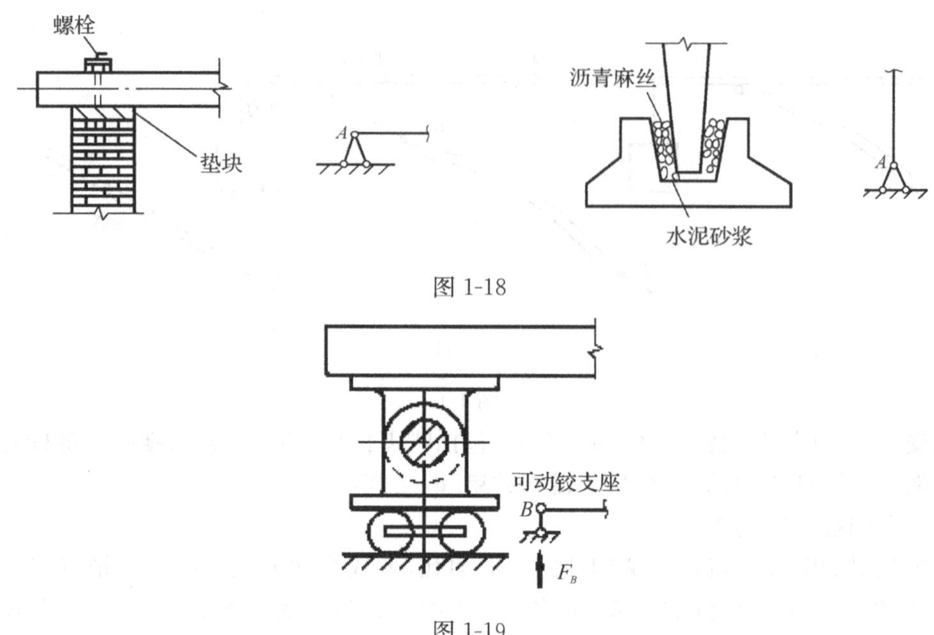

图 1-18

图 1-19

7. **固定端支座**

被支承的部分在该处被完全固定，常用“ ”作为符号。工程上，雨棚挑梁，柱子与杯形基础之间填以细石混凝土，均视为固定端支座(图 1-20)。

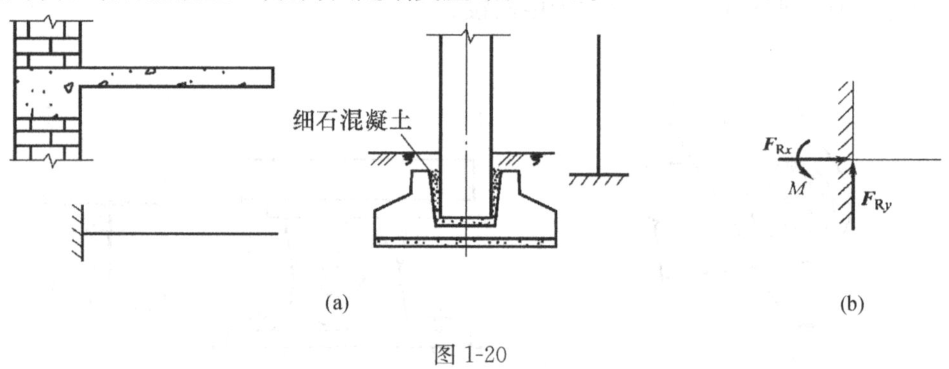

图 1-20

例 1-3 梁 AB 受均布荷载 q 作用，如图 1-21(a)所示，试画出该梁的受力图。

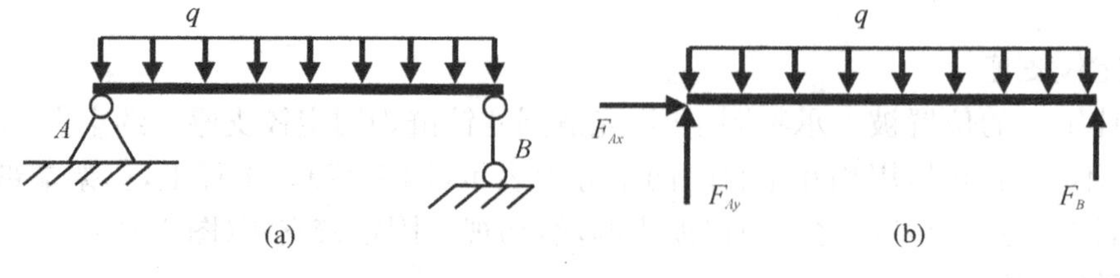

图 1-21

解：以梁 AB 为脱离体，画梁的主动力——均布荷载 q。画固定铰支座 A 点的约束力，用水平分力 F_{Ax} 和竖直分力 F_{Ay} 表示；画链杆约束 B 点的约束力 F_B。

四、单个物体的受力图

画单个物体的受力图，首先需明确研究对象，弄清研究对象受到哪些约束作用，然后解除研究对象上的全部约束，而单独画出该研究对象的简图(即取隔离体)，在隔离体上画上已知的主动力，再根据约束类型在解除约束处画上相应的约束力。必须注意：**约束力的方向一定要和被解除的约束的类型相对应**(参见表 1-1 常见约束及约束力)，**不可根据主动力的方向主观臆断。**

为了不多画力，每画一力都应当思考施力的物体是谁；为了不漏画力，按与周围物体相连的顺序逐一画约束力：撤除约束，代以约束力；为了不画错力，根据约束的类型，画准约束力的作用点、方位或指向。

例 1-4　直杆 AB 受力如图 1-22(a)所示，试画杆件受力图。

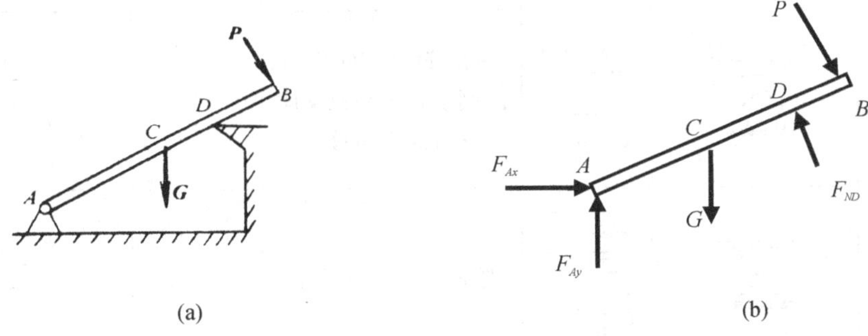

图 1-22

解：杆件所受的力 G、P 为主动力。D 处为光滑接触面约束，约束力 F_{ND} 沿接触面的公法线(与杆件垂直方向)，指向杆件(为压力)。A 处为固定铰支座约束，作用在接触点，方向未定，约束力以互相垂直的 F_{Ax}、F_{Ay} 表示。画直杆 AB 的受力图如图 1-22b 所示。

练一练：说出两图中 AB 杆所受约束，画杆件 AB 受力图。

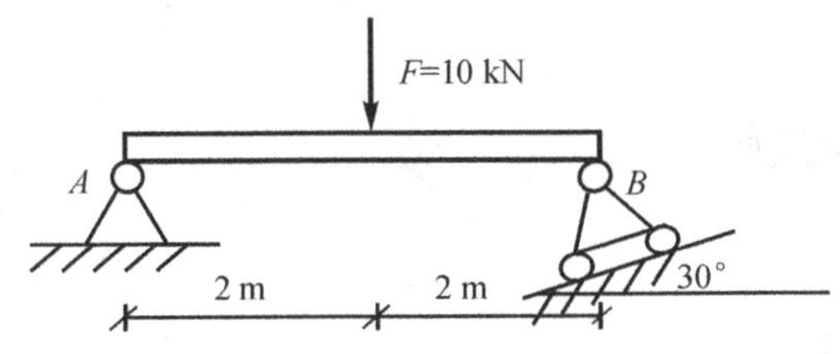

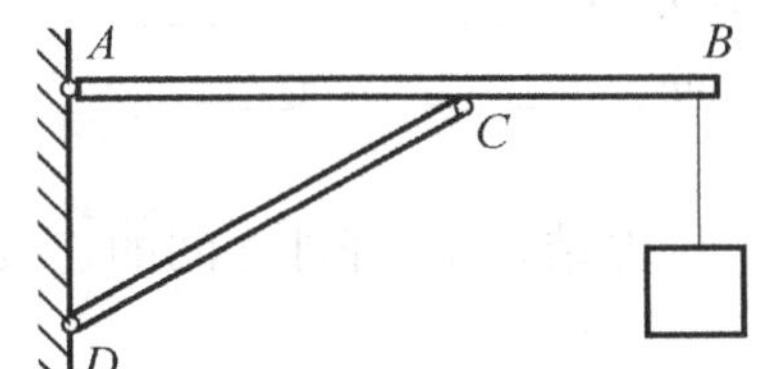

现将工程上常见的几种约束简图、相应约束力的表示及特性归纳列表(表 1-1)。

表 1-1　常见约束及约束力

约束类型	图例	简图	对运动的限制	未知量数	约束力表示
光滑接触面约束			限制沿接触点公法线方向的移动	1	F_N　F_N
柔索约束			限制沿柔索方向脱离柔索的移动	1	F_T
链杆约束、可动铰支座			限制沿链杆方向移动、限制垂直可动铰支座支持面方向移动	1	A　F_A
光滑铰链约束、固定铰支座			限制任意方向移动	2	F_{Ax}　A　F_{Ay}
固定端支座			限制任意方向移动和转动	3	M_A　F_{Ax}　A　F_{Ay}

对表中所列的基本约束形式,要在理解其约束力方向或作用线如何确定的基础上,熟练掌握约束简图及相应约束力的表示。

1.3　习题

A类

一、填空题

1. 使物体产生运动或产生运动趋势的力称________,其方向________________。

2. 约束力的方向总是和该约束所能阻碍物体的运动方向________________。

3. 表示物体受力情况的图形称为________________。

4. 结构与基础或其他支承物的连接区称为________。杆件结构中,杆件之间的连接区称为________。

5. 结点分为两类________,________。

二、选择题

1. 使物体产生运动或有运动趋势的力称为（　　）。

A. 约束力　　B. 反力　　C. 被动力　　D. 主动力

2. 柔索对物体的约束反力，作用在连接点，方向沿柔索（　　）。

A. 指向该被约束体，恒为拉力　　B. 背离该被约束体，恒为拉力

C. 指向该被约束体，恒为压力　　D. 背离该被约束体，恒为压力

3. 受力图应画出（　　）。

A. 主动力　　B. 约束力　　C. 主动力和约束力

4. 光滑接触面约束，其反力作用线与指向（　　）。

A. 反力作用线已知，指向未知　　B. 反力作用线和指向都未知

C. 反力作用线和指向都已知　　D. 反力作用线未知，指向已知

5. 柔体约束其约束力的作用线与指向（　　）。

A. 作用线与指向都是已知的　　B. 作用线与指向都是未知的

C. 作用线已知，指向未知　　D. 作用线未知，指向已知

6. 图示支座为（　　）。

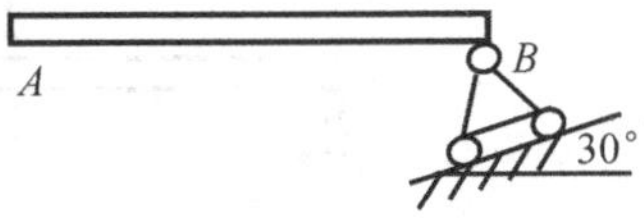

A. 固定铰支座　　B. 链杆支座

C. 固定端支座　　D. 可动铰支座

7. 只限制物体沿任何方向移动，不限制物体转动的支座称（　　）。

A. 固定铰支座　　B. 光滑面支座

C. 固定端支座　　D. 可动铰支座

8. 只限制物体垂直于支持面方向的移动，不限制物体其他方向运动的支座称（　　）。

A. 固定铰支座　　B. 光滑面支座

C. 固定端支座　　D. 可动铰支座

9. 既限制物体沿任何方向运动，又限制物体转动的支座称（　　）。

A. 固定铰支座　　B. 光滑面支座

C. 固定端支座　　D. 可动铰支座

三、判断题

1. 光滑接触面约束既可以为拉力也可以为压力。（　　）

2. 光滑接触面约束反力一定通过接触点，垂直于光滑面背离受力物体。（　　）

3. 绳子对物体的作用力方向背离受力物体。（　　）

4. 链条用于限制物体的运动时，只能承受拉力，而不能承受压力。（　　）

四、理想化的支座分三种：固定铰支座、可动铰支座、固定端支座。请画三种支座力学简图及约束力表示。

五、画下图各球受力图

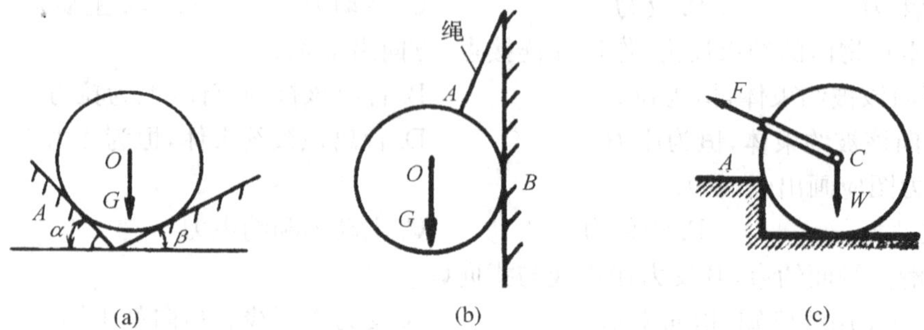

(a) (b) (c)

六、画出各杆受力图

1.

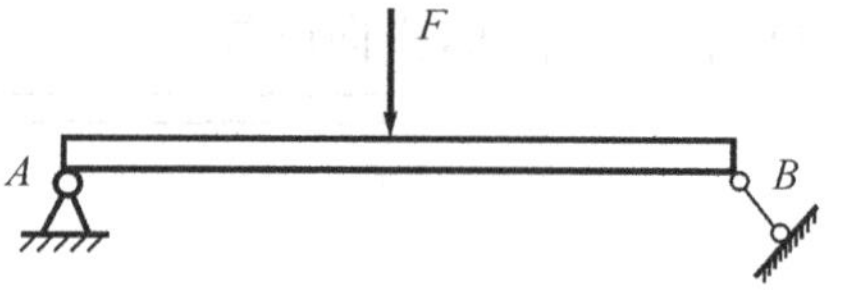

2.

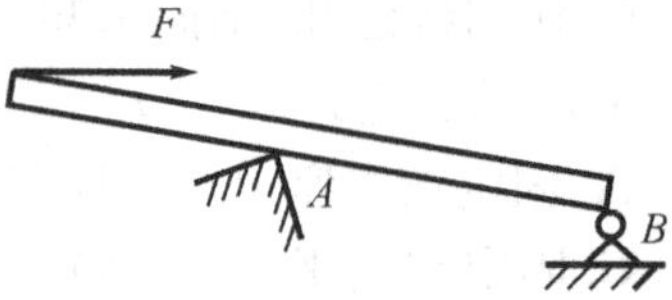

3.

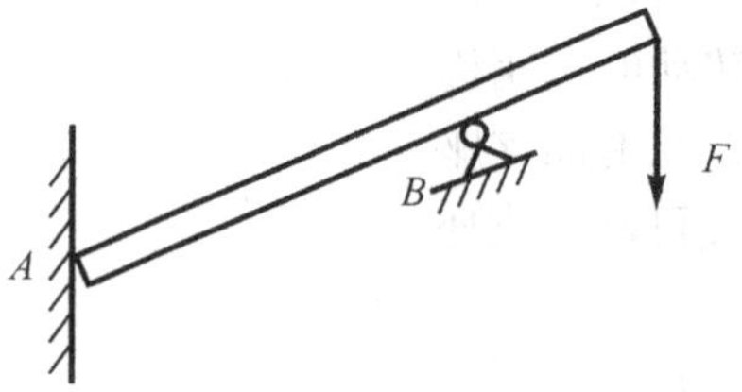

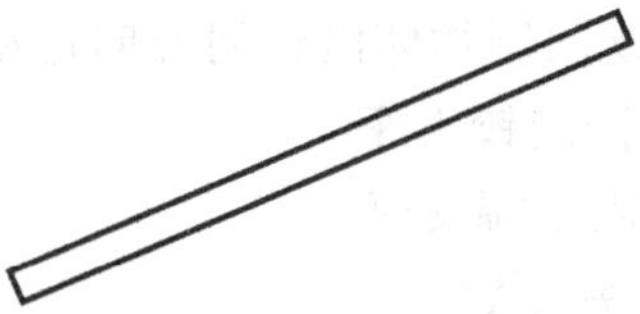

4.

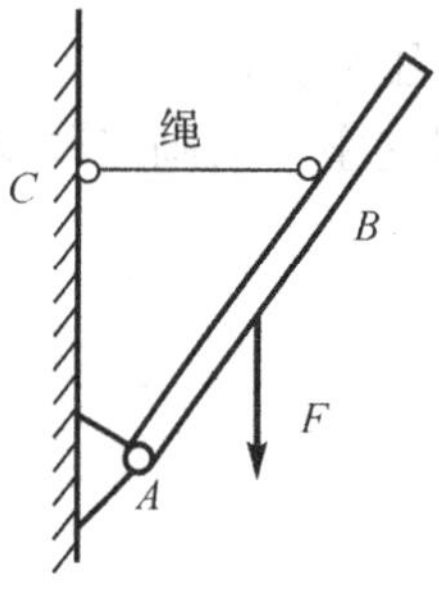

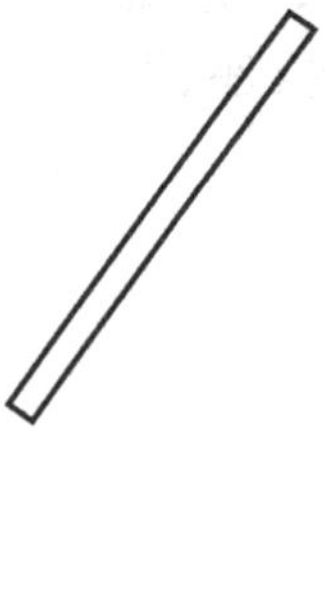

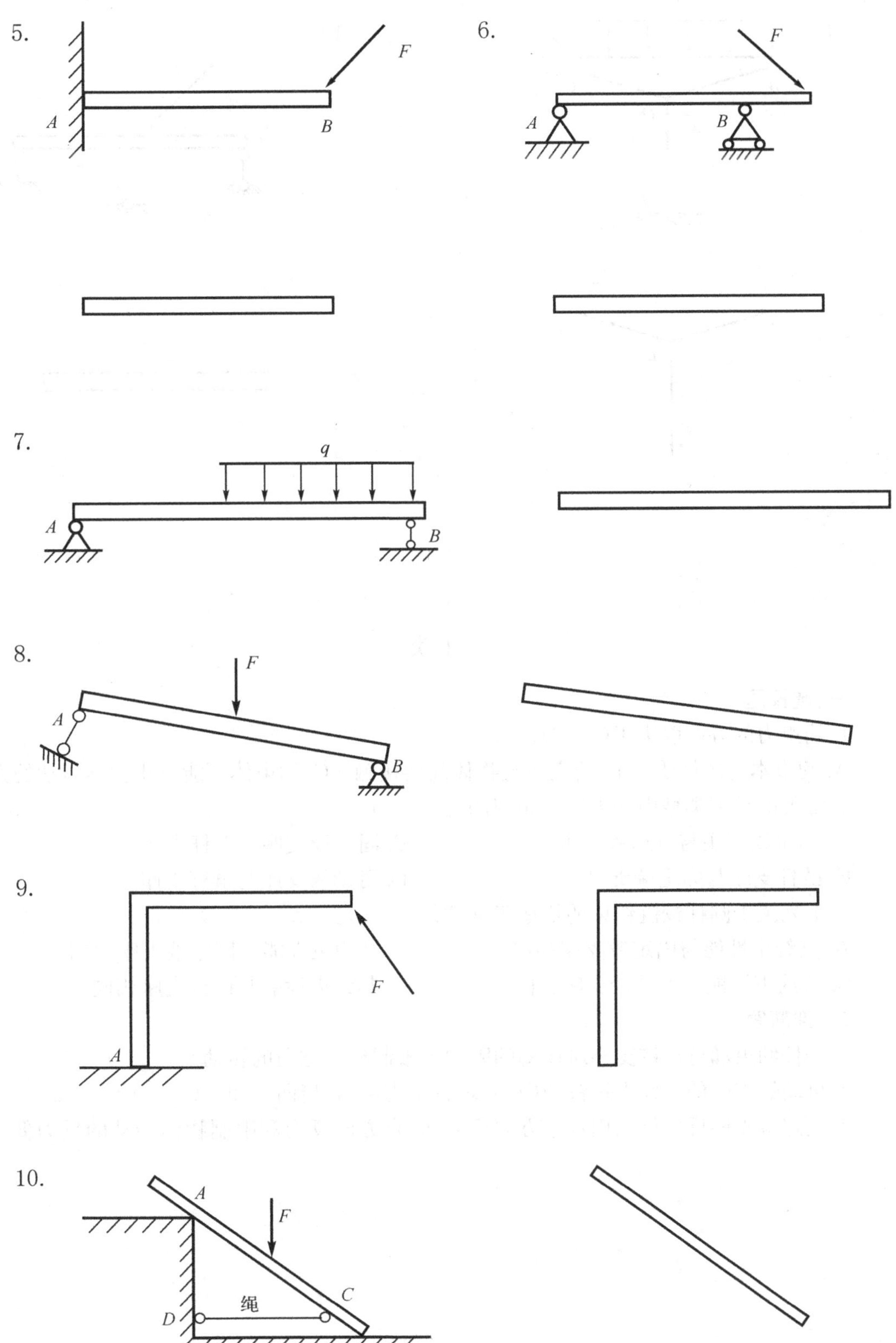
5.
F
A
B
6.
F
A
B
7.
q
A
B
8.
F
A
B
9.
F
A
10.
A
F
C
绳
D
B

11.

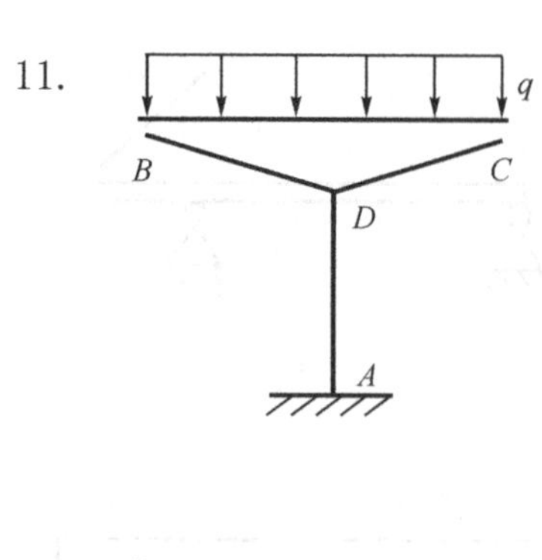

12.

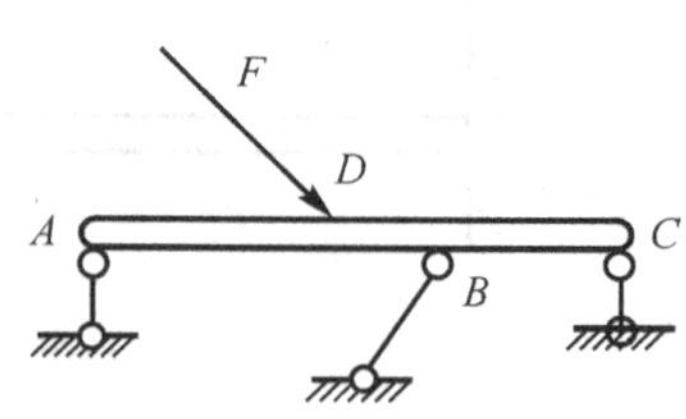

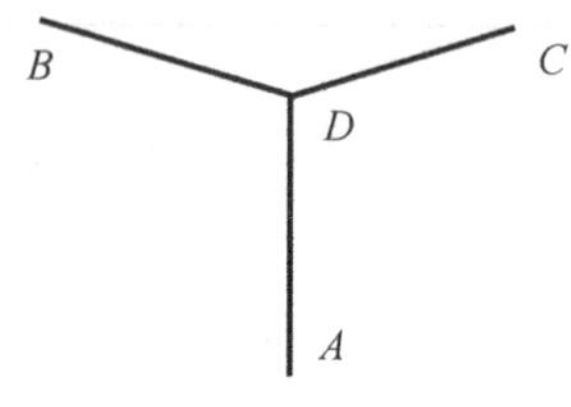

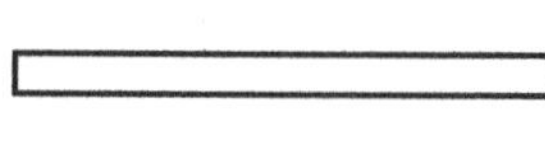

B类

一、选择题

1. 约束力的方向取决于(　　)。

A. 约束本身的性质　B. 约束体与物体间的接触　C. 约束体所能阻止物体运动的方向

2. 常见的约束类型中约束反力相似的是(　　)。

A. 固定铰支座与可动铰支座　　B. 固定铰支座与链杆支座

C. 链杆支座与固定端支座　　D. 可动铰支座与链杆支座

3. 下列关于圆柱铰链约束的描述正确的是(　　)。

A. 其约束性能与固定铰支座相同　　B. 其约束性能与固定端支座相同

C. 其约束性能与可动铰支座相同　　D. 其约束性能与链杆支座相同

二、判断题

1. 链杆约束和可动铰支座对运动的限制为限制任意方向的转动。(　　)

2. 可动铰支座的约束力过铰的中心,垂直于支承面,指向未知。(　　)

3. 固定端支座反力可以用水平方向反力,竖直方向反力和限制物体转动的反力偶来表示。(　　)

三、试指出图中各物体受力图的错误，请改正。

1.

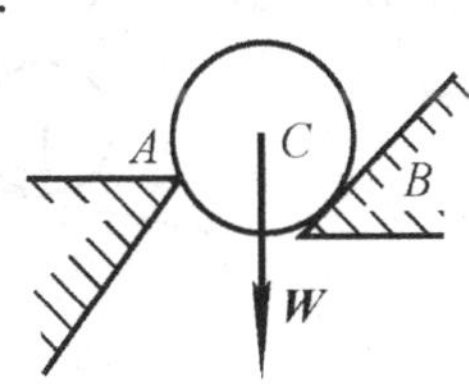

2.

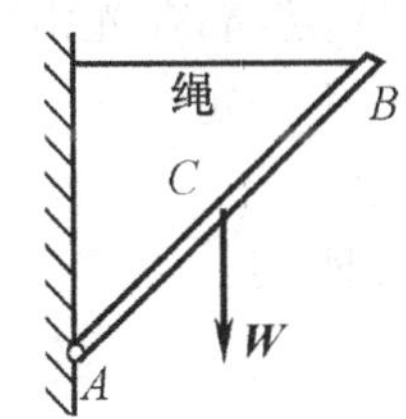

3.

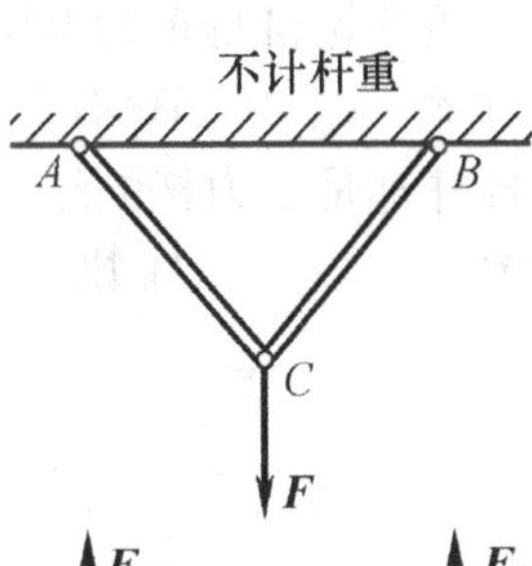

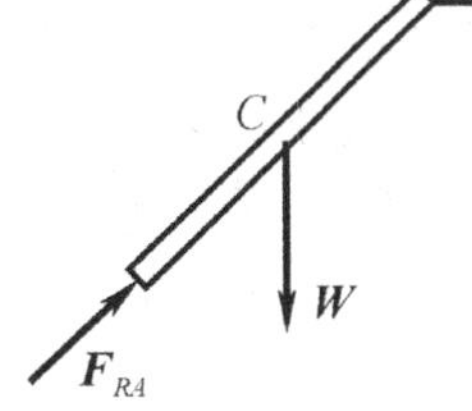

4.

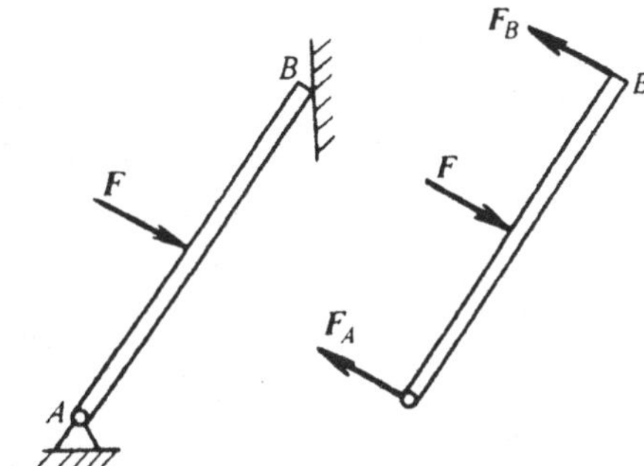

5.

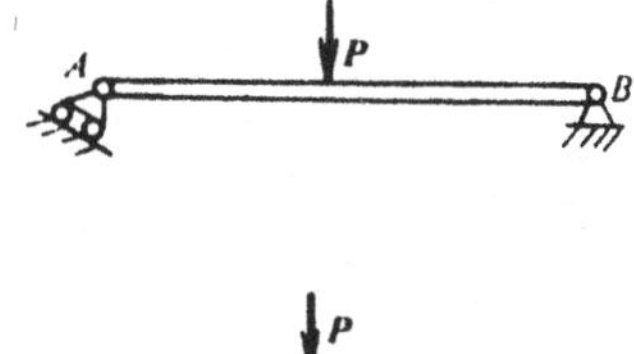

6.

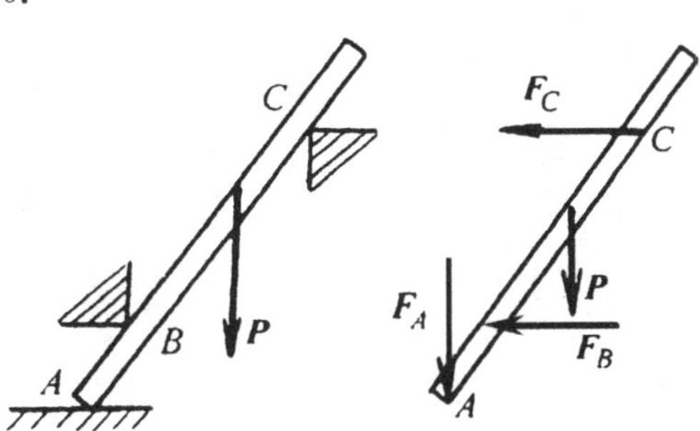

C类

1. 匀质圆轮自身重为 W，用绳系住 A 点，靠在光滑斜面上，该轮所处状态是（　　）。

A. 平衡　　B. 不平衡　　C. 不一定

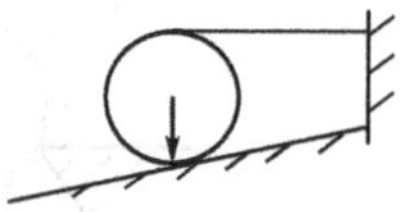

2. 各杆都是二力杆的结构是（　　）。

A. 梁　　B. 拱　　C. 刚架　　D. 桁架

1.4　物体系统受力分析

两个或多个物体按一定方式连接的系统称为**物体系**。在物体系内，物体间相互的作用力称为**内力**。画物体系统受力图的方法，基本上与画单个物体受力图的方法相同，只是研究对象可能是整个物体系统或系统的某一部分。在以整个物体系为隔离体画受力图时，内力不显示出来；在取个别部分为隔离体画受力图时，物体系的内力则显示为隔离体的“外力”。此时，须注意各部分间的作用与反作用关系：**一对作用力与反作用力，在受力分析图中应当平行、反向，标相同的字符表示相同的大小。**系统中某一部分为二力构件的，应首先对二力构件进行受力分析。

例 1-5　梁 AB 和 BC 用圆柱铰链 B 连接，A 处为固定端支座，C 处为链杆约束，如图 1-23(a)所示。试画梁 AB、BC 及整梁 AC 的受力图。梁的自重不计。

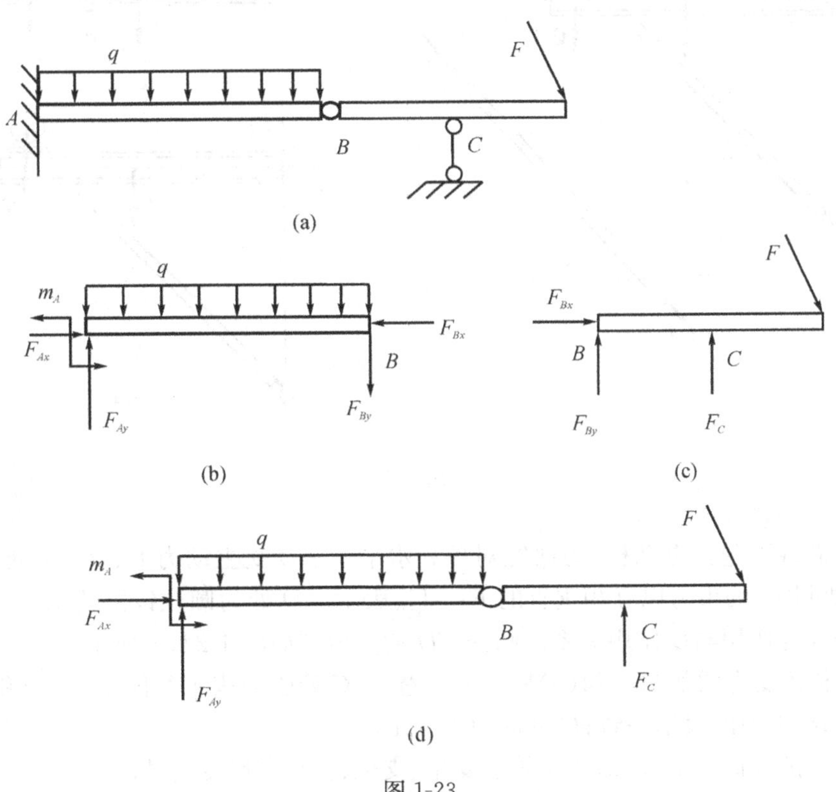

图 1-23

解：(1)取梁 BC 为研究对象。梁 BC 受主动力 F 作用。C 处为链杆约束，约束力 F_C 沿链杆方向，指向假设向上。B 处为圆柱铰链约束，方向不便确定，约束力以互相垂直的 F_{Bx}、F_{By} 表示。画梁 BC 的受力图如图 1-23(c)所示。

(2)取梁 AB 为研究对象。梁 AB 受均布荷载 q 作用。A 处为固定端支座约束，约束力有互相垂直的 F_{Ax}、F_{Ay} 及力偶 m_A。B 处为圆柱铰链约束，约束力分别与作用在梁 BC 上 B

处的 F_{Bx}、F_{By} 为作用与反作用关系，以 F_{Bx}、F_{By} 表示。画梁 AB 的受力图如图 1-23(b)所示。

(3)取整梁 AC 为研究对象。画受力图如图 1-22(d)所示。整梁中，B 处圆柱铰链没有解除，两部分间的内力不必画出。A、C 处支座约束力的表示应与图 1-23(b)和图 1-23(c)同一位置的约束力的表示一致。

例 1-6　水平梁 AB 用斜杆 CD 支撑，A、C、D 三处均为圆柱铰链联接，水平梁 AB 重 P，其上放置一重为 Q 的电动机，如图 1-24(a)所示。如不计杆 CD 自重，试分别画出斜杆 CD、梁 AB(包括电动机)及整体的受力图。

解：(1)斜杆 CD 自重不计，故只在杆的两端分别受到 C、D 圆柱铰链约束，杆 CD 为二力杆。在 C、D 两点所受二力必沿 C、D 两点连线方向，指向相反，由经验判断，杆 CD 受压力(在一般情况下，二力指向不便确定，通常假设杆受拉力)。画杆 CD 的受力图如图 1-24(b)所示。

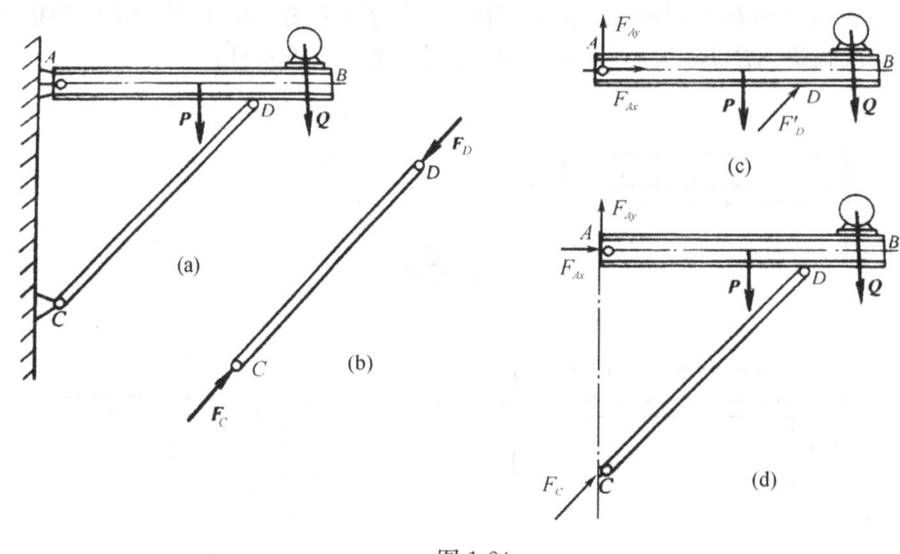

图 1-24

(2)取梁 AB(包括电动机)为研究对象。水平梁 AB 受主动力 P、Q。A 处圆柱铰链约束方位不便判定，约束力以互相垂直的 F_{Ax}、F_{Ay} 表示。D 处为圆柱铰链约束，该处梁 AB 与杆 CD 上 F_D 为作用与反作用关系。画杆 CD 的受力图如图 1-24(c)所示。

(3)画整体受力图如图 1-24(d)所示。注意 A、C 处受力表示与图 1-24(a)和图 1-24(b)同一位置的约束力的表示一致；D 处内力不画出。

例 1-7　试分析图 1-25(a)所示管道支架(支架自重不计)受力情况。

解：首先画出支架力学简图[图 1-25(b)]。分析杆 AC 和杆 BC 受力情况，两杆均为二力杆。由经验判断，杆 AC 受拉力，杆 BC 受压力(二力指向不便确定时，通常假设两杆受拉力，实际方向由平衡方程确定)。

两杆通过铰 C 联接，还要分析 C 点受力情况。画 C 点受力图如图 1-25(c)所示。应注意 C 点分别与两杆的作用与反作用关系的表示。

例 1-8　如图 1-26(a)所示的等腰三角形刚架的顶点 A、B、C 都用铰链连接，不计各杆自重，试画出 AB 杆和 BC 杆的受力图。

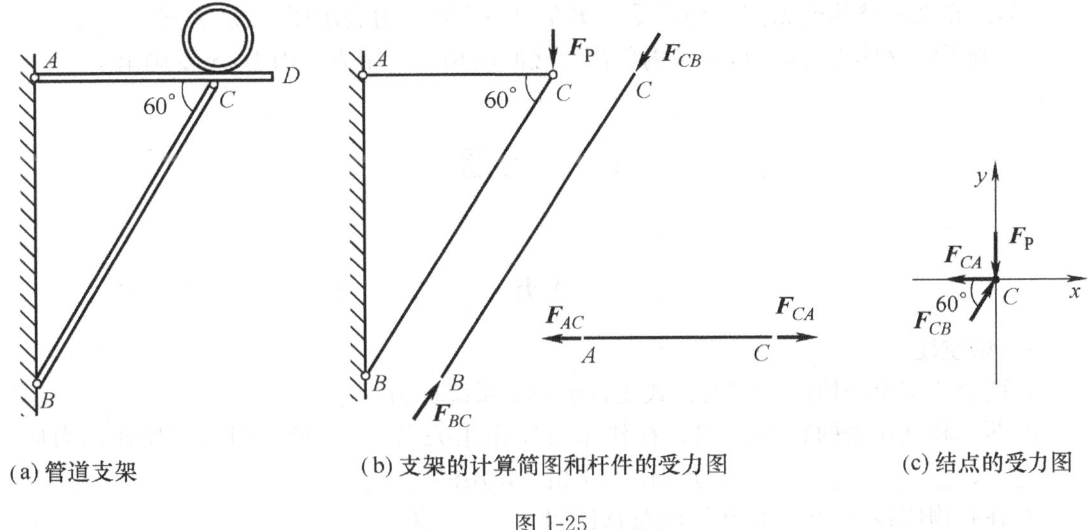

(a) 管道支架　　(b) 支架的计算简图和杆件的受力图　　(c) 结点的受力图

图 1-25

解：(1)由于 BC 杆只在两端受到圆柱铰链约束作用，BC 为二力杆。画 BC 杆受力图如图 1-26(b)所示。

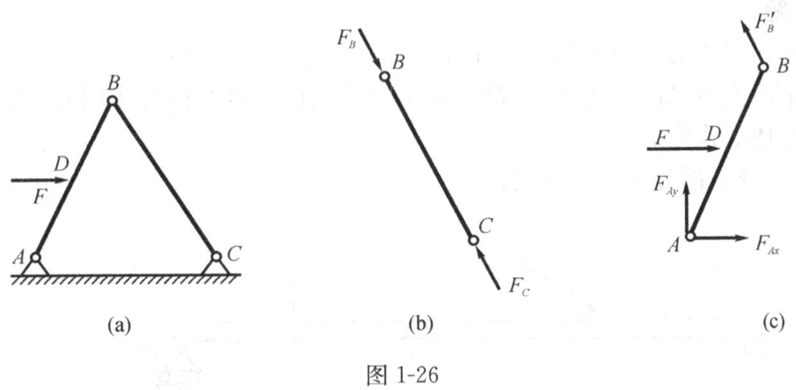

(a)　　(b)　　(c)

图 1-26

(2)取 AB 杆为脱离体。画出主动力 F，画出 BC 杆对 AB 杆在 B 点的反作用力 F_B'，即 F_B 与 F_B'等值、方向、共线。画圆柱铰链 A 点的约束力，用水平分力 F_{Ax} 和竖直分力 F_{Ay} 表示[图 1-26(c)]。

画受力图注意事项：

(1)在画某研究对象的受力图时，只能画出其他物体对该物体的作用力，而不能画出该研究对象对其他物体的作用力。

(2)在画约束力时，应根据约束的特性画，不能凭主观想象。

(3)注意二力平衡条件的应用，特别是在对物体系统进行受力分析时，首先要分析二力构件。

(4)在分别画物体系统各部分受力图时，应注意两个相互作用物体间的作用与反作用关系。一对作用力与反作用力，在受力分析图中应当平行、反向，标相同的字符表示相同的大小。

(5)注意系统整体受力图与局部受力图在同一位置受力表示要一致(为同一个力)。

(6)画系统整体受力图时,系统内各部分之间的相互作用力为内力,不要画出。

1.4 习题

A类

一、填空题

1. 两个或多个物体按一定的方式连接组成的系统称为________。

2. 两个相互作用的物体之间存在作用与反作用关系,这一对作用力与反作用力应当________、________、________,分别作用在相互作用的________。

3. 在画物体各部分受力图时,注意物体间________关系。

二、选择题

1. 物体系统的受力图上一定不能画出(　　)。

A. 系统的外力　　B. 系统的内力　　C. 主动力　　D. 约束力

三、判断题

1. 物体间的作用力与反作用力大小相等、方向相同。(　　)

2. 在画某研究对象的受力图时,既要画上其他物体对该物体的作用力,又要画出该研究对象对其他物体的作用力。(　　)

四、画出系统各部分及整体受力图。

1.

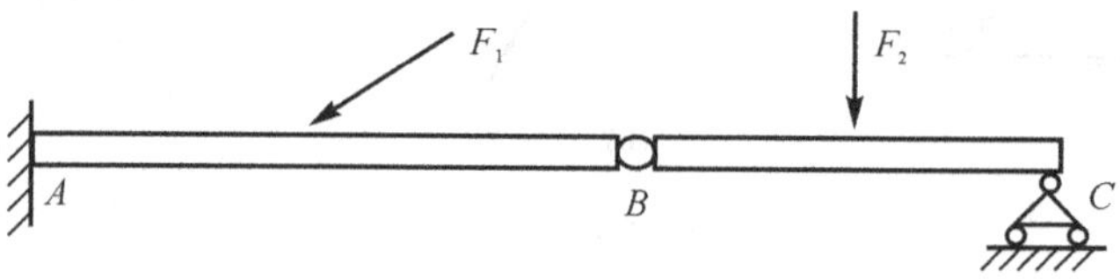

F_1　F_2

A　B　C

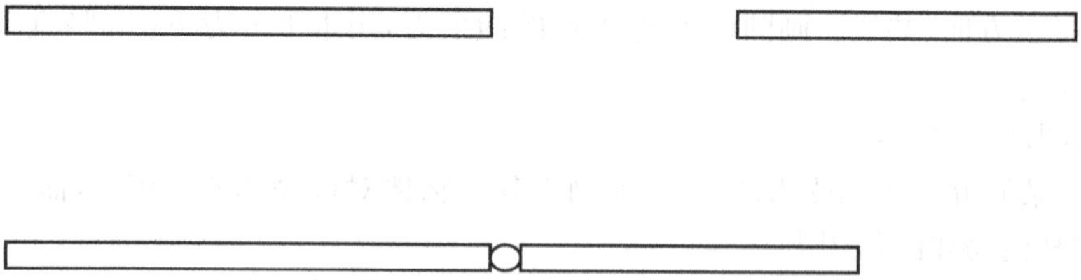

2.

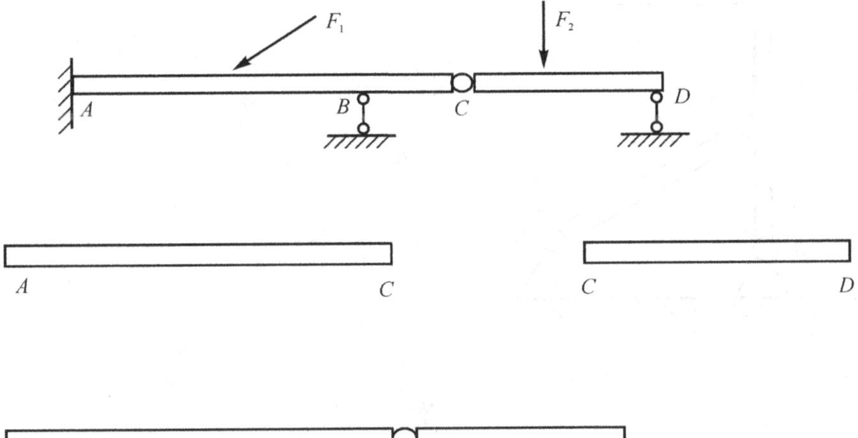

B类

画出系统各部分及整体受力图。

1.

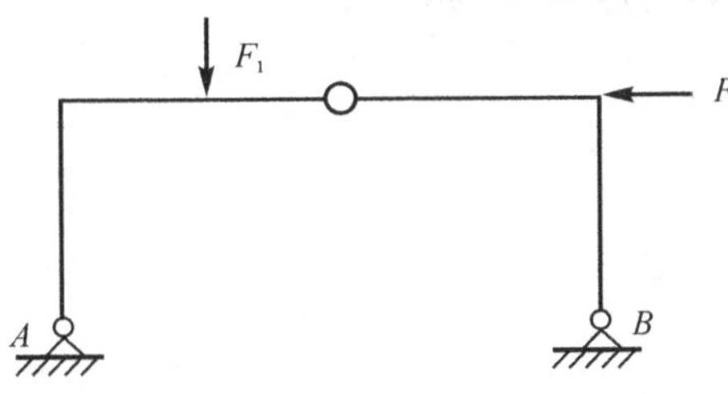

2.

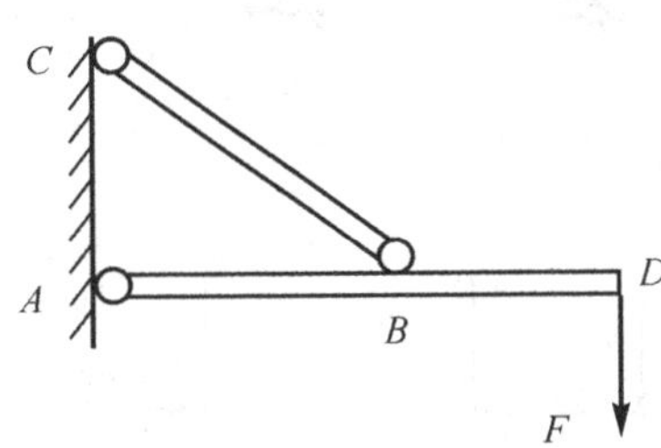

3.

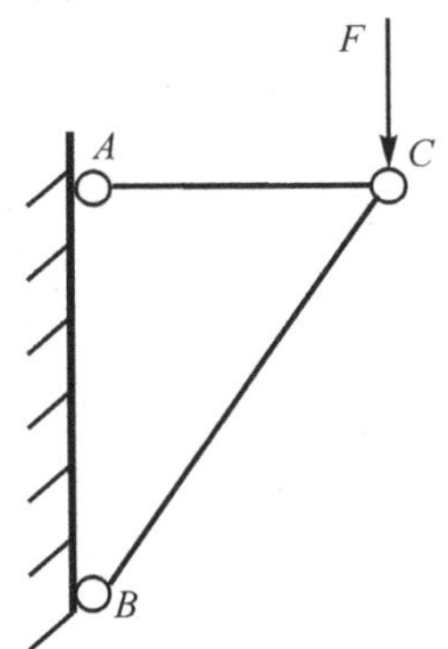

4.

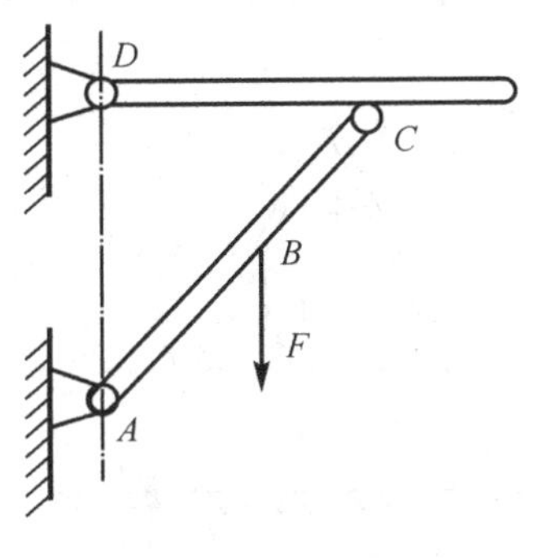

5.

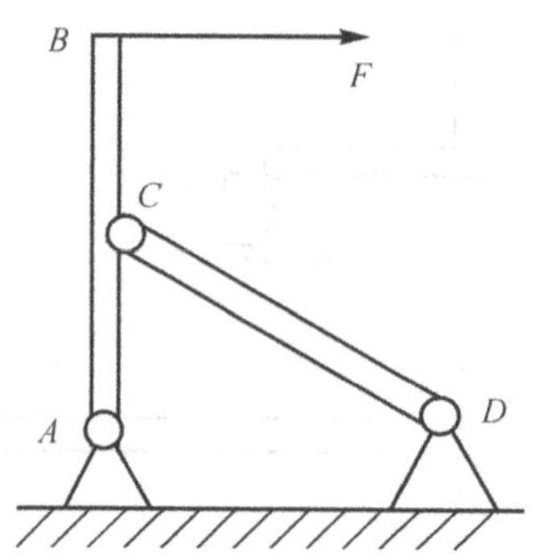

C类

一、画出系统各部分及整体受力图。

1.

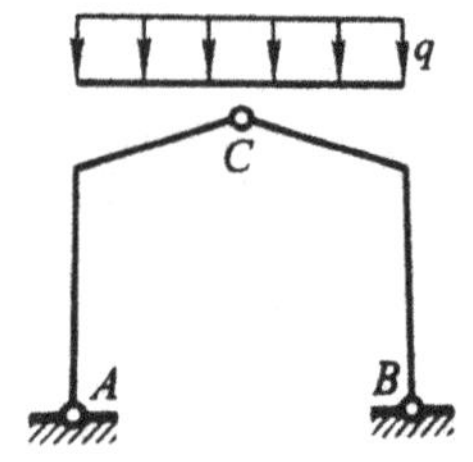

2.

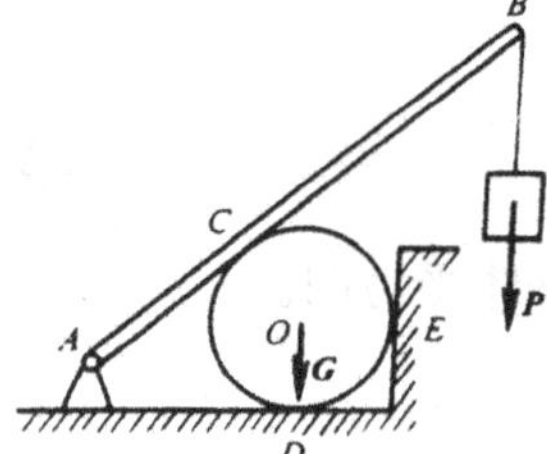

3.

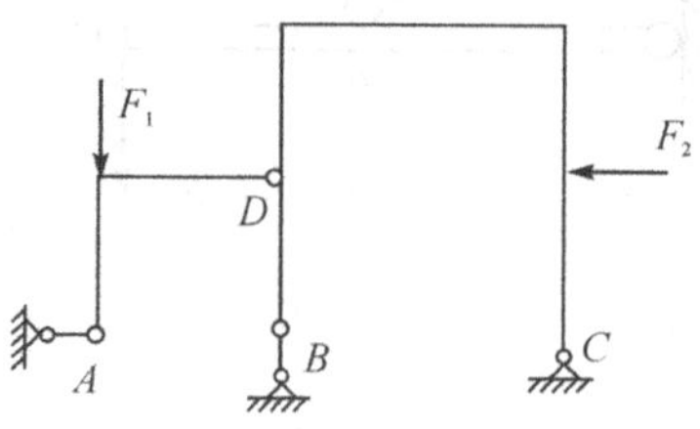

二、各杆的自重不计，地面光滑。作人字梯 ABC、杆件 AC、BC 及绳 DE 的受力图。

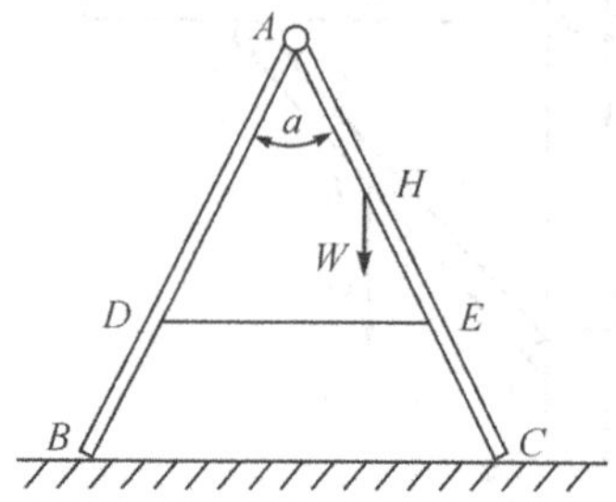

第 2 章　平面力系的平衡

2.1　力的投影

一、力在直角坐标轴上的投影

在力学的定量分析中，大量应用代数运算的方法。因此，需要借助坐标系将力矢量转换为代数量。

如图 2-1(a)所示，在力 F 作用的平面内建立直角坐标系 xoy。先后由力矢量的起点、终点向坐标轴作垂线，用垂足间的有向线段代表力矢量投在坐标轴上的“影子”，称为力在坐标轴上的投影。力在 x 轴上的投影用 F_x 表示，在 y 轴上的投影用 F_y 表示。力在坐标轴上的投影的方位与坐标轴相同，只可能有两个相反的指向，可以用正负号来区分：指向坐标轴正向的为正，指向坐标轴负向的为负。

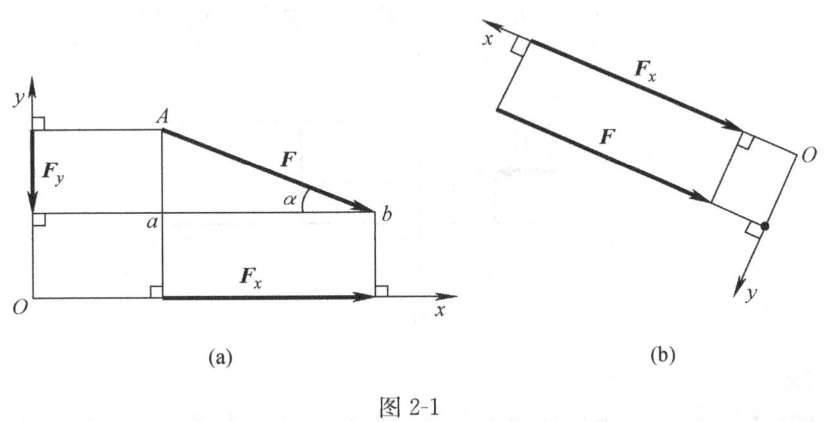

图 2-1

通常用锐角表示力矢量与坐标轴的夹角，用锐角三角函数计算力在坐标轴上的投影的绝对值。例如图 2-1(a)中，

$$|F_x| = ab = F\cos\alpha \qquad F_x = F\cos\alpha$$

$$|F_y| = Aa = F\sin\alpha \qquad F_y = -F\sin\alpha$$

在实际运用中，坐标轴是参考轴，方位及正负向可以随意设置。同一力矢量在不同坐标轴上的投影是不同的。让坐标轴垂直于力矢量，力在该轴上的投影为零[图 2-1(b)]。

图 2-1(b)中，　　$F_x=-F$　　$F_y=0$

例 2-1　试求图 2-2 所示力在直角坐标轴上的投影。已知力大小 $F=10$ kN。

解:先后由力的起点、终点向坐标轴作垂线，在轴上截得有向线段。有向线段的指向与 x 轴的正向相反，力在 x 轴上投影取负号；有向线段的指向与 y 轴的正向一致，力在 y 轴上投影取正号。有向线段的长度表示投影的绝对值，可在力的附近找与之等长的线段，用锐角三角函数计算。

$$F_x=-F\cos 60^\circ=-10\times 0.5=-5\ \text{kN}$$

$$F_y=F\sin 60^\circ=10\times 0.866=8.66\ \text{kN}$$

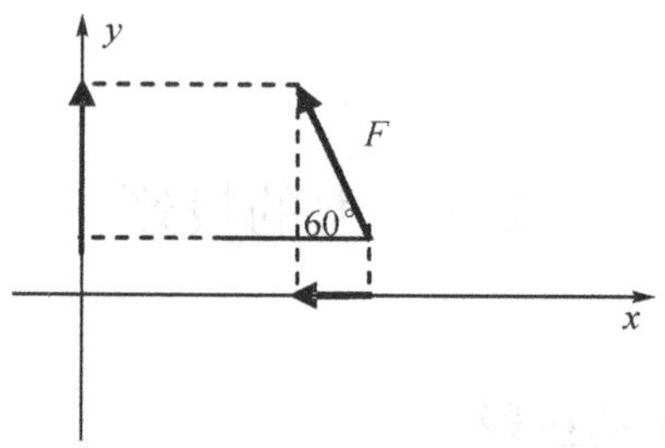

图 2-2

例 2-2　试求图 2-3 所示各力在图示直角坐标轴上的投影。已知各力大小 $F_1=100$ N，$F_2=150$ N。

解:由力 F_1 的起点、终点向坐标轴作垂线，在 x 轴上截得有向线段长度为其原来长度；在 y 轴上得一点，无线段长度。由力 F_2 的起点、终点向坐标轴作垂线，在 x 轴上得一点，无线段长度；在 y 轴上截得有向线段长度为其原来长度。

$$F_{1x}=F_1=100\ \text{N}\qquad F_{1y}=0$$

$$F_{2x}=0\qquad F_{2y}=-F_2=-150\ \text{N}$$

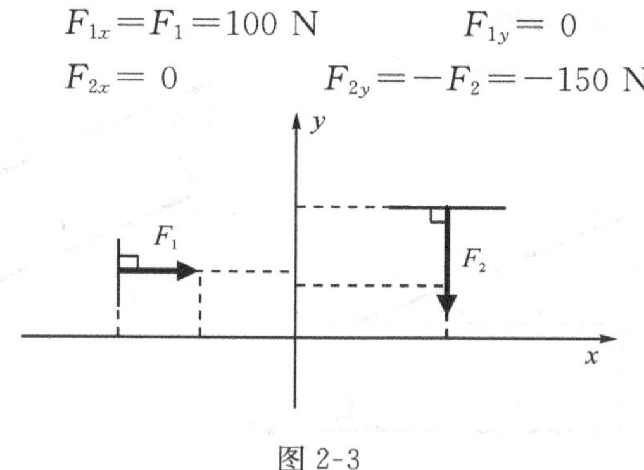

图 2-3

注意事项:

(1) 力的投影正负只与坐标轴的正向设定有关，而与坐标原点的位置无关。

(2)当力方向垂直于坐标轴时，力在该轴上的投影等于零。

(3)当力方向平行于坐标轴时，力在该轴上的投影大小等于力本身大小。

(4)如将力 F 沿坐标轴方向分解，所得分力 F_x、F_y 的值与力在同一轴上的投影 F_x、F_y 大小相等，但力在坐标轴上的投影是代数量，而分力是矢量，不可混为一谈。

练一练:试计算图示各力在直角坐标轴上的投影。已知各力大小 $F_1=F_2=F_3=F_4=F_5=F_6=200$ N。

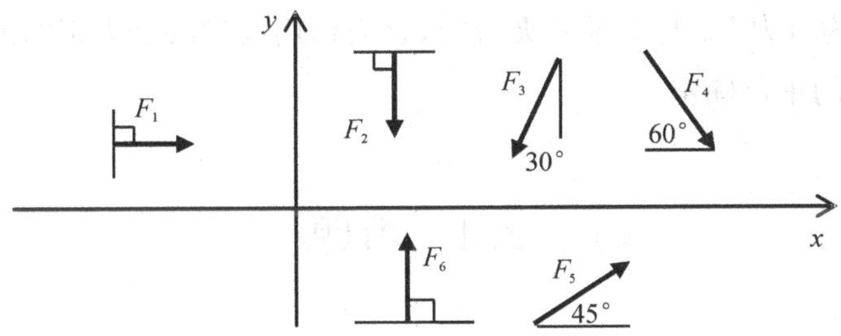

投影	F_1	F_2	F_3	F_4	F_5	F_6
F_x						
F_y						

二、合力投影定理

图 2-4 中，F_{1x}、F_{2x} 为 F_1、F_2 在 x 轴上的投影，F_{Rx} 为合力 F_R 在 x 轴上的投影。由于平行四边形两平行线在 x 轴上的投影相等，可得：

$$F_{Rx}=F_{1x}+F_{2x}$$

同理可得：$F_{Ry}=F_{1y}+F_{2y}$

这一关系可以推广到具有任意个共点力的力系，即**合力投影定理**：合力在任一坐标轴上的投影，等于各分力在同一坐标轴上投影的代数和。

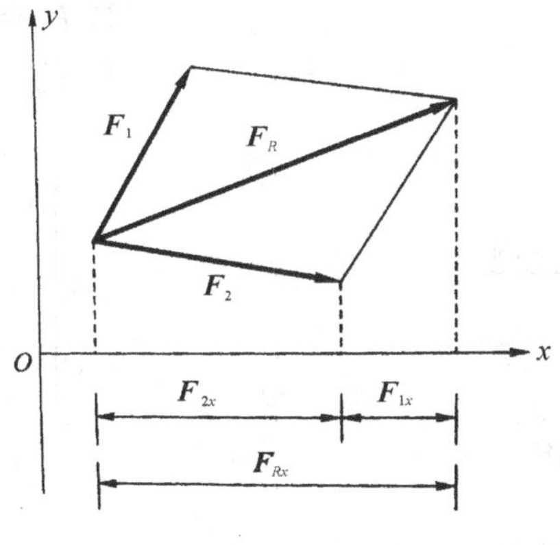

图 2-4

合力投影定理为力矢量运算向代数量运算转换提供了依据。由合力的投影之和，再转换成合力，将合力在两坐标轴上投影之和分别记作 $\sum F_{ix}$、$\sum F_{iy}$，可得

$$F_R=\sqrt{F_{Rx}^2+F_{Ry}^2}=\sqrt{\left(\sum F_{ix}\right)^2+\left(\sum F_{iy}\right)^2} \tag{2-1}$$

$$\tan\theta=\frac{|F_{Ry}|}{|F_{Rx}|}=\frac{\left|\sum F_{iy}\right|}{\left|\sum F_{ix}\right|} \tag{2-2}$$

式(2-2)中θ为合力F_R与x轴所夹锐角，合力作用线过共点力系的汇交点，合力的指向由$\sum F_{ix}$、$\sum F_{iy}$的正负确定。

2.1 习题

A类

一、填空题

1. 当力矢量垂直于坐标轴时，力在该轴上投影________。当力矢量平行于坐标轴时，力在该轴上投影________________。

2. 力沿坐标轴方向的分力是________量，而力在坐标轴上的投影是________量。

二、选择题

1. 力在x轴上的投影为零时，则力的方位应(　　)。

A. 垂直于x轴　　B. 平行于x轴　　C. 与x轴重合　　D. 不确定

2. 力在y轴上的投影大小为其本身，则力的方位应(　　)。

A. 垂直于y轴　　B. 平行于y轴　　C. 与y轴重合　　D. 不确定

3. 力在两坐标轴上的投影是(　　)。

A. 代数量　　B. 矢量　　C. 常量

4. 图示水平力F在两坐标轴上的投影F_x、F_y分别为(　　)。

A. $F_x=5$ kN　$F_y=0$　　B. $F_x=0$　$F_y=5$ kN

C. $F_x=-5$ kN　$F_y=0$　　D. $F_x=0$　$F_y=-5$ kN

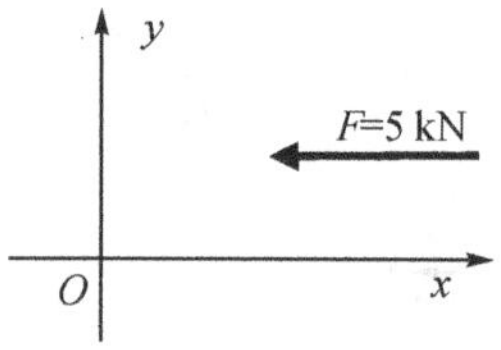

y　F=5 kN　O　x

题4图

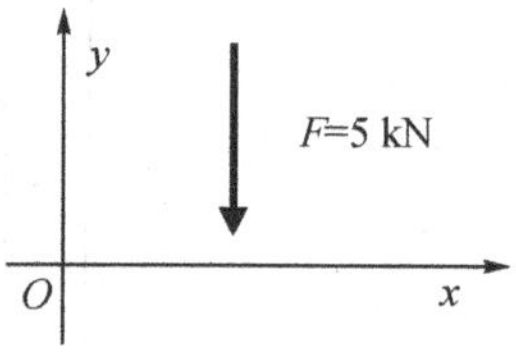

y　F=5 kN　O　x

题5图

5. 图示铅垂力F在两坐标轴上的投影F_x、F_y分别为(　　)。

A. $F_x=5$ kN　$F_y=0$　　B. $F_x=0$　$F_y=5$ kN

C. $F_x=-5$ KN　$F_y=0$　　D. $F_x=0$　$F_y=-5$ kN

三、判断题

1. 力与坐标轴垂直，在该轴上投影为零。(　　)

2. 力的投影与坐标轴原点位置有关。(　　)

3. 力的投影正负与坐标轴正向有关。(　　)

4. 力与坐标轴平行，在该轴上投影大小为其本身大小。(　　)

四、判断各力在图示坐标轴上投影的正负号。

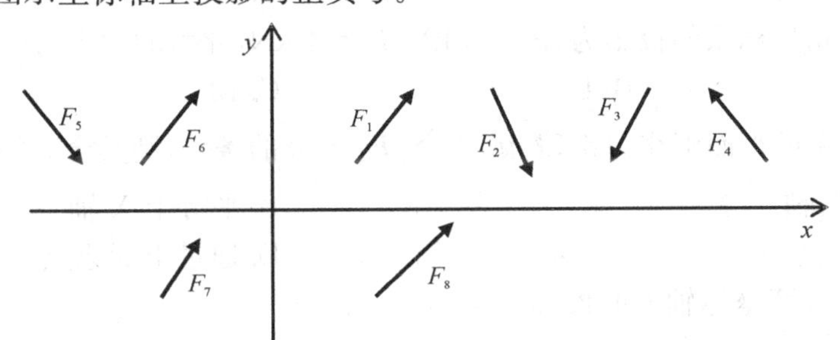

投影	F_1	F_2	F_3	F_4	F_5	F_6	F_7	F_8
F_x								
F_y								

五、画出力投向坐标轴的"影子",计算力在坐标轴上的投影。

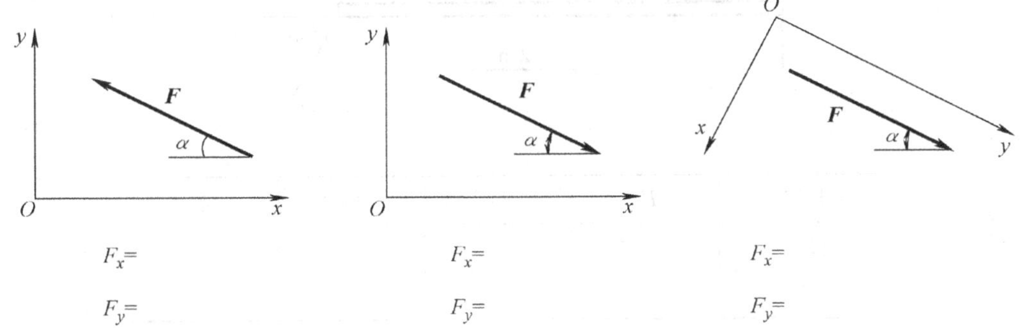

$F_x=$　　　　$F_x=$　　　　$F_x=$

$F_y=$　　　　$F_y=$　　　　$F_y=$

B类

一、选择题

1. 下列各力为矢量的是(　　)。

A. 力的大小　　B. 力的方向　　C. 力的分力　　D. 力的投影

2. 同一个力在两个相互平行的轴上的投影(　　)。

A. 不相等　　B. 相等　　C. 不一定相等

3. 已知两个力在同一轴上的投影相等,则这两个力(　　)。

A. 相等　　B. 不一定相等　　C. 共线　　D. 汇交

4. 若力在某轴上的投影的绝对值等于该力的大小,则该力在另一共面轴上的投影(　　)。

A. 也等于该力的大小　　B. 一定等于零　　C. 不能确定

5. 一力 F 的大小为 60 N,其在 X 轴上的投影大小为 30 N,力 F 与 X 轴的夹角为(　　)。

A. 60°　　B. 90°　　C. 30°　　D. 45°

6. 某力在直角坐标系的投影为：$F_x=3$ kN，$F_y=4$ kN，此力的大小为（　　）kN。

A. 7　　B. 1　　C. 12　　D. 5

7. 一个不平衡的平面汇交力系，若满足 $\sum F_x=0$ 的条件，则其合力的方位应（　　）。

A. 垂直于 X 轴　　B. 平行于 X 轴

C. 与 y 轴垂直　　D. 通过坐标原点

8. 图示力 F 在两坐标轴上的投影（　　）。

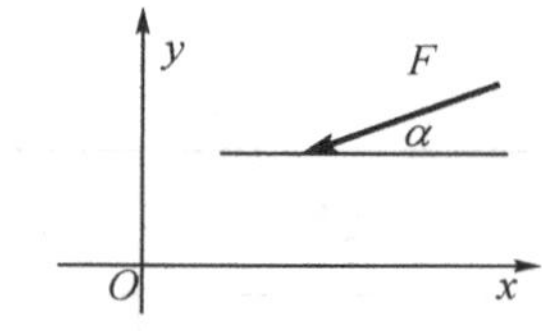

A. $F_x=F\sin\alpha$　$F_y=F\cos\alpha$

B. $F_x=F\cos\alpha$　$F_y=F\sin\alpha$

C. $F_x=-F\sin\alpha$　$F_y=-F\cos\alpha$

D. $F_x=-F\cos\alpha$　$F_y=-F\sin\alpha$

二、计算图示各力在直角坐标轴上的投影。

投影	F_1	F_2	F_3	q
F_x				
F_y				

C类

计算各力在坐标轴上的投影

(a)已知 $F_1=100$ N，$F_2=50$ N，$F_3=60$ N，$F_4=80$ N。

(b)已知 $F_1=500$ N，$F_2=300$ N，$F_3=600$ N。

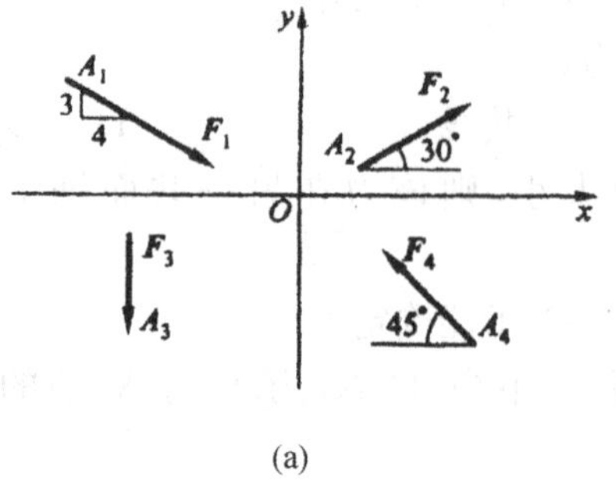

(a)

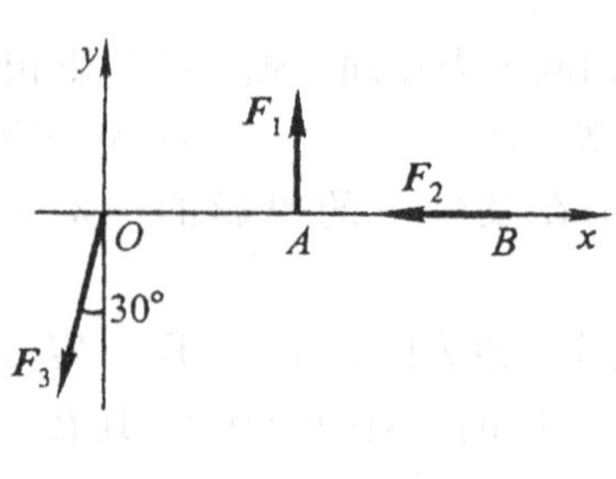

(b)

2.2　平面汇交力系的平衡

2.2.1　平面力系的分类

图 2-5a 所示两台起重机正在起吊一个柱形构件。以一台起重机的吊钩、吊绳及其承重的半根构件为隔离体，简化为平面图形，画受力图[图 2-5(c)]，略去吊索、吊钩的重量，隔离体只受两个力。根据二力平衡原理，这两个力作用在通过重心的竖直线上。如果力系各力的作用线在同一直线上，这个力系称为**共线力系**。

(a) 起吊构件

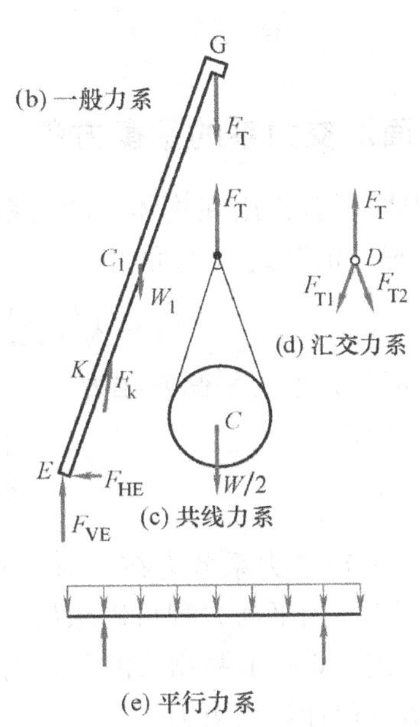

(e) 平行力系

图 2-5

以吊钩为隔离体画受力图[图 2-5(d)]，吊钩承受两段绳子的拉力及动滑轮的拉力，这三个力的作用线汇交于一点。如果力系各力的作用线汇交一点，这个力系称为**汇交力系**。

以构件为隔离体画受力图[图 2-5(e)]，构件用它的轴线表示，承受的重力用竖直向下的均布荷载表示，两端吊绳的支承力竖直向上，与分布荷载平行。如果力系各力的作用线相互平行，这个力系称为**平行力系**。

以起重机的吊臂为隔离体画受力图[图 2-5(b)]，吊臂的自重作用在重心处，顶端承受吊重，下端铰支，支座反力用竖直、水平方位的两个分力表示。液压变幅杆视为链杆，支承力沿链杆指向吊臂。这个力系的各力不共直线，不完全汇交，不完全平行，称为**一般力系**。

图 2-5 中，所取的隔离体都能简化为平面图形，作用在隔离体上的外力都位于这个平面内。如果力系各力的作用线位于同一平面内，这个力系称为**平面力系**。

$$
\text{平面力系}\begin{cases}\text{共线力系}\\ \text{平面汇交力系}\\ \text{平面平行力系}\\ \text{平面一般力系}\end{cases}
$$

练一练：指出图示力系分别为哪种平面力系？

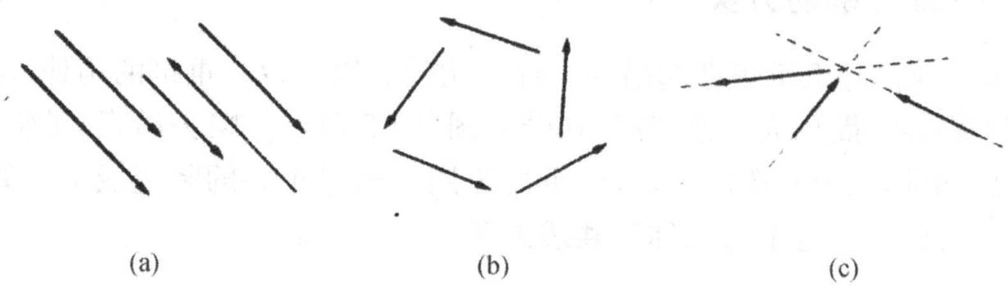

二、平面汇交力系的平衡方程

要求物体平衡，作用在物体上的力系的合力必须为零；只要力系的合力为零，物体就能处于平衡状态。根据式(2-1)可知

$$F_R=\sqrt{\left(\sum F_{ix}\right)^2+\left(\sum F_{iy}\right)^2}=0$$

即平面汇交力系的**平衡方程**为

$$\begin{cases}\sum F_x=0\\ \sum F_y=0\end{cases}\tag{2-3}$$

方程(2-3)读作“力系各力在 x 轴上投影的代数和等于零”；“力系各力在 y 轴上投影的代数和等于零”。用平衡方程可以求解受力图上的未知力。

例 2-3 图 2-6 所示两物块的重量分别为 $W_A=10\ \text{kN}$，$W_B=30\ \text{kN}$，画 A、B 物块受力图，并列平衡方程计算约束力。

A 物块：

$\sum F_y=0 \qquad F_1-W_A=0$

$F_1=W_A=10\ \text{kN}$

B 物块：

$\sum F_y=0 \qquad F_2-W_B-F_1=0$

$F_2=W_B+F_1=30\ \text{kN}+10\ \text{kN}=40\ \text{kN}$

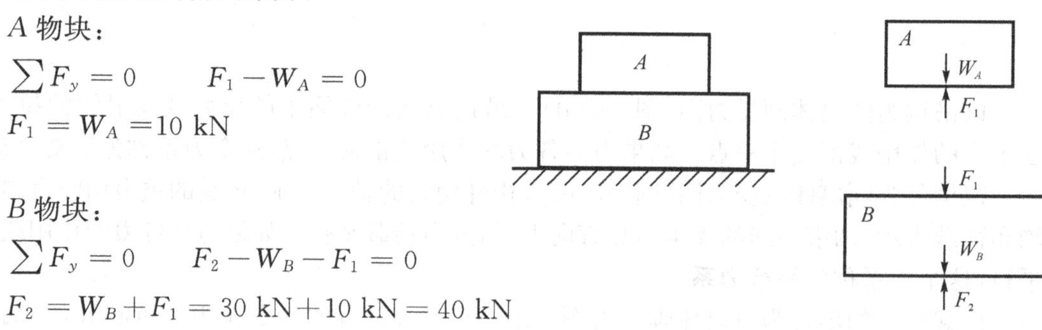

图 2-6

练一练：

1. 图示四人拔河，处于平衡状态，列方程计算 F 力应为多少？

2. 你对解一元一次方程熟悉吗？试解如下方程：

(1)$x+8=0$　　　　(2)$\sqrt{3}-x=0$

(3)$\sqrt{2}x+2=0$　　　　(4)$-F+\frac{\sqrt{3}}{2}x=0$

例 2-4　图 2-7a 中，支架的 AB、AC 杆简化为链杆，在结点 A 处悬挂重 20 kN 的重物。求 AB、AC 杆所受的力。

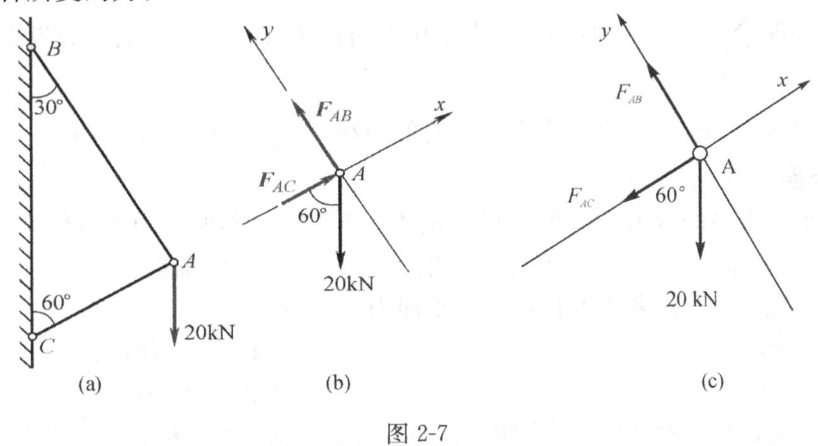

图 2-7

解：(1)取隔离体　取结点 A 为研究对象。

(2)画受力图　重物的重力为主动力。链杆 AB 受拉，约束力 F_{AB} 为拉力，作用在 AB 线方向上；链杆 AC 受压，约束力 F_{AC} 为压力，作用在 AC 线方向上(图 2-7b)。

(3)列平衡方程求解　平面汇交力系有两个独立的平衡方程，能够确定两个未知力。

链杆 AB 与链杆 AC 互相垂直。为了计算简便，设坐标轴 x 沿力 F_{AC} 作用线方向，坐标轴 y 沿力 F_{AB} 作用线方向。这样，在对 y 轴的投影方程中，力 F_{AC} 的投影为零。同理，在对 x 轴的投影方程中，力 F_{AB} 的投影为零。

$$\sum F_y = 0 \qquad F_{AB} - 20\sin 60^\circ = 0$$

$$F_{AB} = 20\sin 60^\circ = 17.32\ \text{kN(拉)}$$

$$\sum F_x = 0 \qquad F_{AC} - 20\cos 60^\circ = 0$$

$$F_{AC} = 20\cos 60^\circ = 10\ \text{kN(压)}$$

一般情况下，可不必判断链杆 AB 和链杆 AC 是受拉还是受压，将约束力 F_{AB} 和约束力 F_{AC} 都假设为拉力[图 2-7(c)]，则按照图示坐标系，所列方程

$$\sum F_x = 0 \qquad -F_{AC} - 20\cos 60^\circ = 0$$

$$F_{AC} = -20\cos 60^\circ = -10\ \text{kN(压)}$$

F_{AC} 假设为拉力，计算结果为负，说明实际方向与假设相反，AC 杆受压。

2.2 习题

A类

一、填空题

1. 平面汇交力系平衡方程为：________________。

2. 平衡方程 $\sum F_x = 0$ 的意义为：力系中所有的力在________轴上的投影的________为零。

3. 平衡方程 $\sum F_y = 0$ 表示力系中所有的力在________轴上的投影的________为零。

二、选择题

1. 平面汇交力系的合力 F_R，在 X 轴上的投影 $F_{RX}=0$ 时，则合力的方位应(　　)。

A. 垂直于 x 轴　　B. 平行于 x 轴　　C. 与 x 轴重合　　D. 不确定

2. 平面一般力系是指各力的作用线在平面内(　　)。

A. 任意分布　　B. 在同一直线上

C. 互相平行　　D. 汇交于一点

3. 所有力的作用线都在同一平面内，且都汇交于一点的力系称(　　)力系。

A. 空间汇交　　B. 空间一般

C. 平面汇交　　D. 平面一般

三、判断题

1. 物体相对于地球保持静止状态称平衡。(　　)

2. 二分力的夹角越小，合力也越小。(　　)

3. 平面汇交力系独立方程数为 3 个。(　　)

4. 平面汇交力系的静力平衡方程可求解两个未知量。(　　)

四、已知图示杆件处于平衡状态。应用平衡方程计算图中未知力 F_A、F_B 大小。

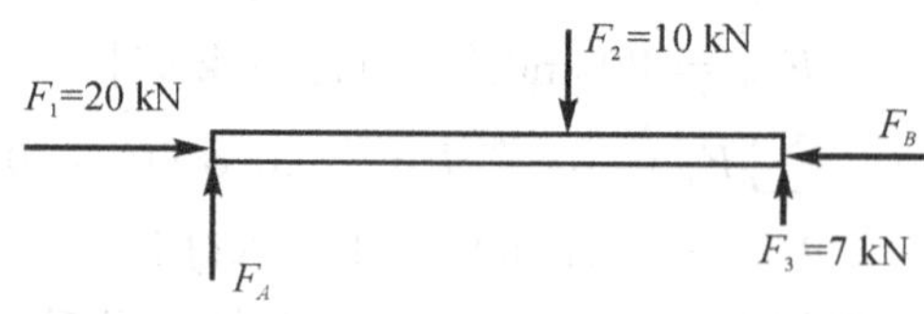

B类

一、选择题

1. 作用在刚体同一平面上的三个不平行的力，其作用线汇交于一点，则此刚体（　　）。

A. 一定平衡　　B. 不平衡　　C. 不一定平衡　　D. 相对平衡

2. 平面汇交力系平衡的充要条件是（　　）。

A. 各分力对某坐标轴投影代数和为零　　B. 各分力在同一直线上

C. 合力为零　　D. 分力应是三个

3. 平面汇交力系的合力一定等于（　　）。

A. 各分力的代数和　　B. 各分力的矢量和　　C. 零

二、求解二元一次方程组（分别用消元法和代入法）。

1. $\begin{cases} 5x+3y=8 \\ 3x-2y=7 \end{cases}$　　2. $\begin{cases} \sqrt{2}x+2=0 \\ 3x-2y=8 \end{cases}$

三、计算图示三角架中两杆所受的力，要求标明拉压。

1.

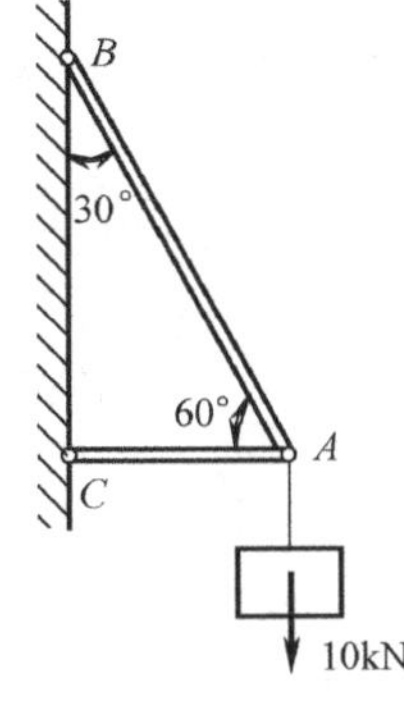

2.

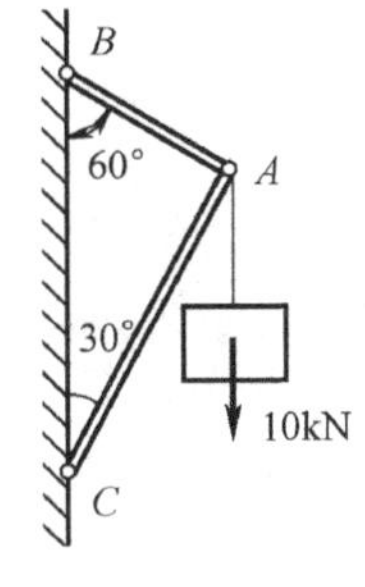

3.

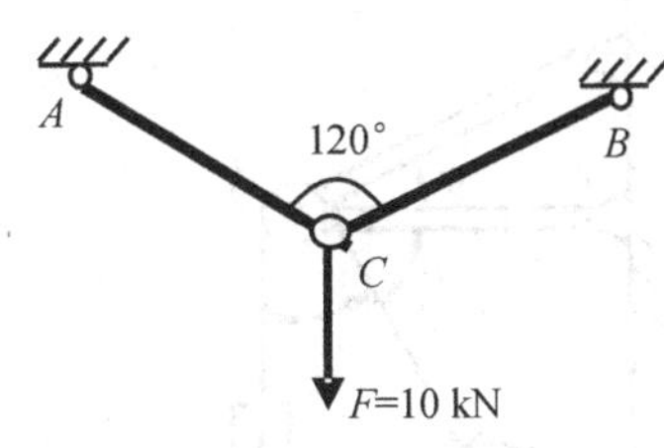

4.

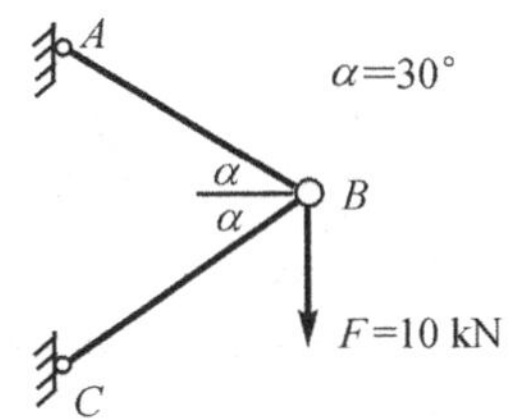

C类

一、选择题

1. 图示 AC 和 CB 为绳索，在 C 点加力 F，绳索受力较大的 α 角为(　　)。

A. 30°　　　　B. 90°

C. 120°　　　　D. 45°

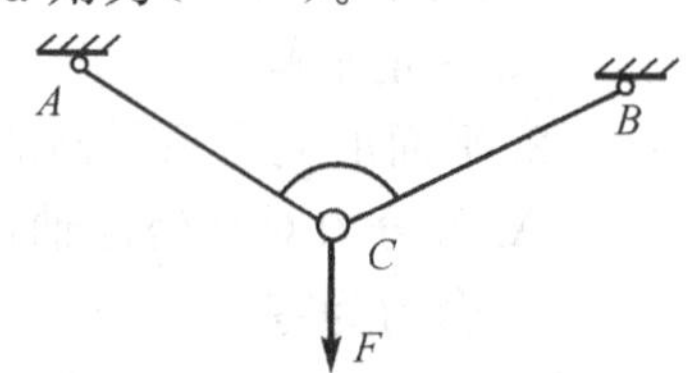

2. 上图示绳索 AC 和 CB，在 C 点加力 F，A、B 两点由图示位置逐渐分开，两绳索的拉力(　　)。

A. 无变化　　　　B. 越变越小

C. 越变越大　　　　D. 不能确定

二、计算图示三角架中两杆所受的力

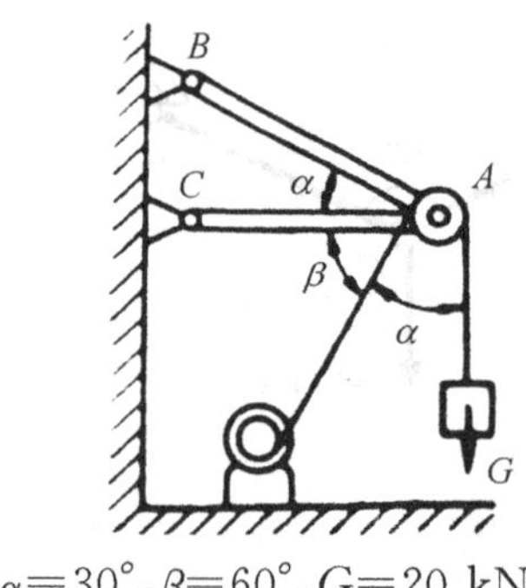

$\alpha=30°,\beta=60°,G=20\ \text{kN}$

2.3　力矩

一、力对点的矩

力对物体有运动效应。力不仅能使物体移动，还能使物体绕指定点（或轴）转动。力使物体绕点转动的效应称为力对点之矩，简称**力矩**。该点称为力矩中心，简称**矩心**。

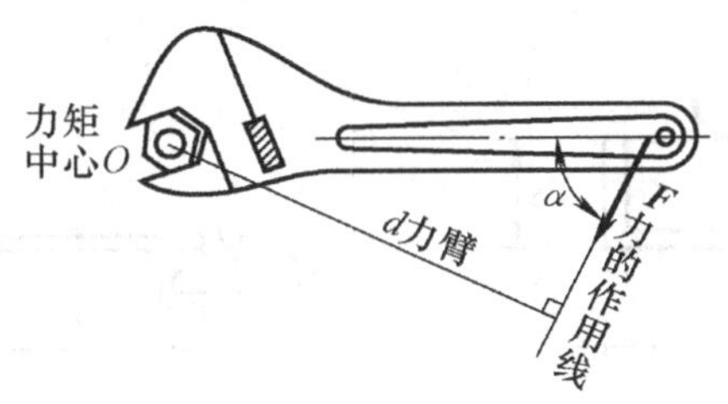

图 2-8

日常生活经验告诉我们，扳手越长，所使的力越大，手与扳手之间的夹角越接近垂直，拧动螺母的可能性越大。这说明：力的转动效应，即力矩与力的大小、方向及转动中心到力作用线的垂直距离有关。在平面内，力 $\boldsymbol{F}$ 对 O 点之矩表示为

$$M_O(F)=\pm Fd \tag{2-4}$$

式中，d 为**力臂**，指力矩中心到力作用线的距离（点到直线的距离这样确定：过点作直线的垂线，该点到垂足的距离即点到直线的距离）。正负号代表力矩的转向，规定逆时针转向为正，顺时针转向为负。用笔尖指着力矩中心，不难依据力矢量 $\boldsymbol{F}$ 的指向判断笔杆（当做力臂）绕力矩中心的转向。图 2-8 中，力 $\boldsymbol{F}$ 对 O 点之矩为顺时针转，应记为负值。

力矩的单位是力的单位和长度单位的乘积，在国际单位制中，力矩的单位是 Nm，常用 kNm。

例 2-5　作用于 OA 杆上的力如图 2-9 所示。已知 $F_1=2$ kN，$F_2=10$ kN，$F_3=5$ kN，试求各力对 O 点的矩。

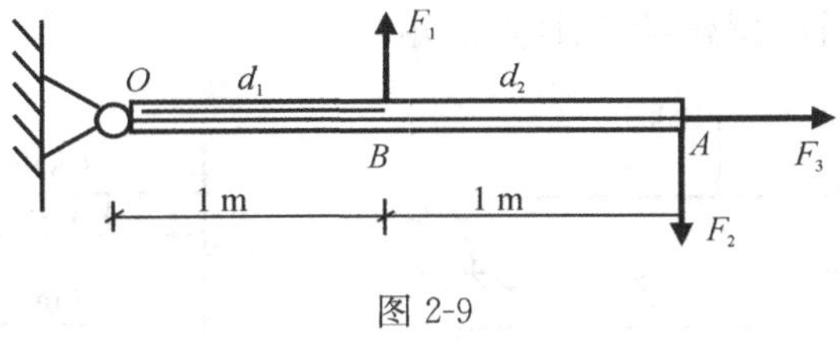

图 2-9

解：F_1 力臂 $d_1=OB$，F_2 力臂 $d_2=OA$，F_3 力臂 $d_3=0$

$$M_O(\boldsymbol{F}_1)=F_1\cdot d_1=2\ \text{kN}\times 1\ \text{m}=2\ \text{kNm}$$

$$M_O(\boldsymbol{F}_2)=-F_2\cdot d_2=-10\ \text{kN}\times 2\ \text{m}=-20\ \text{kNm}$$

$$M_O(\boldsymbol{F}_3)=F_3\cdot d_3=0$$

练一练:计算图示各杆上力对 O 点之矩(要求标出矩心,画力的作用线,画力臂,然后计算力矩)。已知 $F=10$ kN,$l=2$ m,$r=0.5$ m,$a=1$ m。

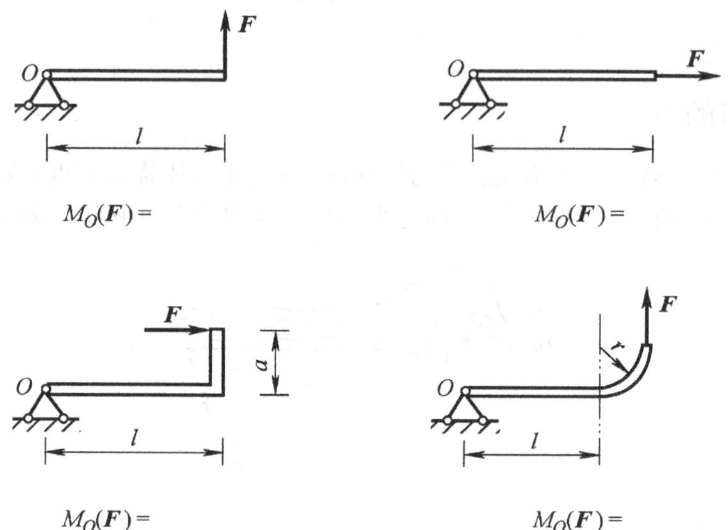

注意事项:

(1)力矩转动效应的大小,取决于力的大小 F 与力臂 d 的乘积。当力作用线通过矩心时(力臂为零),力矩等于零;当力沿其作用线移动时(力臂不变),力矩不变。

(2)在平面内,力使物体绕矩心转动的方向可以这样确定:力沿其作用线移动,推动力臂绕矩心转动的方向(矩心保持不动)。力使力臂绕矩心逆时针转动取正,反之取负。

例 2-6 求图 2-10 中均布荷载对 A、B 点的矩。$q=10$ kN/m,$l=2$ m,$a=1.5$ m。

解:(1)求均布荷载的合力 F_P,位于 CB 段中点。即

$$F_P=ql=10\times2=20\ \text{kN}$$

(2)用合力 F_P 代替均布荷载,分别计算对 A、B 点的矩。即

$M_A(F_P)=-F_P\cdot d_1$

$=-20\ \text{kN}\times(1.5+1)\ \text{m}=-50\ \text{kNm}$

$M_B(F_P)=F_P\cdot d_2=20\ \text{kN}\times1\ \text{m}=20\ \text{kNm}$

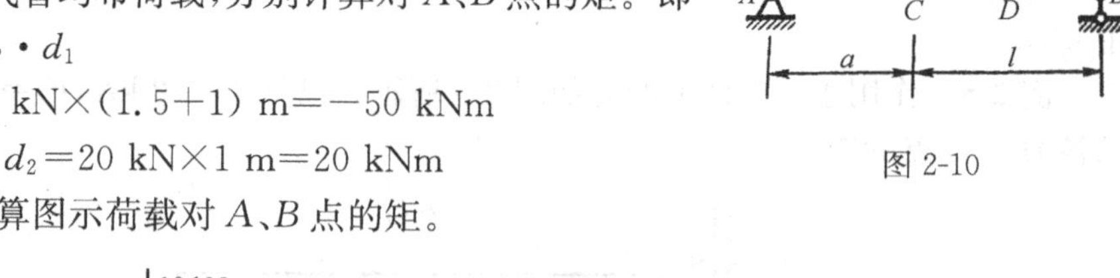

图 2-10

练一练:分别计算图示荷载对 A、B 点的矩。

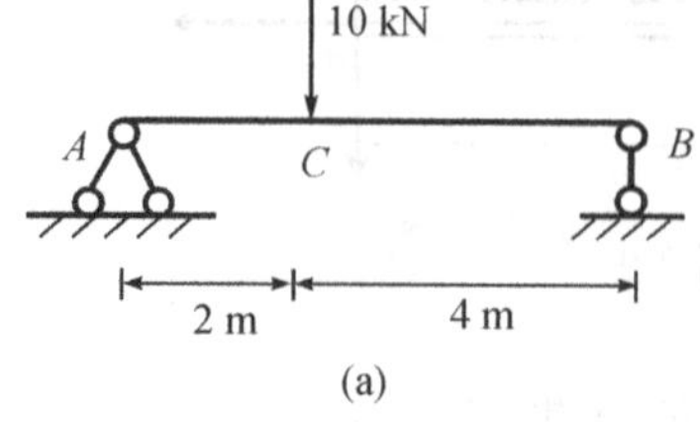

(a)

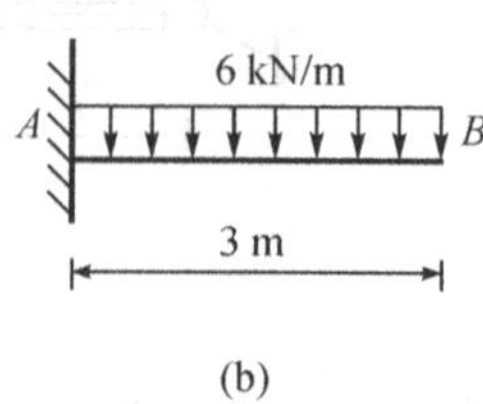

(b)

二、合力矩定理

合力矩定理：平面汇交力系的合力对平面内任一点的力矩，等于力系中各力对同一点的力矩的代数和。用式子可表示为

$$M_O(F_R)=M_O(F_1)+M_O(F_2)+\cdots+M_O(F_n)=\sum M_O(F) \tag{2-5}$$

应用合力矩定理可以简化力矩计算。在求一个力对某点的矩时，若力臂不易计算，可将该力分解为两个互相垂直的分力，两分力对某点的力臂须比较容易计算，就可方便地求出两分力对该点的力矩代数和，即为原力对该点的力矩。

例 2-7　试计算图 2-11 中力 F 对 A 点的矩。

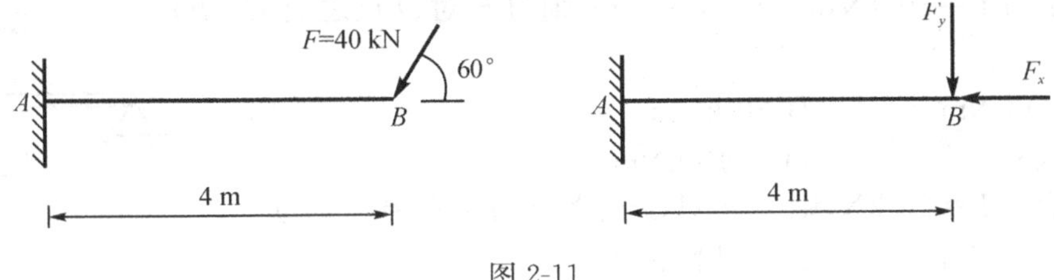

图 2-11

解：将力 F 沿 x 轴和 y 轴方向等效分解为两个力 F_x 和 F_y，由合力矩定理得：

$$M_A(F)=M_A(F_x)+M_A(F_y)$$

由于 F_x 力作用线通过矩心 A，力矩为零，所以：

$$M_A(F)=-F_y\cdot d_y=-40\sin 60^\circ\times 4=-138.56\ \text{kNm}$$

2.3　习题

A 类

一、填空题

1. 力对物体的运动效应包括________和________。

2. 力使刚体绕点转动的效应，称为________，该点称为________。力对点之矩简称________。

3. 力臂指________到________的距离。

4. 在平面内，力矩包括两个要素：(1)转动效应的大小。它取决于________。(2)转向。用正负号规定：________________。

5. 力作用线通过力矩中心，力矩________。

6. 图示力 F 对 O 点的力矩，其力臂为________。

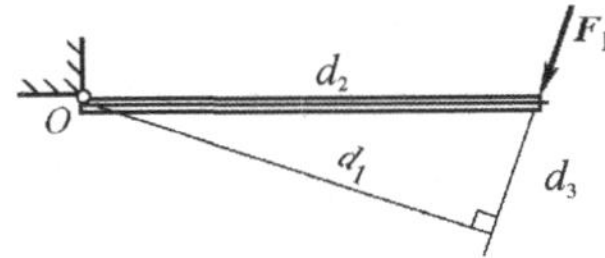

二、选择题

1. 力矩的单位是(　　)。

A. N　　B. N/m　　C. N·m　　D. N/m^2

2. 图示力 F 对 O 点的力矩，其力臂为(　　)。

A. OA 的长度　　B. OB 的长度

C. AB 的长度　　D. CB 的长度

3. 力使物体绕定点转动的效果用(　　)来度量。

A. 弯矩　　B. 力偶矩

C. 力的大小和方向　　D. 力矩

4. 图示力 $F=20$ kN，$a=1$ m，$l=2$ m，则力 F 对 O 点之矩 $M_o(F)$ =(　　)。

A. -20 kNm　　B. 20 kNm

C. 40 kNm　　D. -40 kNm

5. 图示力 $F=20$ kN，则力 F 对 O 点之矩 $M_o(F)=$(　　)。

A. -20 kNm　　B. 20 kNm

C. 40 kNm　　D. -40 kNm

6. 下图示力 $F=20$ kN，则力 F 对 O 点之矩 $M_o(F)=$(　　)。

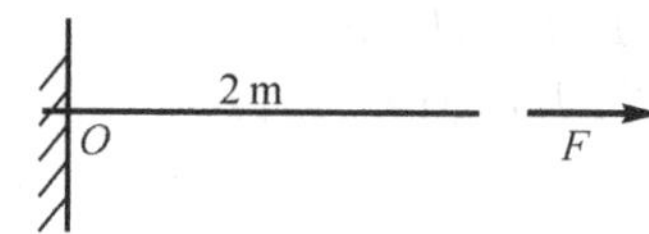

A. -20 kNm　　B. 20 kNm

C. 40 kNm　　D. 0

7. 图示力 $F=4$ kN，对 A 点的力矩为(　　) kNm。

A. 4　　B. 8

C. -8　　D. -4

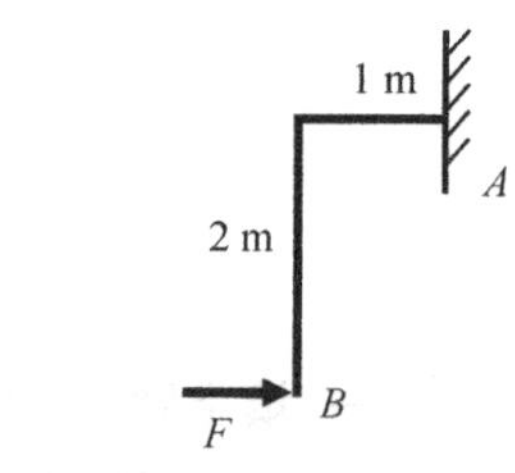

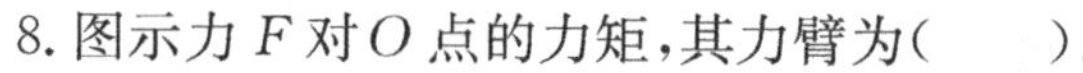

8. 图示力 F 对 O 点的力矩，其力臂为(　　)。

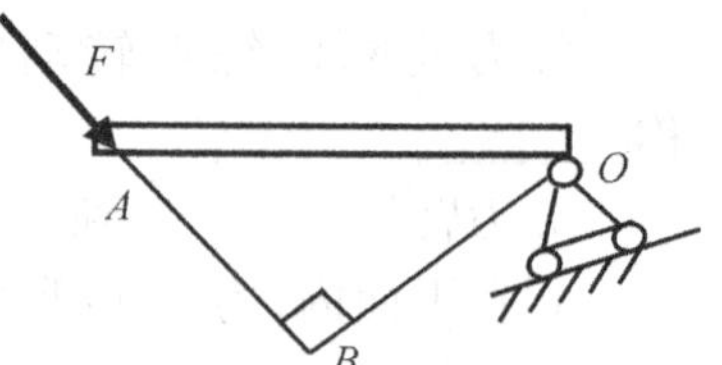

A. OA 的长度

B. AB 的长度

C. BC 的长度

D. OB 的长度

三、判断题

1. 当力沿其作用线移动时，力对点的矩不变。(　　)

2. 力作用线通过矩心，力矩为零。(　　)

B类

一、选择题

1. 图中均布荷载 $q=5$ kN/m，$L=4$ m，对 A 点的矩为（　　）。

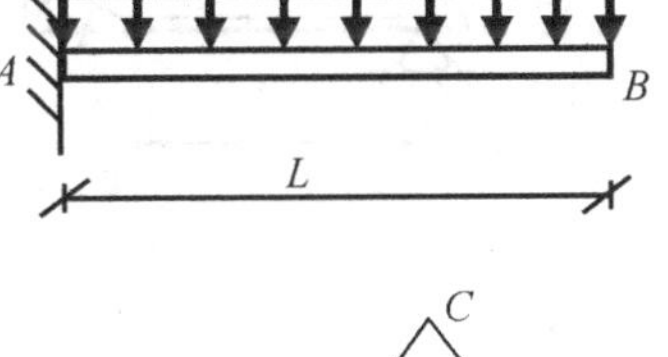

A. 0　　B. 40 kNm

C. −40 kNm　　D. −20 kNm

2. 右图示荷载 P，对 A 点的矩为（　　）。

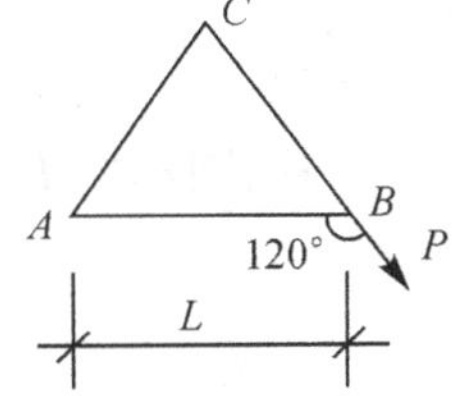

A. 0.5PL　　B. −0.5PL

C. 0.87PL　　D. −0.87PL

二、在杆件上画出力 F，使杆件绕 O 点逆时针转动效果最大。

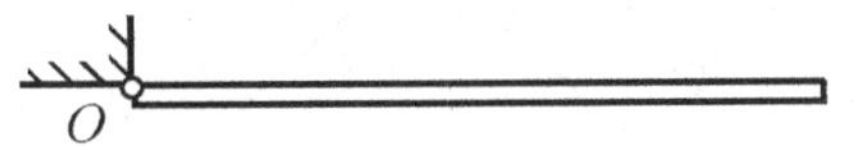

三、计算各图中力对 O 点之矩。

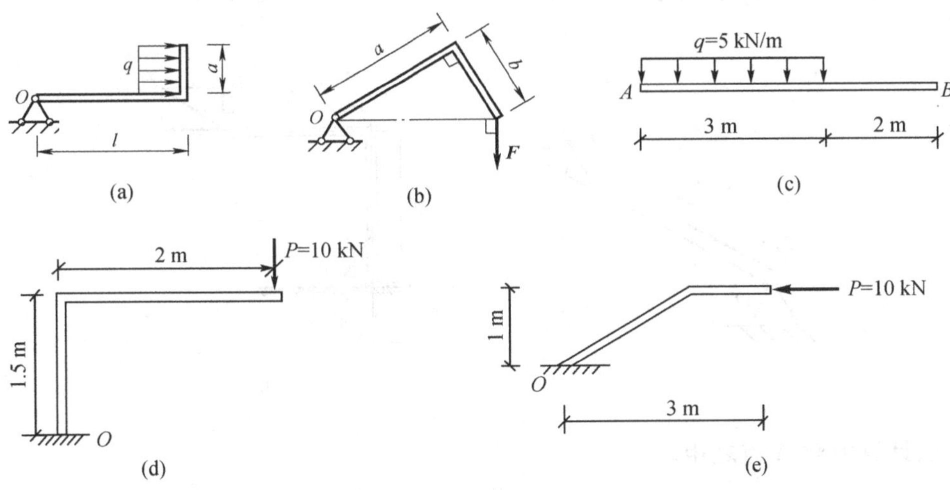

四、计算均布荷载对 A、B、C、D 点的力矩。已知 $q=10$ kN/m，$l=4$ m。

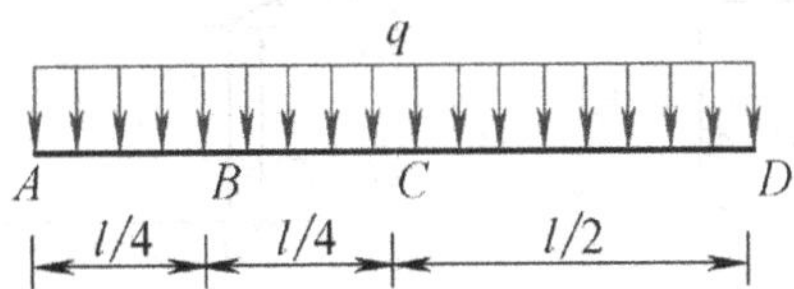

五、用合力矩定理计算图示力 F 分别对 A、B 点的力矩。

1.

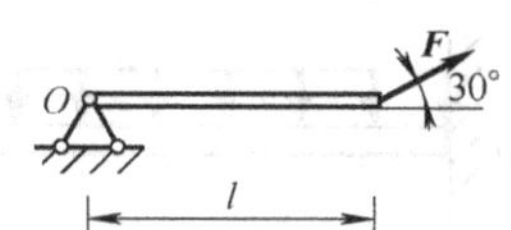

2.

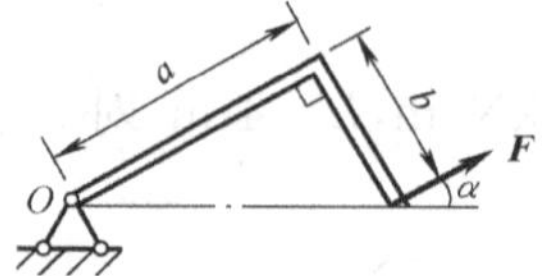

C类

一、图示力 P 对 A 点的力矩为(　　)。

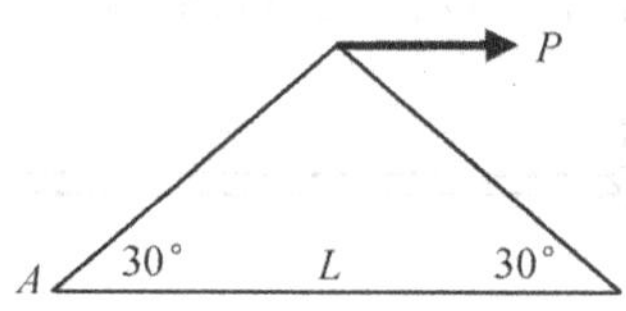

A. —0.29 PL　　B. —0.58 PL

C. —0.5 PL　　D. —0.66 PL

二、计算力 F 对 O 点之矩。图中各量 l_1，l_2，l_3，a，β 均为已知量。

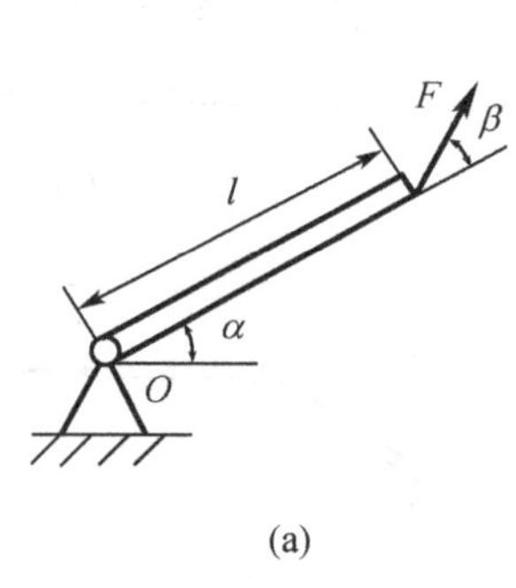

(a)

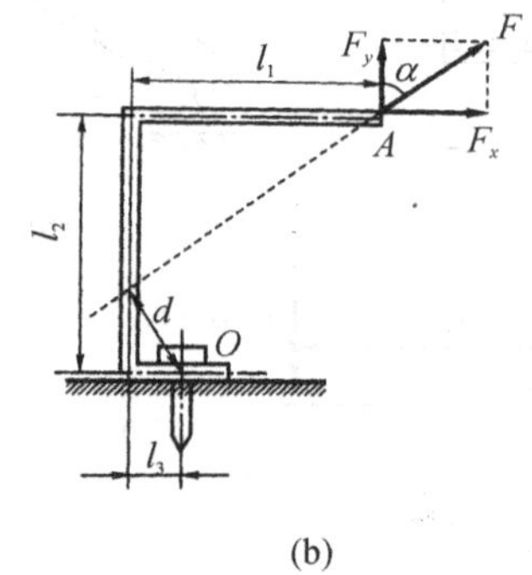

(b)

三、计算力对 A 点之矩。

1.

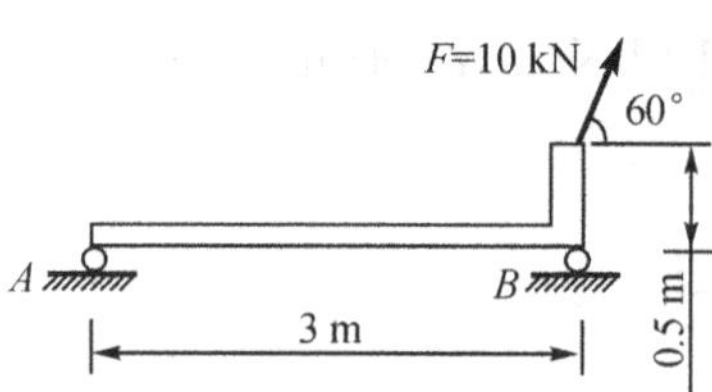

2.

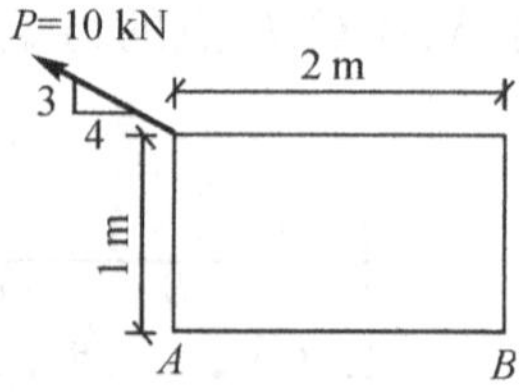

四、计算重力 G 和水平力 F 对 A 点之矩。如图所示，已知矩形箱子边长 a、b 及倾角 α。

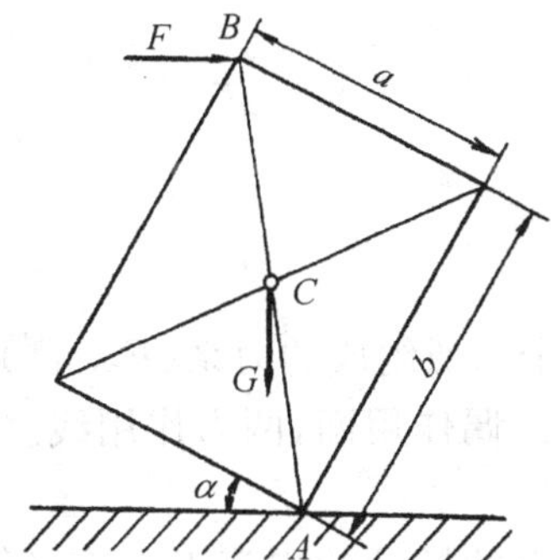

2.4 力偶

一、力偶 力偶矩

由一对大小相等、方向相反、作用线平行而不重合的两个力所组成的力系(F ,F')称为**力偶**[图 2-12(a)]。组成力偶的两力 F、F'所在的平面称为**力偶作用面**,两力作用线之间的垂直距离 d 称为**力偶臂**。

力偶作用于刚体只有转动效应。力偶(F ,F')对任一点的转动效应等于力 F、F'对同一点转动效应的总和。在图 2-12b 中,力偶 (F ,F')对 O 点之矩

$$M_O(F\ ,\ F')=M_O(\ F\ )+M_O(\ F')=Fa-F'(a+d)=-Fd$$

算式中 $F'=F$,负号表示逆时针转向。可见,力偶对作用面内任一点之矩为一个确定的代数值,这个值用来度量力偶对刚体的转动效应,称为**力偶矩**,用 $\boldsymbol{M}$ 表示。

$$\mathrm{M}=\pm \mathrm{Fd} \tag{2-6}$$

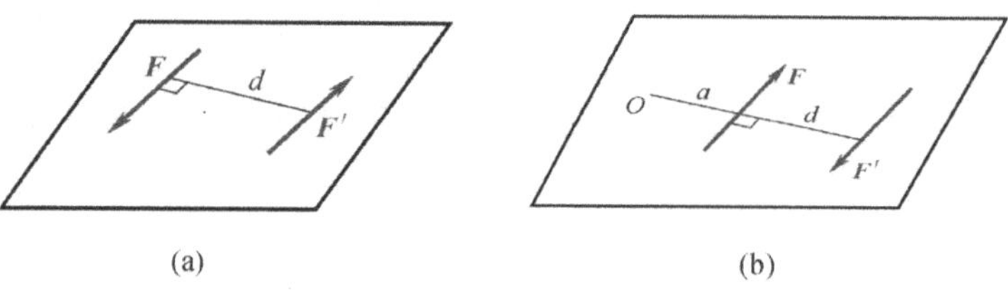

图 2-12

式(2-6)中,F 是组成力偶的力的大小,d 为力偶臂。正负号规定:逆时针转动的力偶矩取正值,顺时针则取负值。力偶矩的单位与力矩单位一致,为 Nm 或 kNm。

力偶对物体的转动效应取决于力偶矩的大小、力偶的转向、力偶的作用面,这三个要素简称力偶三要素。

二、力偶的性质

性质 1　**力偶无合力**。力偶不能用一个力代替,**力偶在坐标轴上的投影为零。**力偶对刚体只产生转动效应,**力和力偶是表示物体相互机械作用的两个基本元素。**

性质 2　**力偶对任一点之矩等于力偶矩,**而与矩心的位置无关。

性质 3　**力偶对刚体的作用效应完全取决于力偶矩。**两个力偶的力偶矩相等,这两个力偶便等效。因此,表示一个力偶,往往不标组成力偶的力有多大,沿什么方位,力偶臂有多大,只标力偶矩 $\boldsymbol{M}$(图 2-13)。

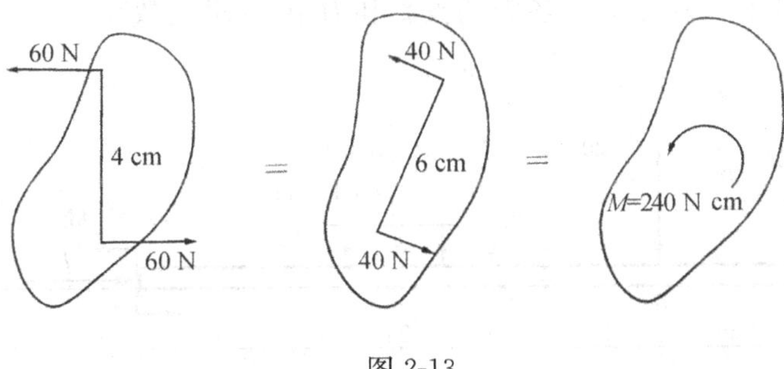

图 2-13

练一练：

1. 图中各力偶位于同一平面，试将相互等效的力偶按编号归类：

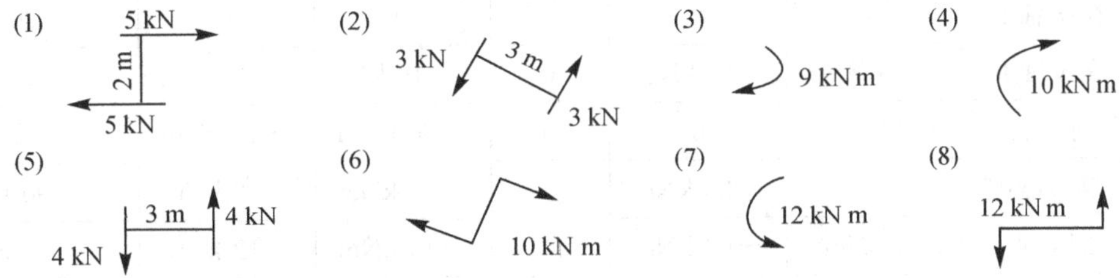

2. 根据力偶的性质填表：

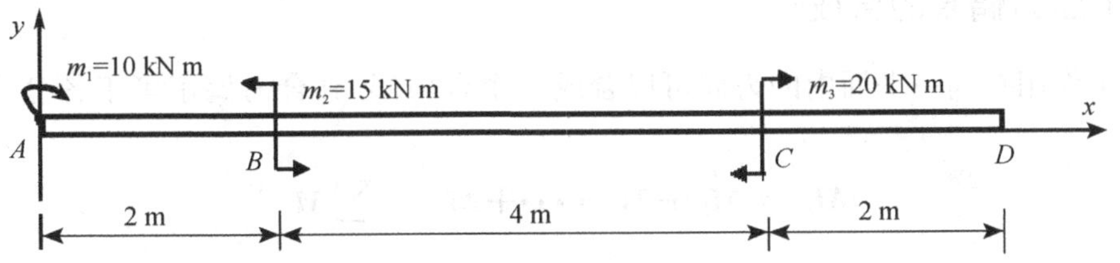

		m_1	m_2	m_3
投影	在 x 轴上			
	在 y 轴上			
对指定点之矩	对 A 点			
	对 B 点			
	对 C 点			
	对 D 点			

例 2-8 计算图 2-14 所示力系各力的投影和力矩，并求代数和。

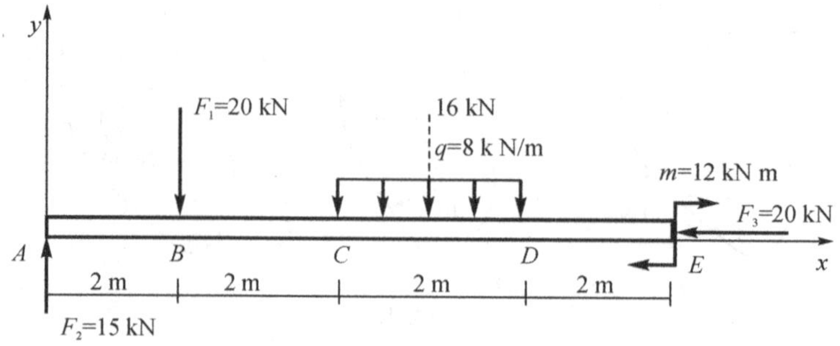

图 2-14

		F_1	F_2	F_3	q	m	代数和
投影	在 x 轴上	0	0	−20 kN	0	0	−20 kN
	在 y 轴上	−20 kN	15 kN	0	−16 kN	0	−21 kN
对指定点之矩	对 A 点	−40 kNm	0	0	−80 kNm	−12 kNm	−132 kNm
	对 B 点	0	−30 kNm	0	−48 kNm	−12 kNm	−90 kNm
	对 C 点	40 kNm	−60 kNm	0	−16 kNm	−12 kNm	−48 kNm
	对 D 点	80 kNm	−90 kNm	0	16 kNm	−12 kNm	−6 kNm
	对 E 点	120 kNm	−120 kNm	0	48 kNm	−12 kNm	36 kNm

三、平面力偶系的合成

若干个作用在同一平面内的力偶可以合成一个合力偶，其合力偶矩等于各分力偶矩的代数和。

$$\boldsymbol{M}_R = \boldsymbol{M}_1 + \boldsymbol{M}_2 + \cdots + \boldsymbol{M}_n = \sum \boldsymbol{M} \tag{2-7}$$

四、力的平移定理

力的平移定理：作用在刚体上的力可以平行移动到刚体的任意一点，但必须附加一个力偶，力偶矩等于原力对新作用点之矩。

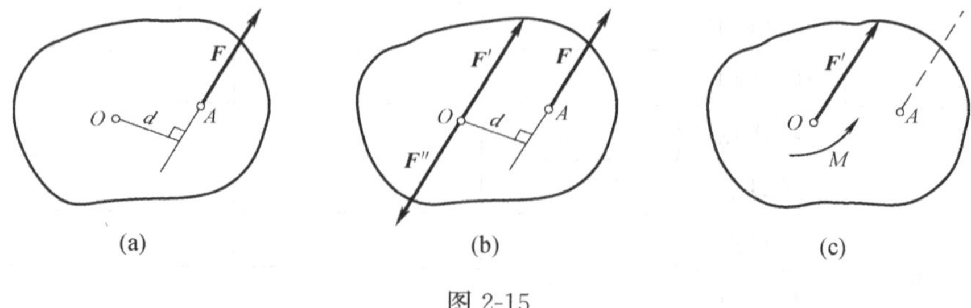

图 2-15

如图 2-15a 所示，在刚体的 A 点处作用有力 F，点 O 为刚体上的任意一点，该点到力作用线的距离为 d 。根据加减平衡力系公理，在 O 点处加一对共线、反向、等值的平衡力系（F'、F''），不改变刚体的运动状态，力系（F、F'、F''）与力 F 等效，如图 2-15(b)所示。在所加的平衡力系中，$F' /\!/ F$（即 $F'' /\!/ F$ ），$F' = F'' = F$ 。力 F、F''可视为力偶，力偶矩 $\boldsymbol{M} = Fd$，则力 F'、力偶 $\boldsymbol{M}$ 可以等效替代力系（F、F'、F''），等效替代力 F。由于力 F' 与力 F 的方向相同、大小相等，就像力 F 由 A 点平行移动到了 O 点[图 2-15(c)]。

例 2-9　图 2-16a 所示厂房排架牛腿柱上作用有吊车梁传来的荷载 $F=500$ kN，力的作用线偏离 AB 柱段轴线 0.4 m。求使柱段 AB 压缩的力和使柱段弯曲的力偶。

解：研究的是柱段 AB 的变形，将力 F 向柱轴线上 A 点平移，有力 F'、附加力偶 MA[图 2-16(b)]。

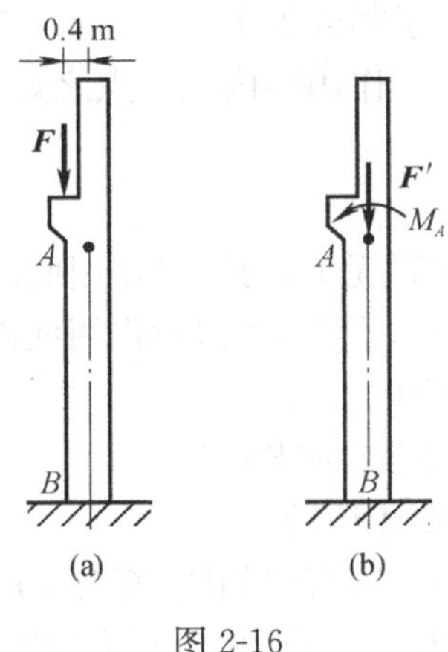

图 2-16

使 AB 柱段压缩的力

$$F'=F=500\ \text{kN}$$

使 AB 柱段弯曲的力偶为 $\boldsymbol{M}_A$，力偶矩

$$\boldsymbol{M}_A=M_A(F)=500\ \text{kN}\times 0.4\ \text{m}=200\ \text{kNm}$$

柱段弯曲时右侧受拉。

2.4　习题

A 类

一、填空题

1. 作用在刚体上________、________、________的两个力组成的力系称为力偶。两个力之间的垂直距离称为________。

2. 力与力偶臂的乘积称为________。力偶在坐标轴上的投影为________ 。

3. 力偶对作用平面内任意点之矩都等于________，而与矩心的位置________。力偶对物体的转动效果的大小用________表示。

4. 力偶对刚体只产生________效应，用________来量度。力偶只能与________平衡。

5. 力偶矩的单位与力矩单位相同，为________。

6. 力偶的三要素是________、________、________。

7. 在平面问题中，力偶对刚体的作用效果决定于两个因素：(1)________(2)________。

8. 平面力偶系的合力偶矩 $\boldsymbol{M}$=________，平面力偶系的平衡条件是________。

9. 力可以在同一刚体内平移，但需附加一个________，其力偶矩等于________对新作用点之矩。

二、选择题

1. 组成力偶的两个力在同一轴上的投影代数和(　　)。

A. 大于零　　B. 大于零或等于零　　C. 等于零　　D. 小于零

2. 力 P 对 O 点之矩和力偶对于作用面内任一点之矩，它们与矩心的关系是(　　)。

A. 都与矩心位置有关

B. 都与矩心位置无关

C. 力 P 对 O 点之矩与矩心位置无关，力偶对作用面内任一点之矩与矩心位置有关

D. 力 P 对 O 点之矩与矩心位置有关，力偶对作用面内任一点之矩与矩心位置无关

3. 力偶对物体产生的运动效应(　　)。

A. 只能使物体转动　　B. 只能使物体移动

C. 既能使物体转动，又能使物体移动

D. 它与力对物体产生的运动效应有时相同，有时不同

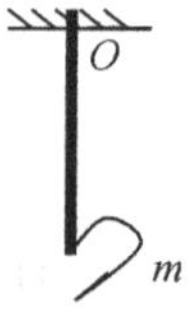

4. 图示力偶 m=20 kNm，则力偶对 O 点之矩 $M_o(F)$=(　　)。

A. −20 kNm　　B. 20 kNm

C. 40 kNm　　D. −40 kNm

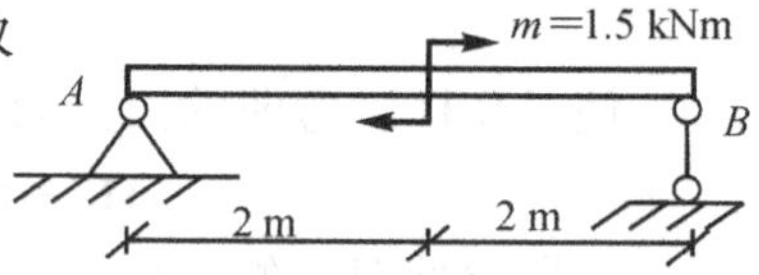

5. 力偶向某坐标轴投影为(　　)，对坐标轴上任一点取矩为(　　)。

A. 力偶矩本身　　B. 变化值　　C. 零

6. 图示力偶对 A 点之矩应是(　　)。

A. 0　　B. 1.5 kNm

C. −1.5 kNm　　D. 3 kNm

三、下列等效的力偶为________。

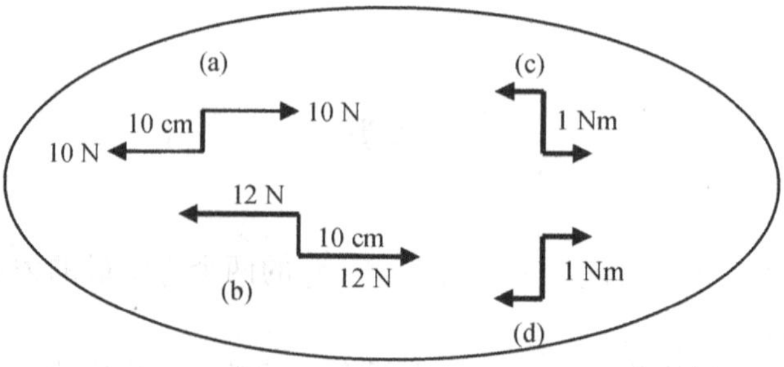

B 类

一、选择题

1. 下列关于平面力矩和力偶说法正确的是(　　)。

A. 力矩和力偶都是矢量　　B. 力矩和力偶都是代数量

C. 力矩是矢量,力偶是代数量　　D. 力矩是代数量,力偶是矢量

2. 以下不是力偶性质的为(　　)。

A. 力偶在轴上投影为零　　B. 力偶具有可搬移性

C. 力偶可以与单个力平衡　　D. 力偶矩与矩心位置无关

3. 下列说法不正确的是(　　)。

A. 力矩、力偶规定逆时针转为正

B. 力的投影、力的分力都为代数量

C. 力矩、力偶矩都为代数量

D. 力的投影方向与坐标轴正向一致为正

4. 若平面力偶系,向 x、y 坐标轴的投影均为零,则受其作用的刚体(　　)。

A. 一定平衡　　B. 一定不平衡　　C. 不一定平衡

5. 两个共面力偶的等效条件为(　　)。

A. 两个力偶的大小相等

B. 两个力偶的力偶矩大小相等

C. 两个力偶的力偶矩的代数值相等

6. 同一圆盘上受力如图所示,已知圆盘半径 r,则等效力系为(　　)。

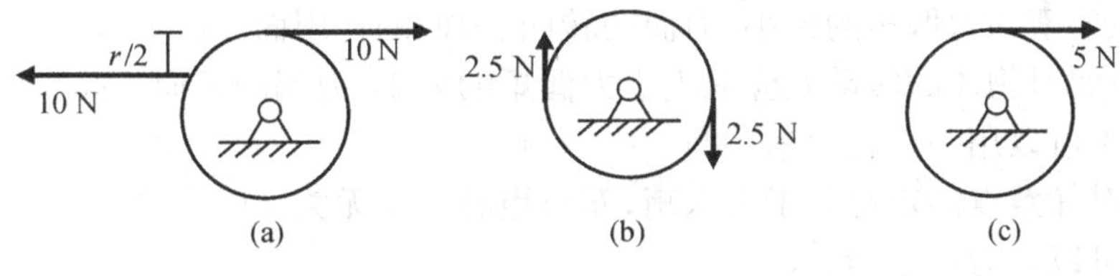

A. a 与 b　　B. b 与 c　　C. a 与 c　　D. a、b 与 c

7. 图示力偶,等效的为(　　)。

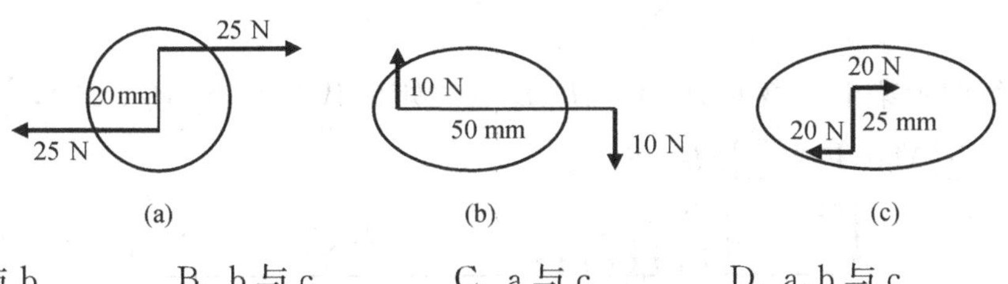

A. a 与 b　　B. b 与 c　　C. a 与 c　　D. a、b 与 c

8. 图示力偶，等效的为(　　)。

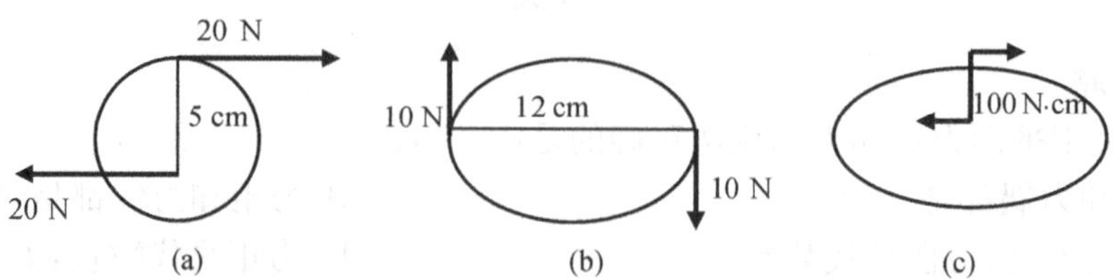

A. a与b　　B. b与c　　C. a与c　　D. a、b与c

9. 由力的平移定理可知，一个力在平移时分解为(　　)。

A. 两个力　　B. 一个力和一个力偶

C. 一个力和一个力矩　　D. 两个力矩

10. 图示作用在 L 形杆 B 端的力偶矩为 m，力偶对 A 点之矩应是(　　)。

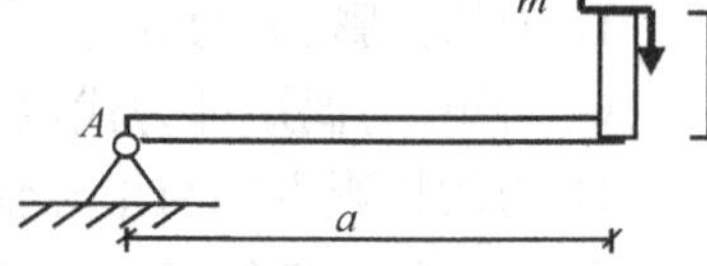

A. $-ma$　　B. $-mb$

C. $-m$　　D. $-m(a+b)$

二、判断题

1. 两个大小相等、作用线不重合的反向平行力之间的距离称为力偶臂。(　　)
2. 力偶对物体的外效应是力偶使物体单纯产生转动。(　　)
3. 力偶的单位与力的单位相同。(　　)
4. 组成力偶的两力之间的垂直距离称为力偶臂。(　　)
5. 力偶对任意点的矩都为零。(　　)
6. 力偶是一对平衡力，两个力大小相等、方向相反。(　　)
7. 只要两个力大小相等、方向相反，该两力就组成一力偶。(　　)
8. 力偶三要素为力偶矩的大小、力偶的转向、力偶的作用面。(　　)
9. 平面力偶对物体的转动效应取决于力偶矩的大小、力偶的转向。(　　)
10. 力偶不可以用一个合力来平衡。(　　)
11. 力偶对任意点的矩都等于力偶矩，而与矩心位置无关。(　　)
12. 力偶可以和力矩平衡。(　　)
13. 图示杆件在力 F 与力偶 m 作用下处于平衡状态，因此力 F 与力偶 m 等效。(　　)

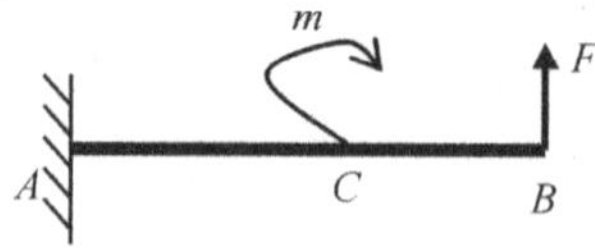

三、计算图示梁上荷载对 A、B、C、D、E 点之矩的代数和 $\sum M_A(F)$，$\sum M_B(F)$，$\sum M_C(F)$，$\sum M_D(F)$，$\sum M_E(F)$。

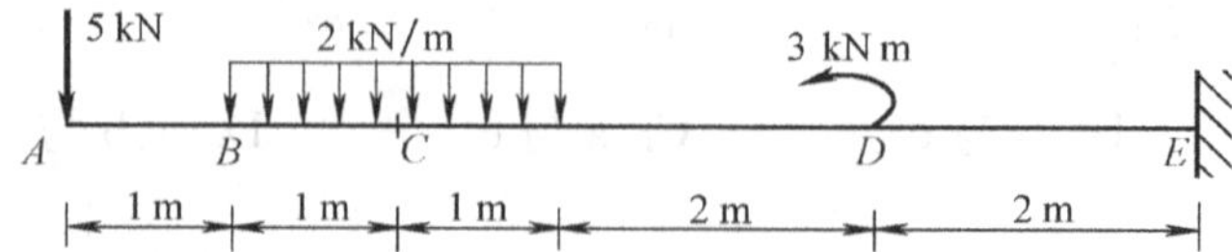

C类

一、选择题

1. 图示力偶矩大小为(　　)。

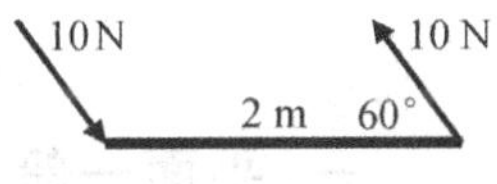

A. 10 Nm　　B. 5 Nm

C. 8.66 Nm　　D. 17.3 Nm

2. 图示荷载 P，向 A 端平移，所加力偶为(　　)。

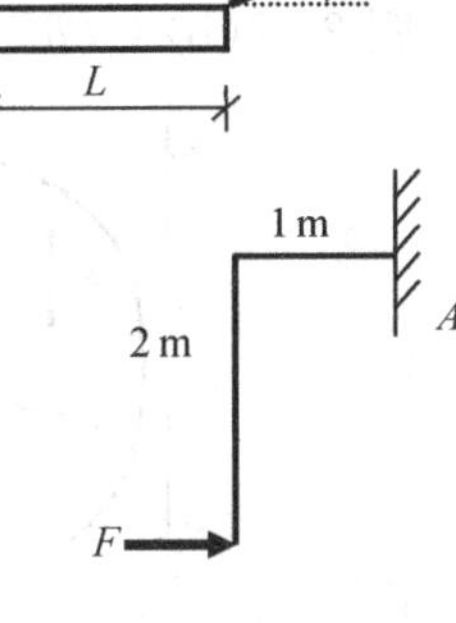

A. 0.5PL　　B. −0.5PL

C. 0.87PL　　D. −0.87PL

3. 图示力 F= 4 kN，向 A 点平移时，其平移结果为(　　)。

A. F_R=4 kN(向左)，M=8 kNm(逆时针)

B. F_R=4 kN(向右)，M=8 kNm(顺时针)

C. F_R=4 kN(向左)，M=8 kNm(顺时针)

D. F_R=4 kN(向右)，M=8 kNm(逆时针)

4. 图示当球拍作用在乒乓球边缘 A 点时，该球将(　　)。

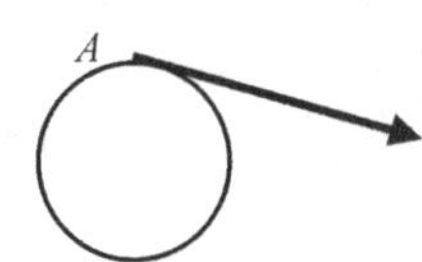

A. 沿力方向作直线运动　B. 只作旋转运动

C. 同时作直线运动和顺时针方向旋转

D. 同时作直线运动和逆时针方向旋转

二、将作用在 A 点的力平移到 B 点

1.

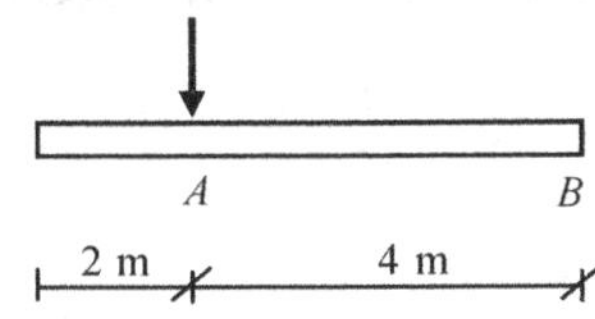

2.

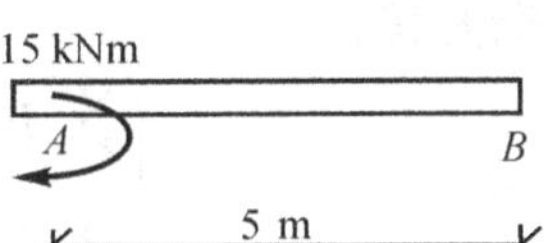

3.

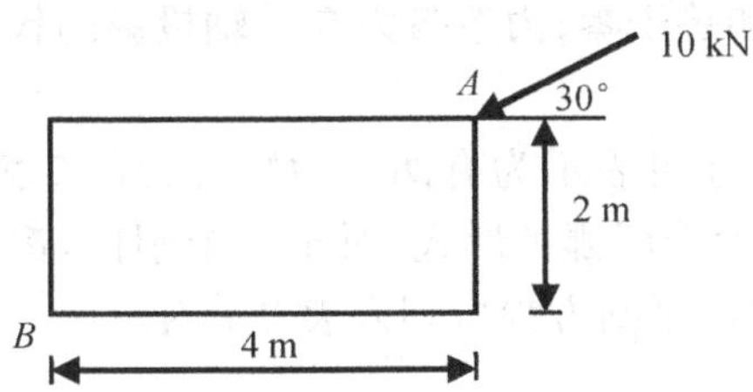

三、计算合力偶

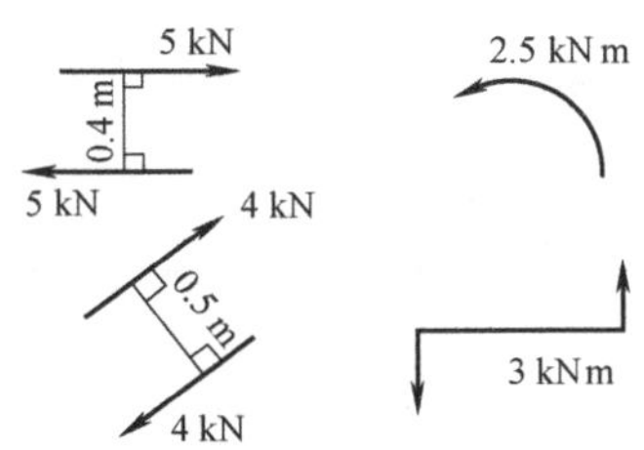

2.5 平面一般力系的平衡

一、平面一般力系的平衡方程

图 2-17a 所示平面一般力系，各力向任意点 A 平移，得一平面汇交力系和一平面力偶系[图 2-17(b)]。汇交力系合成一个力 F_R，力偶系合成一个力偶 M_A[图 2-17(c)]。

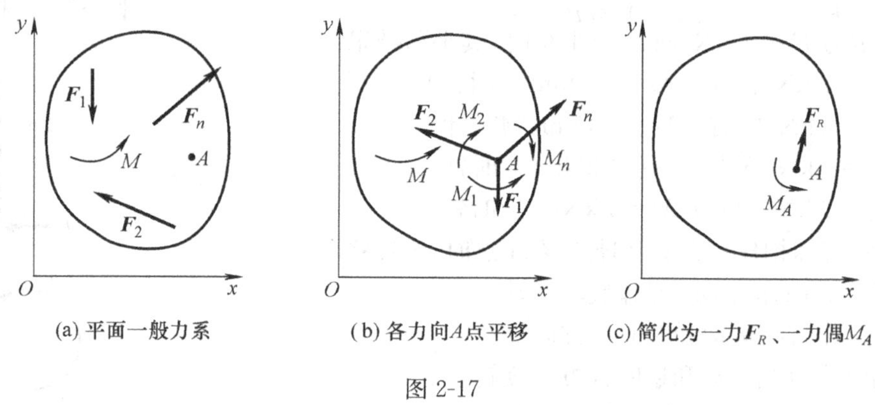

(a) 平面一般力系　(b) 各力向 A 点平移　(c) 简化为一力 F_R、一力偶 M_A

图 2-17

平面一般力系的平衡条件是，合力 F_R 等于零，合力偶矩 M_A 等于零。用代数式表示，即为**平面一般力系的平衡方程**：

$$\begin{cases} \sum F_x = 0 \\ \sum F_y = 0 \\ \sum M_A(F) = 0 \end{cases} \tag{2-8}$$

式(2-8)读作**力系各力在 x 轴投影的代数和等于零；力系各力在 y 轴投影的代数和等于零；力系各力对 A 点之矩的代数和等于零。**

此为平面一般力系平衡方程的基本形式。还可表示为有两个力矩方程的**二力矩式**，及三个方程都为力矩方程的**三力矩式**(表 2-1)。无论用哪种形式，对于一个刚体，都只能是三个独立方程解三个未知数。平面力系特殊类型的平衡方程也列入表 2-1 内。

表 2-1　平面力系的平衡方程

力　系		基本形式		其他形式
平面一般力系	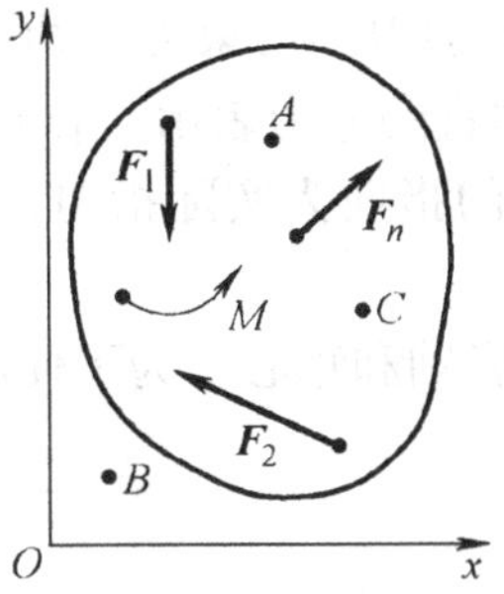	三个独立方程	$\begin{cases}\sum F_x = 0 \\ \sum F_y = 0 \\ \sum M_A(F) = 0\end{cases}$	二力矩式 $\begin{cases}\sum F_x = 0 \\ \sum M_A(F) = 0 \\ \sum M_B(F) = 0\end{cases}$ （A、B 连线不垂直 x 轴） 三力矩式 $\begin{cases}\sum M_A(F) = 0 \\ \sum M_B(F) = 0 \\ \sum M_C(F) = 0\end{cases}$ （A、B、C 三点不共直线）
平面汇交力系	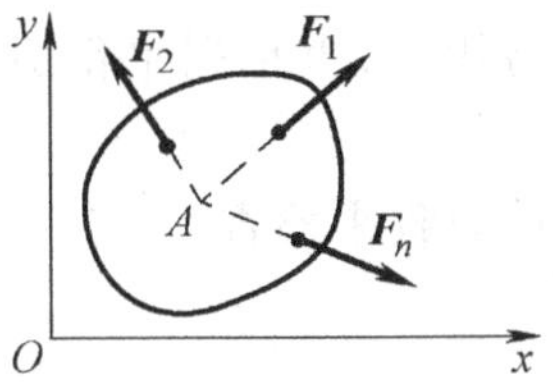 各力作用线在同一平面汇交一点	两个独立方程	$\begin{cases}\sum F_x = 0 \\ \sum F_y = 0\end{cases}$	—
平面平行力系	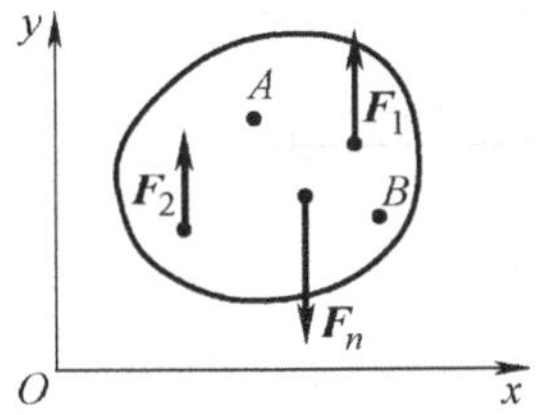 各力作用线在同一平面相互平行	两个独立方程	$\begin{cases}\sum F_y = 0 \\ \sum M_A(F) = 0\end{cases}$	二力矩式 $\begin{cases}\sum M_A(F) = 0 \\ \sum M_B(F) = 0\end{cases}$ （A、B 连线不平行各力）
平面力偶系	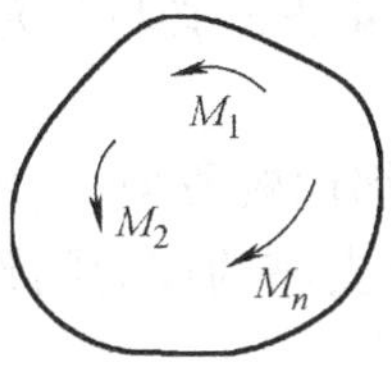 各力偶在同一平面内	一个独立方程	$\sum M = 0$	—
共线力系	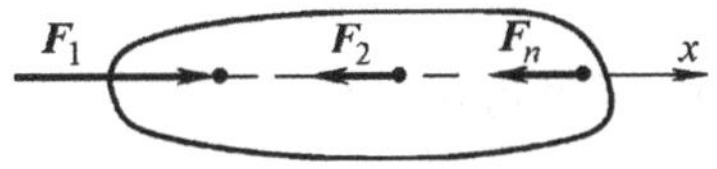 各力作用在同一直线	一个独立方程	$\sum F_x = 0$	—

二、单个构件的平衡问题

应用平面力系的平衡方程解单个刚体平衡问题，其步骤为：

(1)确定研究对象。根据题意分析已知量和未知量，选取适当的研究对象。

(2)画受力图。在研究对象上画出它所受到的所有主动力和约束力。约束力根据约束类型来画。当约束力的方向未定时，一般可用两个互相垂直的分力表示；当约束力的指向未定时，可以先假设其指向。如果计算结果为正，表示假设的指向为实际指向；如果计算结果为负，则表示实际指向与假设的指向相反。

(3)列平衡方程求解。选取适当的平衡方程形式、投影轴和矩心。为了使所列平衡方程尽可能简单，选用平衡方程的基本原则：

(a)尽量不解联立方程，即用一个方程解一个未知量；

(b)为减少错误的传递，方程中尽量不出现已解出的“未知量”。

常用技巧：(a)**让坐标轴垂直于其他未知力，列投影方程；**

(b)**选其他未知力作用线的交点为力矩中心，列力矩方程。**

另外，计算力矩时，善于运用合力矩定理，使力臂容易找到，也是列平衡方程中常用的技巧。

(4)校核。解题的正确与否，可通过列出非独立的平衡方程来检查。

例 2-10 求图 2-18 所示外伸梁的支座约束力。

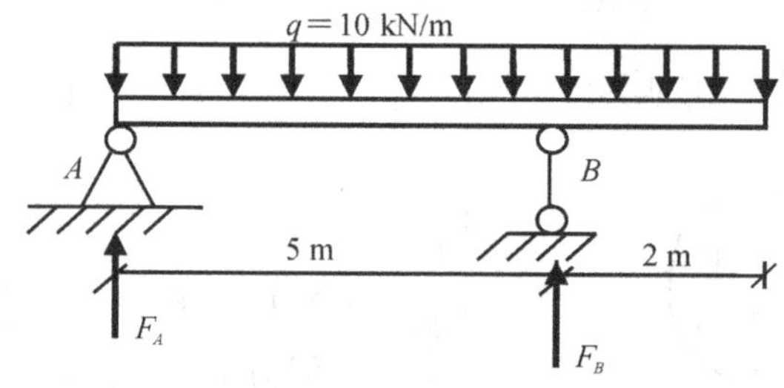

图 2-18

解：外伸梁所受均布荷载向下，B 处为链杆约束，约束力沿链杆方向，假设 F_B 向上。外伸梁所受荷载与约束力 F_B 互相平行，故 A 处固定铰支座约束方向必与各力平行，才能保持该力系的平衡。

画外伸梁受力图(图 2-18)，土木工程常见结构的支座都比较典型，支座约束力的形式容易确定。为简便起见，常把支座约束力画在支座的旁边(支座约束力的作用线通过约束点)，而不另取隔离体画受力图。

该力系为平行力系，可列两个独立平衡方程，求解两个未知量。列平行力系二力矩式平衡方程：

$$\sum M_A(F)=0 \qquad F_B\times 5-q\times 7\times 3.5=0$$

$$F_B=\frac{q\times 7\times 3.5}{5}=\frac{10\times 7\times 3.5}{5}=49\ \text{kN}(\uparrow)$$

$$\sum M_B(F)=0 \qquad -F_A\times 5+q\times 7\times 1.5=0$$

$$F_A = \frac{q \times 7 \times 1.5}{5} = \frac{10 \times 7 \times 1.5}{5} = 21 \text{ kN}(\uparrow)$$

采用两个力矩方程分别计算竖向支座反力，可以避免计算错误的传递，还可用不独立的投影方程来校核：

$$\sum F_y = 21 - 10 \times 7 + 49 = 0 \quad \text{计算无误}$$

练一练：计算图示简支梁的支座约束力。

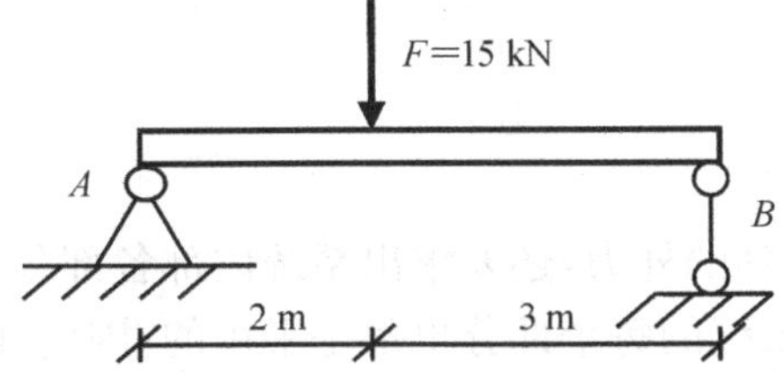

例 2-11 图 2-19a 所示悬臂刚架，荷载 $F=10$ kN，$q=12$ kN/m，求固定端支座 A 处约束力。

解：(1)画刚架的受力图(图 2-19b)。固定端支座的约束力一般表示为相互垂直的两个分力 F_{Ax}、F_{Ay} 和一个力偶 m_A。

(2)均布荷载可用合力替代进行计算，合力位于均布荷载段的中点。力 F 可在其作用点分解为水平和竖直两个分力，大小分别为 $F\cos60°$ 和 $F\sin60°$。

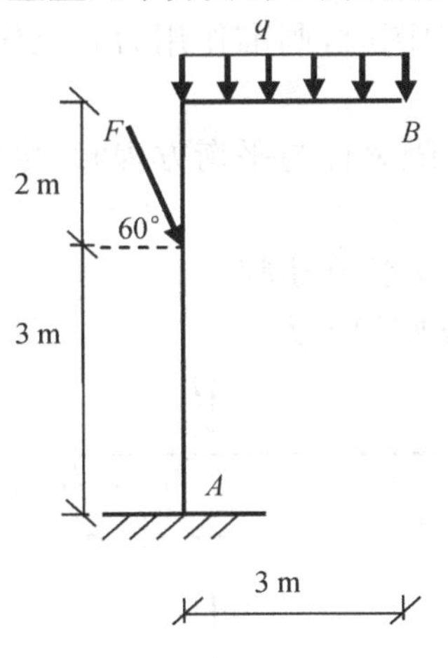

图 2-19

(3)列平衡方程求解

$$\sum F_x = 0 \qquad F_{Ax} + F\cos60° = 0$$

$$F_{Ax} = -F\cos60° = -10\cos60° = -5 \text{ kN}(\leftarrow)$$

$$\sum F_y = 0 \qquad F_{Ay} - F\sin60° - q \times 3 = 0$$

$$F_{Ay} = F\sin60° + q \times 3 = 10 \times 0.866 + 12 \times 3 = 44.66 \text{ kN}(\uparrow)$$

$$\sum M_A(F) = 0 \qquad -m_A - F\cos60° \times 3 - q \times 3 \times 1.5 = 0$$

$$m_A = -F\cos60° \times 3 - q \times 3 \times 1.5$$
$$= -10 \times 0.5 \times 3 - 12 \times 3 \times 1.5 = -69 \text{ kNm}(\circlearrowleft)$$

练一练:计算图示悬臂梁的支座约束力。

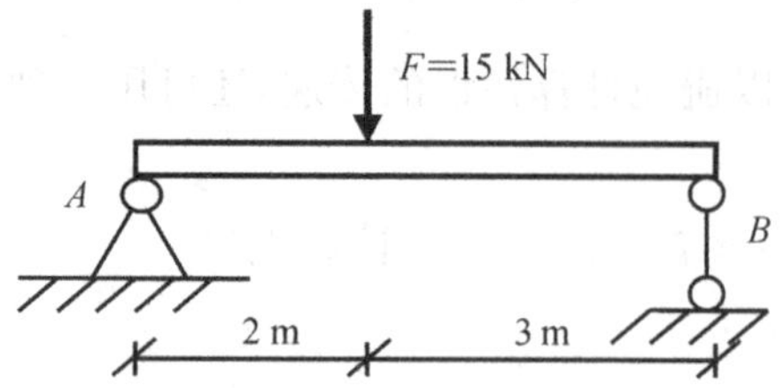

三、简单物体系统的平衡问题

研究物体系统的平衡问题,不仅要求出系统受到的外力,还要求出系统内部各部分之间相互作用力(称为内力)。当物体系统平衡时,组成系统的每个部分也都是平衡的。因此,既可以选取整个系统作为研究对象,也可以选取局部作为研究对象。受平面一般力系作用的一个物体可列三个独立方程,由 n 个物体组成的物体系统,最多共可列出 $3n$ 个独立的平衡方程,最多可以求解 $3n$ 个未知量。

物体系统的求解较单个构件的约束力的求解复杂得多,解题更加灵活。求解物体系统问题,要掌握结构组成的特点;处理好整体与局部的关系;选取研究对象和列平衡方程尽量使一个方程只含一个未知量,避免联立方程求解。**在分析物体系统的平衡时,须注意两个方面:**

(1) 解除物体间的约束,在画系统局部的受力图时,画准作用力和反作用力的方位、指向,标相同的字符表示大小相等;

(2) 依据需求的未知力,选择计算顺序。选择隔离体与平衡方程时,尽量做到一个方程能解出一个未知力。

下面通过实例说明物体系统平衡问题的解题方法和步骤。

例 2-12 求图 2-20(a) 所示多跨静定梁的支座约束力。

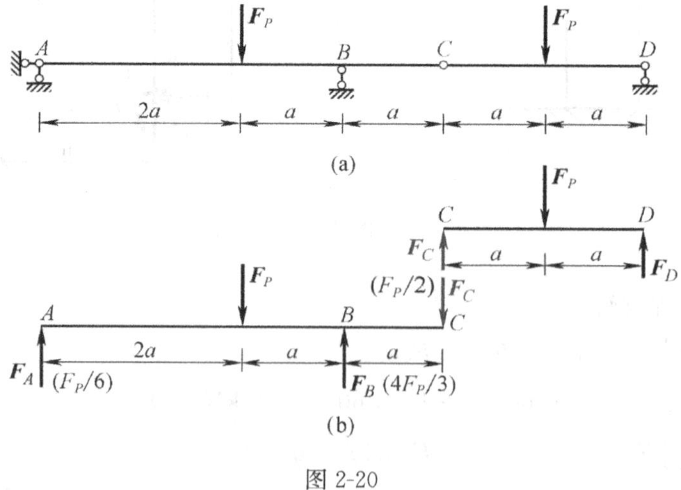

图 2-20

解:外伸梁 AC 自身能够维持平衡,称为**基本部分**;简支梁 CD 须依赖基本部分才能维持平衡,称为**附属部分**。解除铰 C 的约束,画两部分的受力图:依据梁 CD 的平衡可以判断点 C 处的约束力在竖直方位。将反作用力画在 AC 梁上,标同样的字符[图 2-20(b)]。

(1) 先由附属部分的平衡，依据对称性计算支座约束力。

$$F_C = F_D = \frac{F_P}{2}(\uparrow)$$

(2) 附属部分传给基本部分的力，成为基本部分的主动力。依据外伸梁 AC 的平衡，可以判定固定铰支座 A 的支座约束力在竖直方位。

$$\sum M_B(F) = 0 \qquad -F_A \times 3a + F_P \times a - \frac{F_P}{2} \times a = 0 \qquad F_A = \frac{F_P}{6}(\uparrow)$$

$$\sum M_A(F) = 0 \qquad F_B \times 3a - \frac{F_P}{2} \times 4a - F_P \times 2a = 0 \qquad F_B = \frac{4}{3}F_P(\uparrow)$$

(校核：$\sum F_y = \frac{F_P}{6} + \frac{4}{3}F_P - \frac{F_P}{2} - F_P = 0$　计算无误)

例 2-13　求图 2-21(a) 所示多跨静定梁的支座约束力。已知 $q = 10$ kN/m，$M = 40$ kNm。

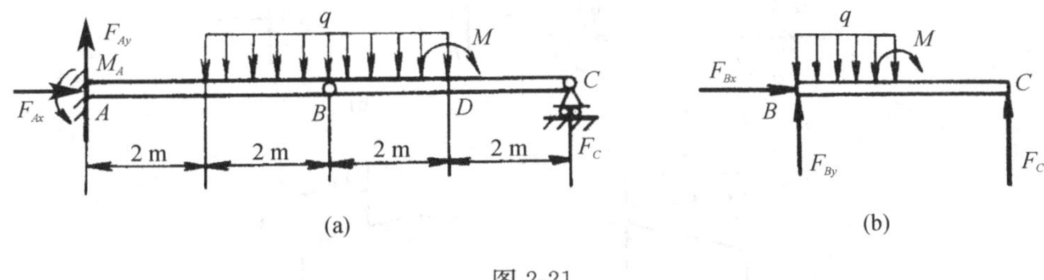

图 2-21

解：画整体受力图(图 2-21a)，整体共有四个约束力，却只有三个独立的平衡方程，这表明仅以整体为研究对象不能求出全部约束力。

(1) 以附属部分 BC 为研究对象，画受力图(图 2-21b)。

$$\sum M_B(F) = 0 \qquad -F_c \times 4 - M - 2q \times 1 = 0$$

$$F_c = \frac{M + 2q \times 1}{4} = \frac{40 + 2 \times 10 \times 1}{4} = 15 \text{ kN}(\uparrow)$$

(2) 以整体为研究对象(图 2-21a)

$$\sum F_x = 0 \qquad F_{Ax} = 0$$

$$\sum F_y = 0 \qquad F_{Ay} - q \times 4 + F_c = 0$$

$$F_{Ay} = q \times 4 - F_c = 10 \times 4 - 15 = 25 \text{ kN}(\uparrow)$$

$$\sum M_A(F) = 0 \qquad M_A - q \times 4 \times 4 - M + F_c \times 8 = 0$$

$$M_A = q \times 4 \times 4 + M - F_c \times 8 = 16 \times 10 + 40 - 8 \times 15$$

$$M_A = 80 \text{ kNm}(\curvearrowright)$$

多跨静定梁一般解法有两种。例 2-12 的解法是先取附属部分为研究对象，再取**基本部分**(先附属，后基本)；例 2-13 的解法是先取附属部分为研究对象，再取整体(先附属，后整体)。不论用哪种方法解题，首先要分清基本部分与**附属部分**；并且都要以附属部分为研究对象，列出对中间铰的力矩方程。采用"先附属，后基本"的解法特别要求注意两部分之间作用力与反作用力关系的正确表示。对于初学者，建议采用"先附属，后整体"的方法。

例 2-14 求图 2-22a 所示三铰刚架 A、B 支座约束力及顶铰 C 的约束力。已知 $P=12\ \mathrm{kN}$，$q=8\ \mathrm{kN/m}$。

解：图 2-22a 所示三铰刚架，支座约束力有四个未知量(图 2-22b)，以整体 ACB 为研究对象，只能提供三个独立的平衡方程，无法确定全部未知力。若将杆系拆开分别画受力图(图 2-22c、d)，在中间铰 C 处，根据作用与反作用关系，画相互间的作用力：水平力的指向相反，因大小相等，用相同的字符表示；竖直力的指向相反，大小相等，也用相同的字符表示。这样，两个研究对象总共六个未知量。每个研究对象提供三个独立的平衡方程，六个方程能够求解六个未知量。

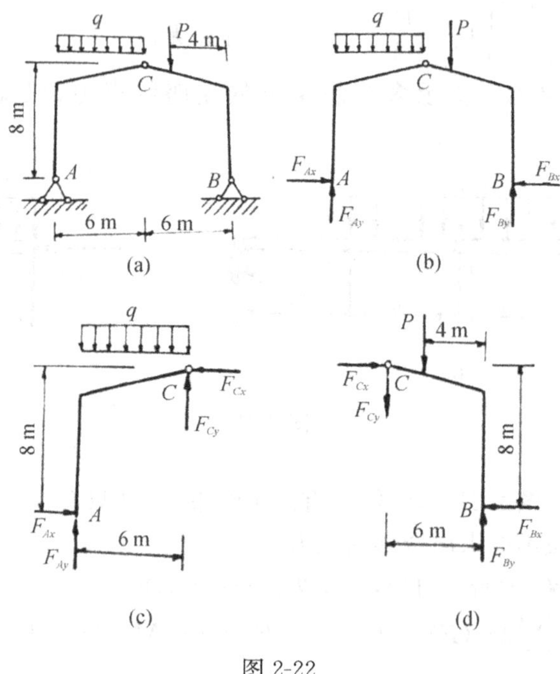

图 2-22

我们注意到整个三铰刚架虽有四个未知量，但若分别以 A 点和 B 点为矩心，列出力矩方程，可以方便地求出 F_{Ay} 和 F_{By}。然后，再考虑左或右半部(图 2-22c 或图 2-22d)，这时，每个半部都只剩下三个未知量，就能顺利求解。

(1) 以整体为研究对象(图 2-22b)

$$\sum M_A(F)=0 \qquad F_{By}\times 12-q\times 6\times 3-P\times 8=0$$

$$F_{By}=\frac{q\times 6\times 3+P\times 8}{12}=\frac{8\times 18+12\times 8}{12}=20\ \mathrm{kN}(\uparrow)$$

$$\sum M_B(F)=0 \qquad -F_{Ay}\times 12+q\times 6\times 9+P\times 4=0 \tag{a}$$

$$F_{Ay}=\frac{q\times 6\times 9+P\times 4}{12}=\frac{8\times 54+12\times 4}{12}=40\ \mathrm{kN}(\uparrow)$$

$$\sum F_x=0 \qquad F_{Ax}-F_{Bx}=0 \qquad F_{Ax}=F_{Bx}$$

(2)取右半部为研究对象(图 2-22d)

$$\sum M_C(F)=0 \qquad -F_{Bx}\times 8+F_{By}\times 6-P\times 2=0$$

$$F_{Bx}=\frac{F_{By}\times 6-P\times 2}{8}=\frac{20\times 6-12\times 2}{8}=12\ \text{kN}(\leftarrow)$$

$$\sum F_x=0 \qquad F_{cx}-F_{Bx}=0$$

$$F_{cx}=F_{Bx}=12\ \text{kN}$$

$$\sum F_y=0 \qquad -F_{cy}+F_{By}-P=0$$

$$F_{cy}=F_{By}-P=20-12=8\ \text{kN}$$

将 F_{Bx} 的值代入(a)式，得

$$F_{Ax}=12\ \text{kN}(\rightarrow)$$

三铰拱、三铰刚架计算问题，一般采用上例中先取整体为研究对象，再选取受力较为简单的左(或右)半部列平衡方程的方法。

2.5　习题

A 类

一、填空题

1. 平衡方程的基本形式为：________________。
2. 平衡方程的二力矩式为：____________，其使用条件为____________。
3. 平衡方程的三力矩式为：____________，其使用条件为____________。
4. 平衡方程 $\sum M_B=0$ 的意义为：________________。

二、选择题

1. 平面一般力系向任一点的简化结果一般是(　　)。

A. 一个力和一个力偶　B. 一个力　C. 一个力偶　D. 零

2. 作用线为同一条直线的力系的独立平衡方程数为(　　)个。

A. 1　B. 2　C. 3　D. 4

3. 平面一般力系的独立方程数为(　　)个。

A. 1　B. 2　C. 3　D. 4

4. 平面平行力系的独立平衡方程数为(　　)个。

A. 1　B. 2　C. 3　D. 4

5. 平面力偶系的独立平衡方程数为(　　)个。

A. 1　B. 2　C. 3　D. 4

6. 平面一般力系平衡的必要和充分条件是(　　)。

A. $F_R=0, M_O=0$　B. $F_R=0, M_O\neq 0$　C. $F_R\neq 0, M_O=0$　D. $FR\neq 0, M_O\neq 0$

7. 平衡方程 $\sum M_B=0$ 中，各项必须为(　　)。

A. 力系各项在坐标轴上的投影

B. 力系各项对 B 点的力矩

C. 力系各项的投影或力矩

三、判断题

1. 作用在物体上的力系，如果所有力的作用线都在同一平面内，它们既不汇交于一点，也不互相平行，而是在平面内任意分布，则这种力系称为平面一般力系。(　　)

2. 平面一般力系独立的平衡方程为三个，最多只能解三个未知量。(　　)

3. 在求解平衡问题时，受力图中未知约束力的指向可以任意假设，如果计算结果为正值，那么所假设的指向就是力的实际方向。(　　)

4. 平面一般力系的简化结果是一个力和一个力偶。(　　)

四、计算支座约束力

1.

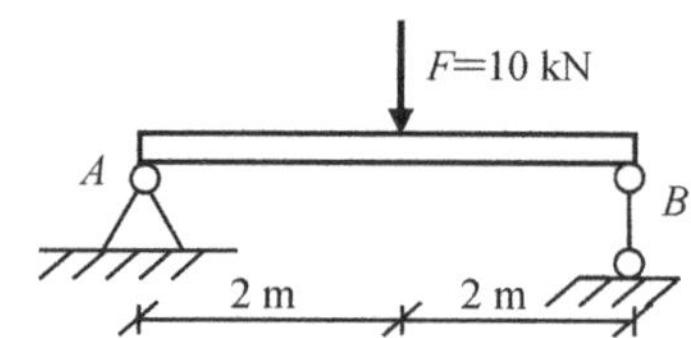

2.

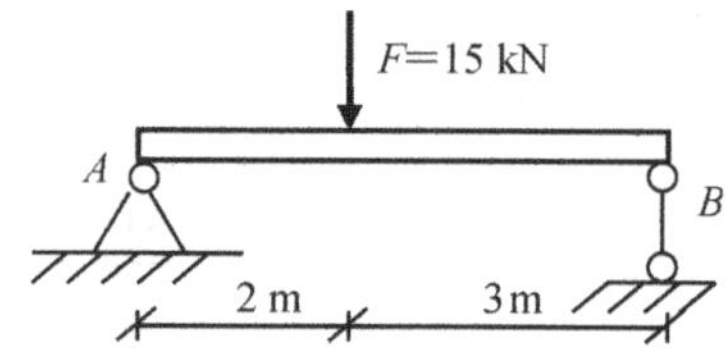

3.

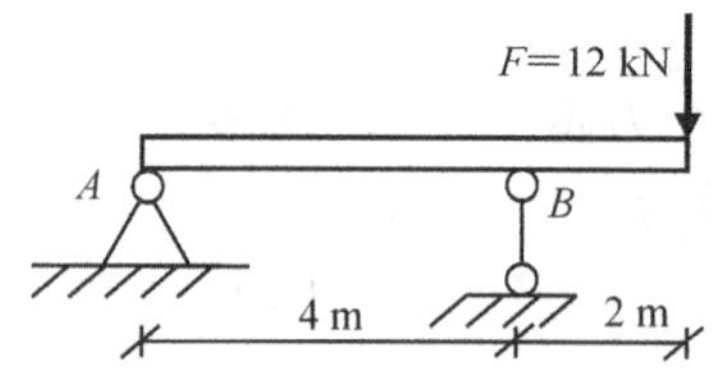

4.

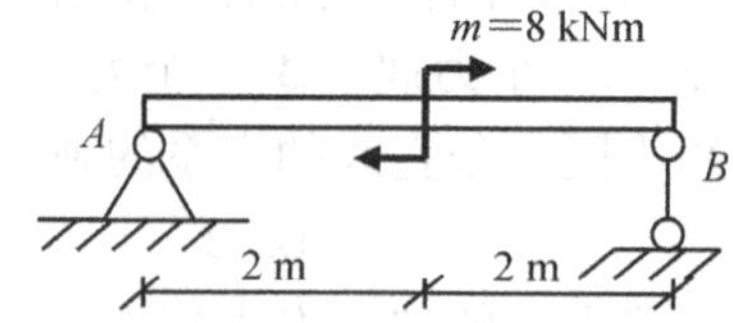

5.

q=9 kN/m
A
B
4 m
2 m

6.

F=10 kN
A
B
5 m

7.

m=12 kNm
A
B
2 m
4 m

8.

q=7 kN/m
A
B
6 m

9.

m=12 kNm
A
B
5 m

10.

q=6 kN/m
A
B
5 m

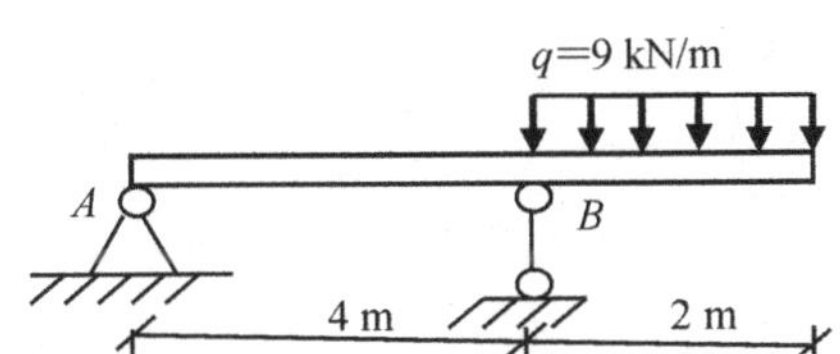

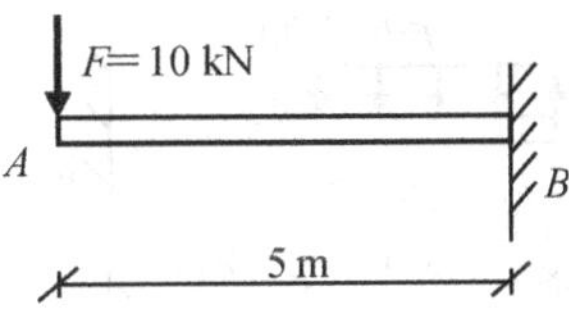

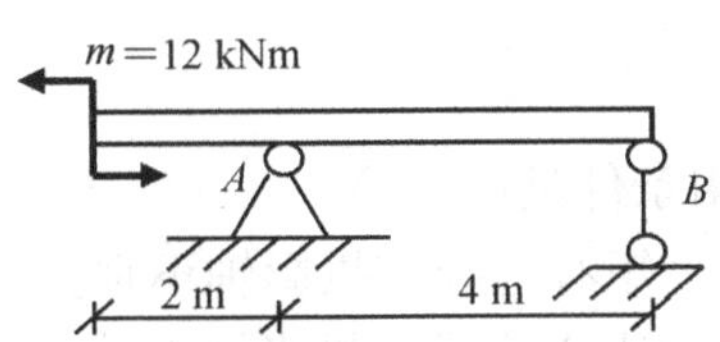

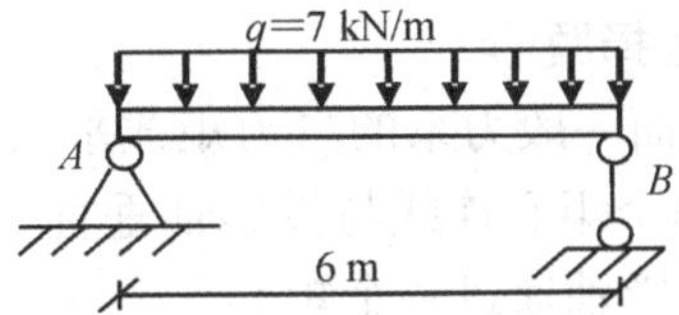

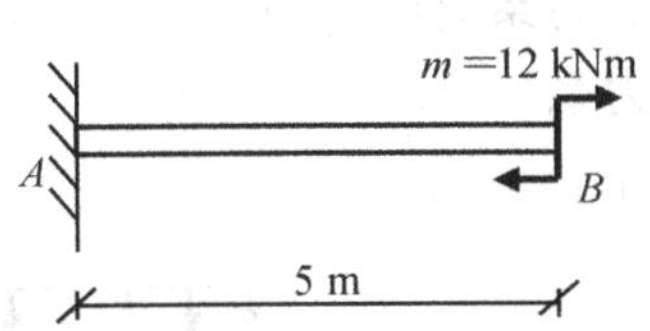

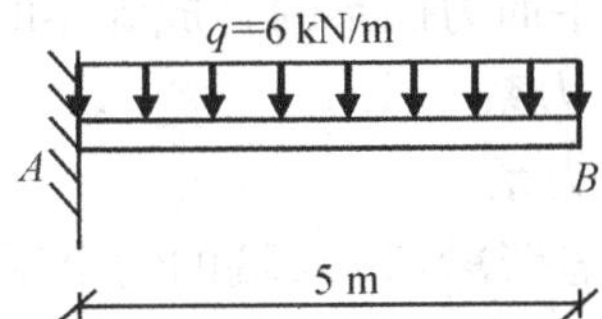

11.

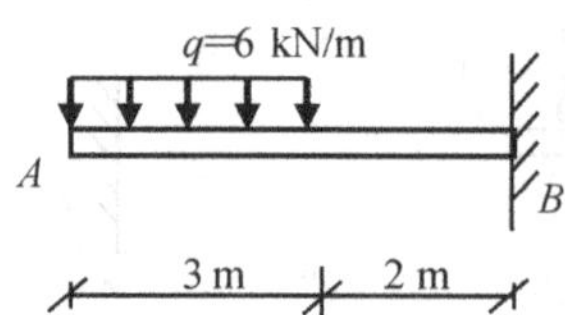

B类

一、选择题

1. 平面一般力系的二力矩式平衡方程的附加使用条件是(　　)。

A. 两个矩心连线与投影轴垂直　　B. 两个矩心连线与投影轴不垂直

C. 投影轴通过一个矩心　　D. 两个矩心连线与投影轴无关

2. 平面一般力系的三力矩式平衡方程的附加使用条件是(　　)。

A. 两个矩心连线与投影轴垂直　　B. 两个矩心连线与投影轴不垂直

C. 投影轴通过一个矩心　　D. 三个矩心不共线

3. 平面力偶系可简化为(　　)。

A. 一个合力偶　　B. 一个合力

C. 一个合力和一个合力偶　　D. 一个合力或一个合力偶

4. 只要平面力系的合力为零时,力系就平衡。此平面力系为(　　)。

A. 一般力系　　B. 平行力系

C. 汇交力系　　D. 力偶系

5. 只要平面力偶系的合成为零时,它就平衡。此平面力系为(　　)。

A. 共线力系　　B. 平行力系

C. 汇交力系　　D. 力偶系

6. 图示悬臂梁,其A端的约束反力正确的是(　　)。

A. $F_{Ax}=0$　$F_{Ay}=q$(↑)　$m_A=qL$(顺时针转向)

B. $F_{Ax}=0$　$F_{Ay}=q$(↑)　$m_A=qL$(逆时针转向)

C. $F_{Ax}=0$ $F_{Ay}=qL$(↑) $m_A=qL^2/2$(顺时针转向)

D. $F_{Ax}=0$ $F_{Ay}=qL$(↑) $m_A=qL^2/2$(逆时针转向)

二、判断题

1. 应用平面一般力系二力矩式的平衡方程解题时,两矩心 A、B 可以任意选取。(　　)

2. 若平面一般力系向某点简化后合力矩为零,则其合力一定等于零。(　　)

三、计算支座约束力

1.

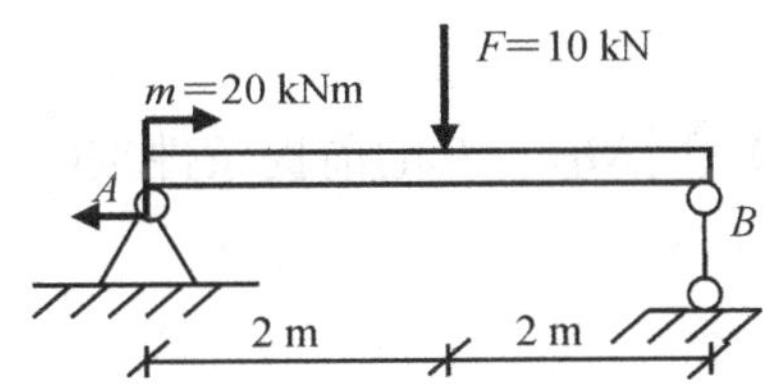

2.

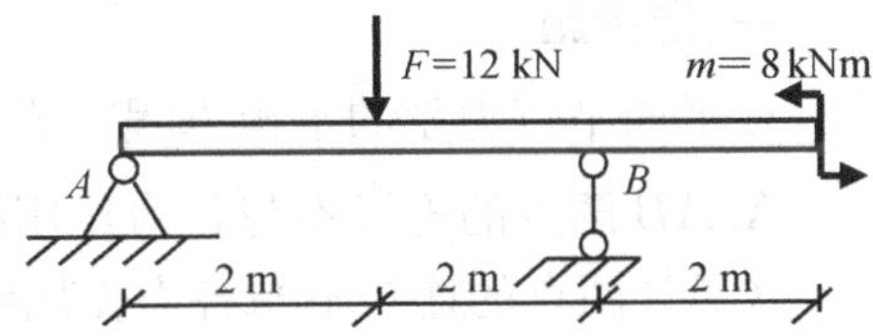

3.

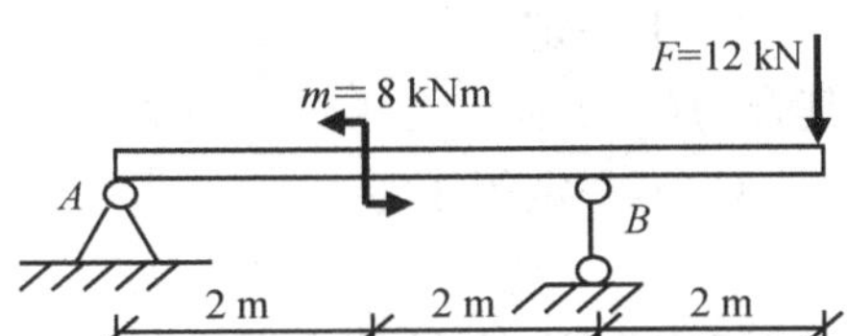

4.

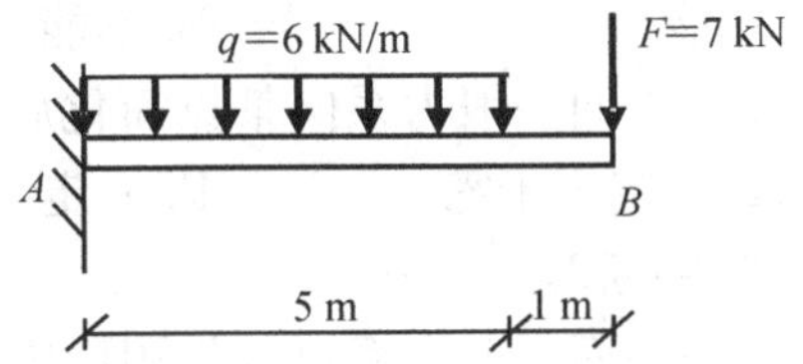

5.

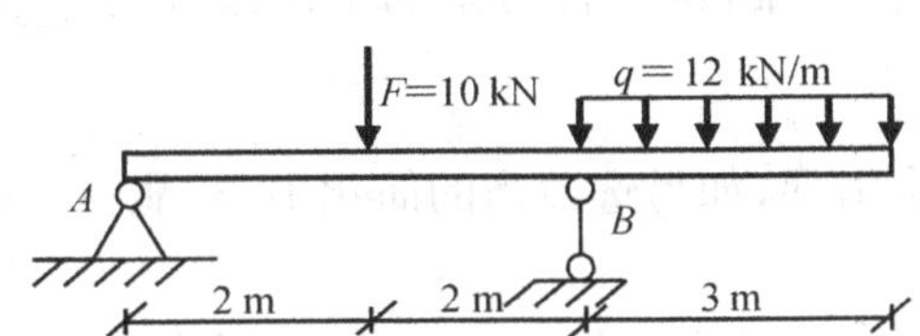

6.

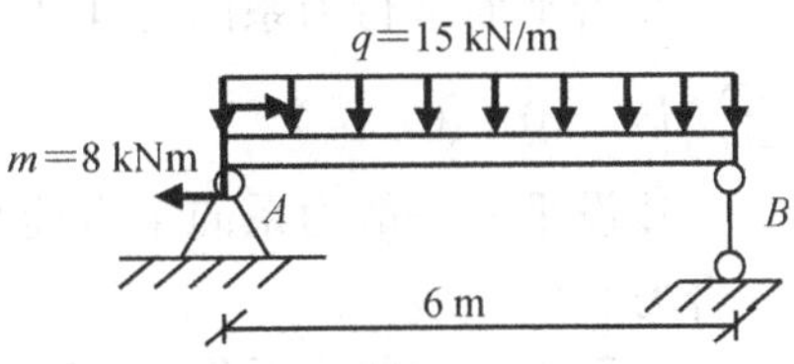

7.

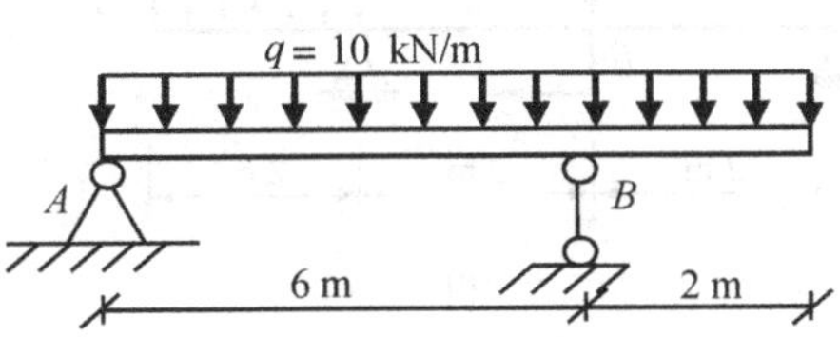

8.

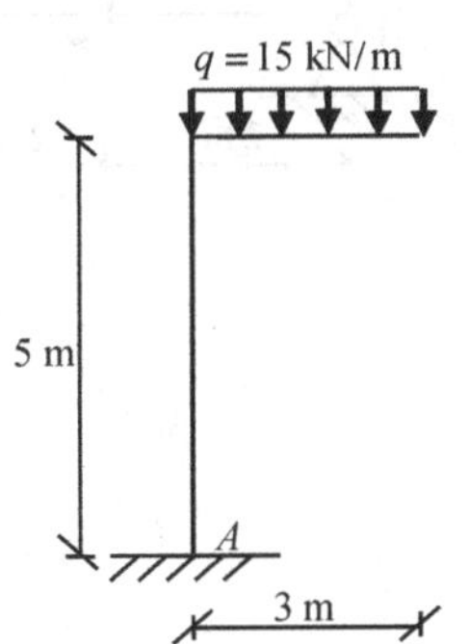

C类

一、选择题

1. 平面平行力系的平衡方程写成为 $\sum M_A = 0, \sum M_B = 0$ 的前提条件是(　　)。

A. AB 两点的连线不与各力作用线平行

B. AB 两点的连线不与各力作用线垂直

C. AB 两点的连线不与各力作用线相交

D. AB 两点的连线不受任何限制

2. 设平面一般力系向某点简化得到一合力偶，如另选适当的简化中心，能否将力系简化为一合力(　　)。

A. 能　　B. 不能　　C. 不一定

3. 若平面一般力系向某点简化后合力矩为零，则其合力(　　)。

A. 一定等于零　　B. 一定不等于零　　C. 不一定等于零

二、判断题

1. 一平面一般力系对其作用面内某两点之矩的代数和均为零，而且该力系在过这两点连线的轴上投影的代数和也为零，因此该力系为平衡力系。(　　)

2. 由平面一般力系的平衡方程可以证明，刚体在三个不平行的力作用下处于平衡时，这三个力的作用线必交于一点。(　　)

3. 若平面平行力系的力作用线都平行于 X 轴，该平行力系的平衡条件为 $\sum F_y = 0$，$\sum M_O = 0$。(　　)

4. 设平面一般力系向某点简化得到一合力偶，如另选适当的简化中心，能将力系简化为一合力。(　　)

5. 受平面一般力系作用的一个物体可列三个独立方程，由 n 个物体组成的物体系统，最多共可列出 $3n$ 个独立的平衡方程，最多可以求解 $3n$ 个未知量。(　　)

三、计算图示杆件的支座约束力

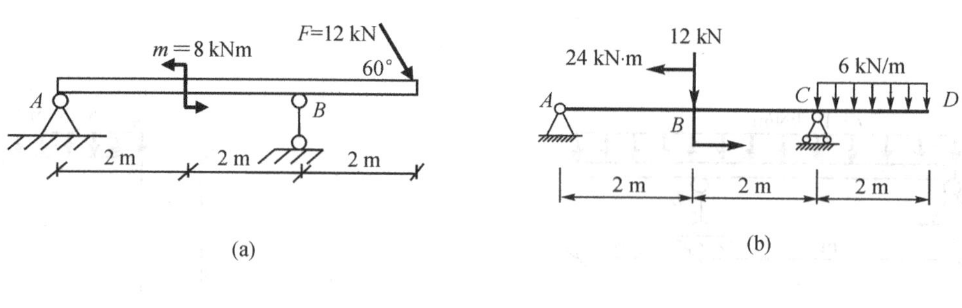

(a)　　(b)

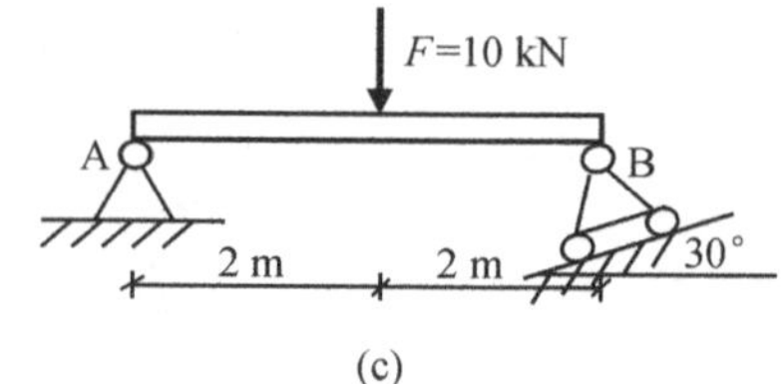

(c)

四、计算图示刚架的支座约束力

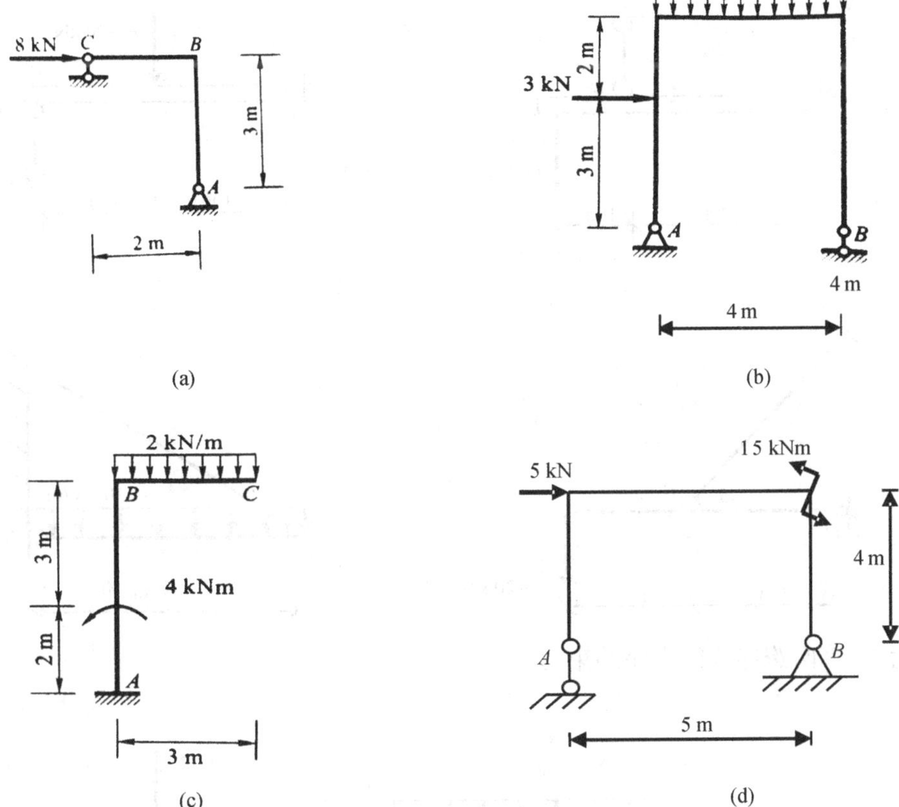

(a)　(b)

(c)　(d)

五、计算图示桁架的支座约束力

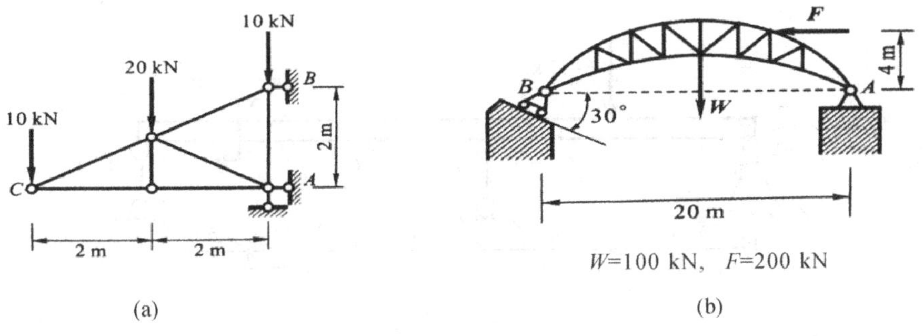

W=100 kN, F=200 kN

(a)　(b)

六、计算杆 AB 受力及 C 铰约束力

1.

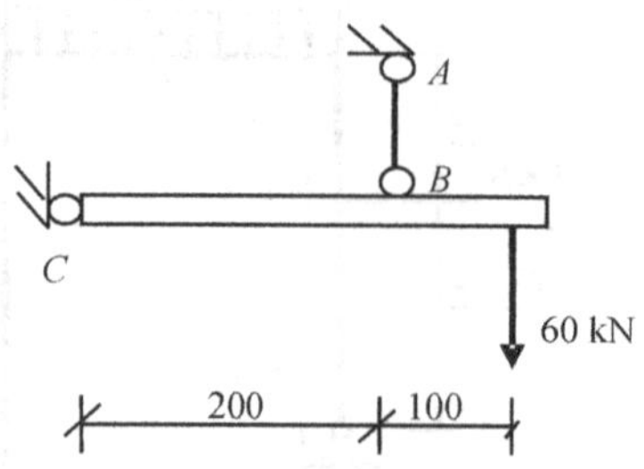

2.

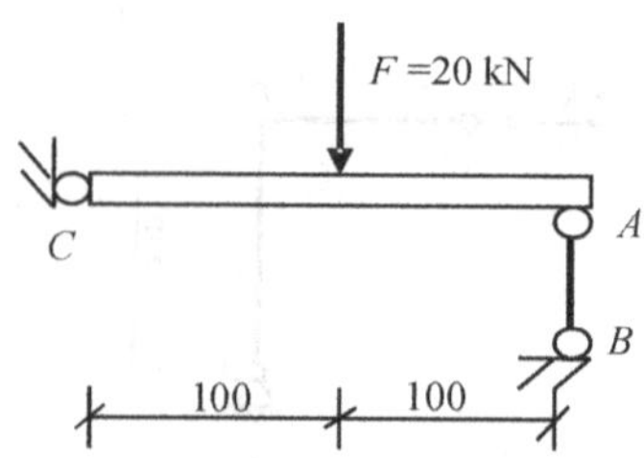

3.

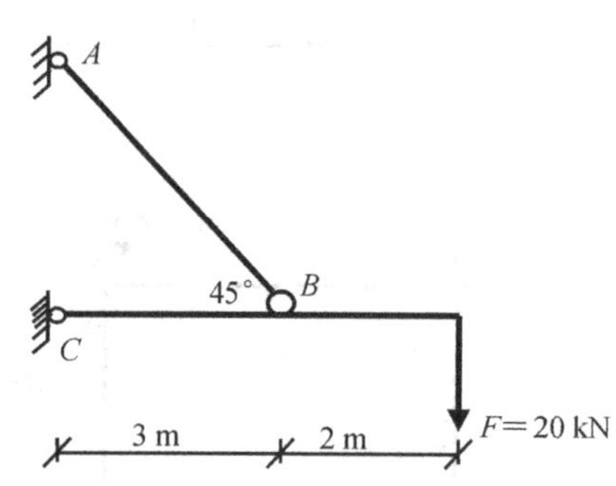

4.

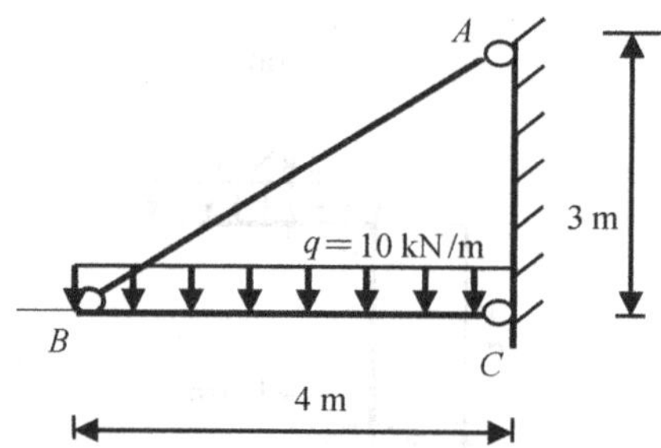

七、计算两跨连续梁支座约束力

1.

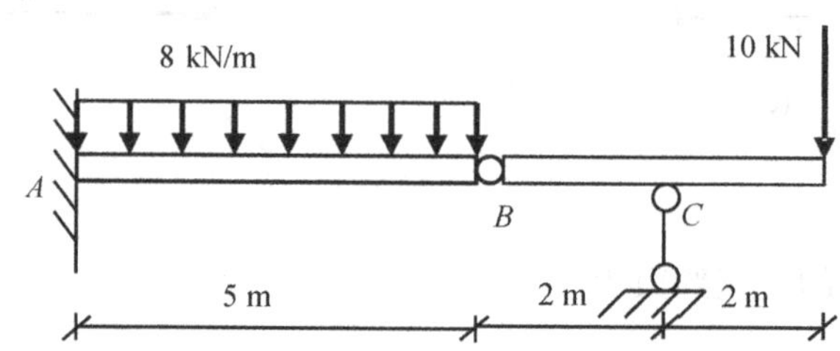

2.

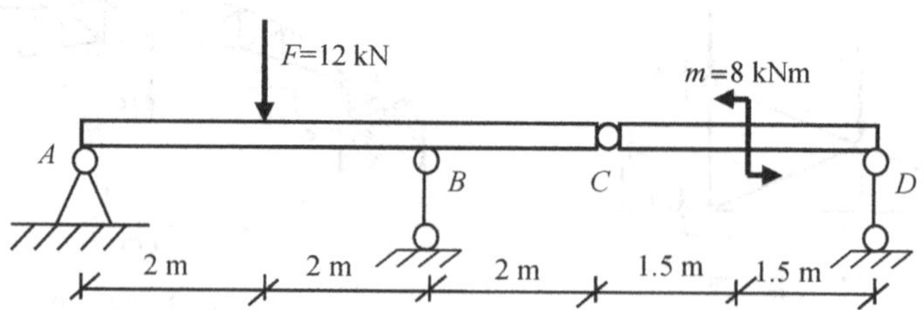

3.

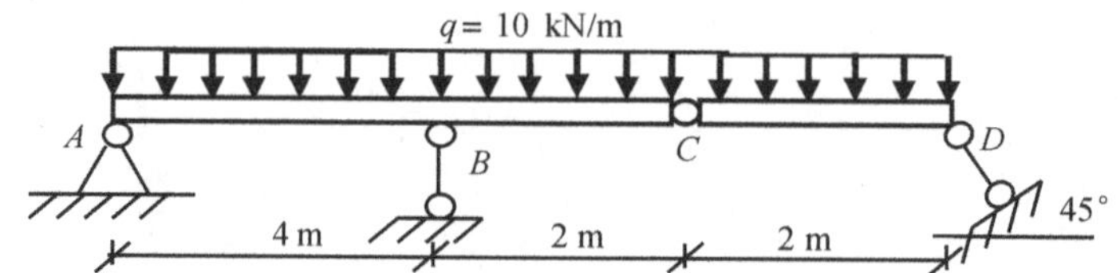

八、计算图示两跨刚架支座约束力

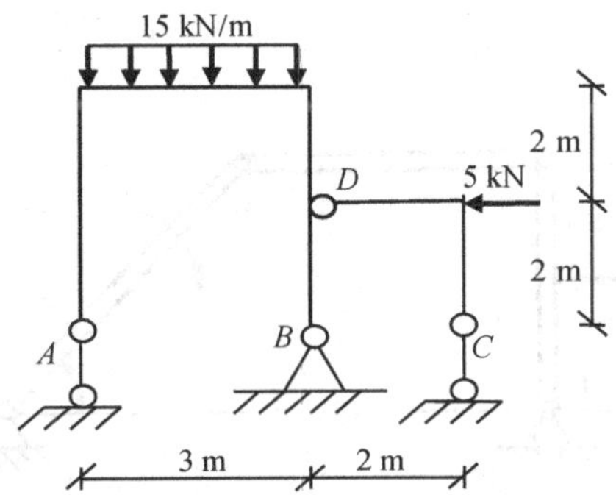

九、计算图示三铰刚架支座约束力

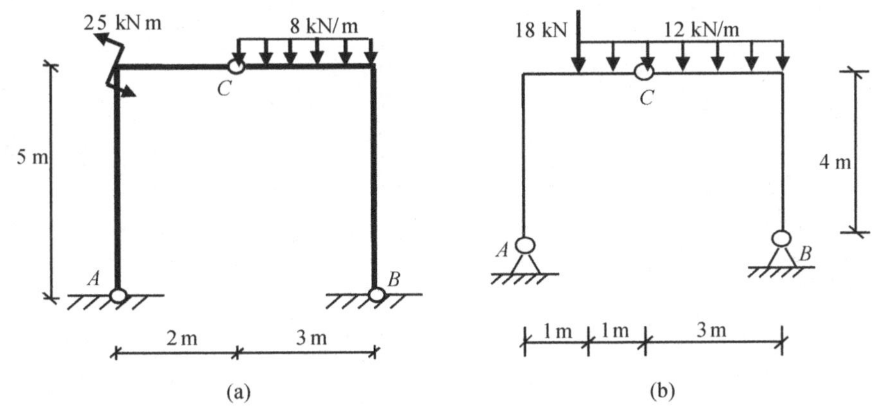

十、计算图示三铰拱支座约束力

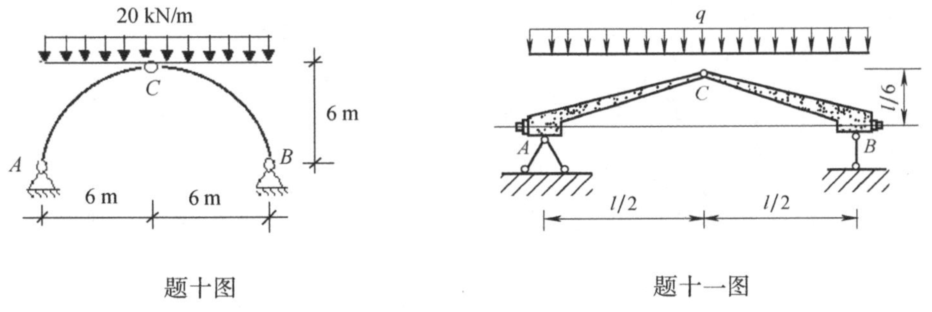

题十图　　　题十一图

十一、计算图示屋架 A、B 处的支座约束力、系杆 AB 的拉力和铰链 C 处的内约束力。已知 $q=10\ \mathrm{kN/m}$，$l=12\ \mathrm{m}$。

十二、$ABCD$ 是一个四杆机构，图示位置处于平衡状态。已知 $M=4$ Nm，$CD=0.4\sqrt{2}$m，求平衡时作用在 AB 中点的力 F 的大小及 A、D 处的约束力。

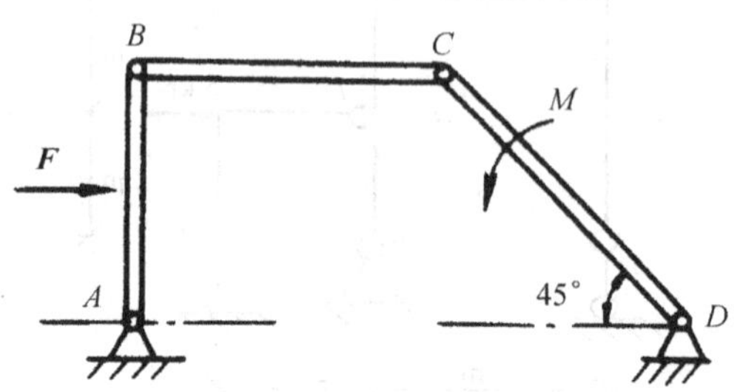

第 3 章　直杆轴向拉伸压缩

3.1　材料力学的基本概念

一、弹性变形和塑性变形

固体在外力作用下会产生两种不同性质的变形：一种是**弹性变形**——当外力撤除时随着消失的变形（图 3-1a）；外力较大时，固体除了产生弹性变形之外，还会产生**塑性变形**——外力撤除之后残留下来的变形（图 3-1b）。在工程中，许多构件的变形均限制在弹性范围之内。力学将在弹性范围内工作的固体称为**弹性体**。

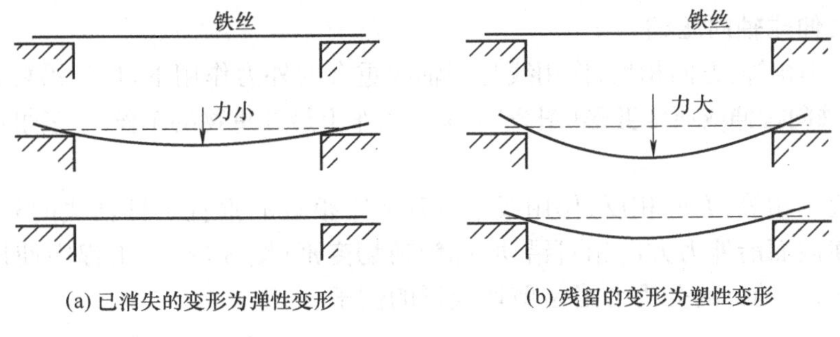

图 3-1

二、变形固体的基本假设

材料力学的研究对象是固体材料。在荷载作用下产生变形的固体材料称为**变形固体**。为便于分析和简化计算，对变形固体作以下基本假设：

（1）**均匀连续性假设**：即认为物体整个体积内毫无间隙地、均匀地充满着物质。

（2）**各向同性假设**：即认为物体在各个方向上的力学性能完全相同。

（3）**小变形假设**：即认为构件受力后的变形大小与构件的原始尺寸相比是极其微小的，在考虑物体的平衡时，这种变形可以忽略不计。

实验结果表明，依据上述基本假设所得到的研究结果，满足一般工程的要求，是符合实际情况的。

总之，材料力学所研究的构件是**均匀连续、各向同性的理想弹性体，且限于小变形范围。**

三、杆件的几何特性

在工程的各种构件中，杆件是常见的形式，其特点是纵向(长度方向)的尺寸远大于横向(垂直于长度方向)的尺寸。

杆件可以用横截面和轴线来描述。**横截面**指垂直于长度方向的杆件截面；**轴线**是各横截面形心的连线。横截面与轴线互相垂直(图 3-2)。

直杆指轴线为直线的杆件。各横截面均相同的杆称为等截面杆。我们所研究的是轴线为直线，且各横截面相同的等截面直杆。

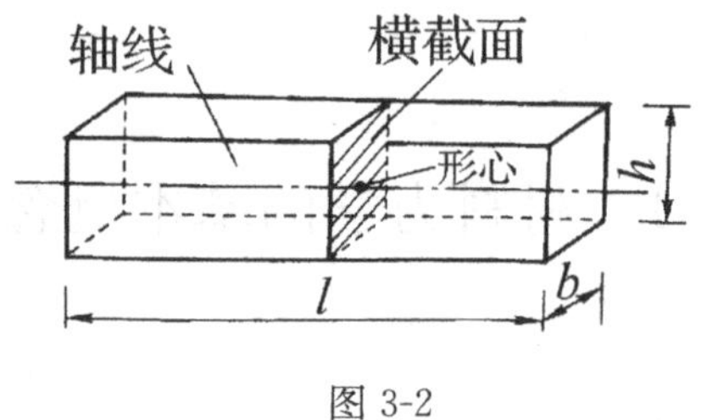

图 3-2

四、杆件的基本受力变形形式

杆件的受力形式由杆上各力的作用点和方向决定。受力形式决定了杆件的变形形式。杆件的基本受力变形形式有四种：

1. 轴向拉伸或轴向压缩

在一对大小相等、方向相反、作用线与杆轴线重合的外力作用下，杆件沿杆轴线方向伸长或缩短，称为**轴向拉伸**或**压缩变形**(图 3-3a、b)。吊车上悬挂重物的钢丝绳是轴向拉伸的例子。

2. 剪切

在一对大小相等、方向相反、作用线平行且相距很近的垂直于杆轴线的外力作用下，杆段内相邻的横截面沿外力方向相对错动，称为**剪切变形**(图 3-3c)。工程中使用的许多连接件，如铆钉、螺栓、销钉的受力变形是剪切变形的例子。

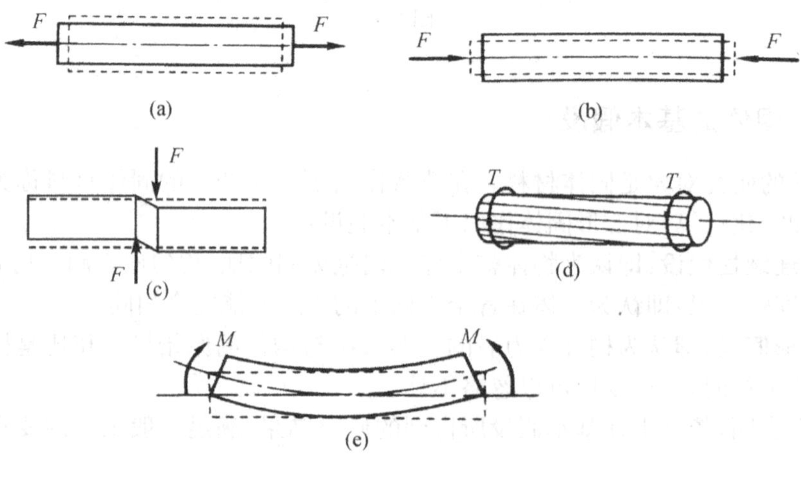

图 3-3

3. 扭转

在一对大小相等、转向相反、作用面垂直于杆的轴线的外力偶作用下，杆段内相邻的横截面绕轴线相对转动，称为**扭转变形**(图 3-3d)。机械中的传动轴是扭转的例子。

4. 弯曲

在一对大小相等、转向相反、作用面位于包含杆轴线的纵向对称平面内的外力偶的作用下，杆的轴线在纵向对称平面内弯成一条曲线，称为**弯曲变形**(图 3-3e)。房屋中的横梁的受力变形是弯曲变形的例子。

五、杆件的组合变形

工程实际中杆件的变形形式多种多样，不外乎是四种基本变形形式之一，或者可以看成是几种基本变形形式的组合。后者称为**组合变形**。可用力学的方法，将组合变形分解为基本变形。

图 3-4(a)为单梁楼梯，计算简图、受力图如图 3-4(b)所示。将各力沿斜梁的轴向、横向分解，则横向力系对应弯曲变形，轴向力系对应拉伸压缩变形[图 3-4(c)]。可见，楼梯梁的受力变形形式为**拉压弯曲组合**。

图 3-4(d)为厂房排架的立柱。仅考虑屋架、吊车梁的竖向荷载时，计算简图如图 3-4(e)所示。分析柱下段的受力变形形式时，将各纵向荷载向柱段的轴线平移[图 3-4(f)]，则轴线上的压力对应轴向压缩变形，附加力偶对应弯曲变形。柱下段的受力变形形式为**压弯组合**。作用在杆件上的外力，当其作用线与杆的轴线平行但不重合时，杆件的变形称为**偏心压缩**(拉伸)。

图 3-4(g)所示的屋架檩条，荷载不作用在纵向对称平面内，所以，檩条的弯曲不是平面弯曲。将檩条所受荷载 q 沿 y 轴和 z 轴分解[图 3-4(h)]，可见，檩条的变形是由两个互相垂直的平面弯曲组合而成。如果外力的作用平面虽然通过梁轴线，但并不与梁的纵向对称平面重合，这时，变形后的梁轴线将不在外力作用面内弯曲，这种弯曲称为**斜弯曲**。

六、内力与截面法

构件所承受的荷载及约束力统称为**外力**。构件在外力作用下将产生变形，其各部分之间的相对位置将发生变化，产生构件内部相连两部分之间的相互作用力。这种由外力引起的，伴随变形产生的构件内部相连两部分的相互作用力称为杆件的**内力**。外力大，物体变形大，质点与质点相对位置的改变大，内力必然也大；反之亦然。构件所能承受的由于外力的增加而增大的内力是有限度的，超过一定限度，杆件就会失效、遭受破坏，即丧失相应的承载能力。

为了计算内力，须用一个假想的截面将杆件截为两部分，使构件的内力显示出来。然后，取其中一部分为研究对象，用静力平衡方程计算内力。这种显示内力、计算内力的方法称为**截面法**。

如图 3-5(a)所示，设一杆件在外力作用下处于平衡状态。欲求杆上某一截面 m-m 上的内力，可用一假想平面将杆件在此截面处截开，将杆件分成 A、B 两部分，并任取其中一部分作为研究对象。根据弹性体的力学模型，截面上的内力是连续分布的[图 3-5(b)]。又根据整体平衡局部也平衡，由图 3-5(b)局部平衡，可建立外力与内力的静力平衡方程，根据已知外力可求得内力。

(a) 单梁楼梯

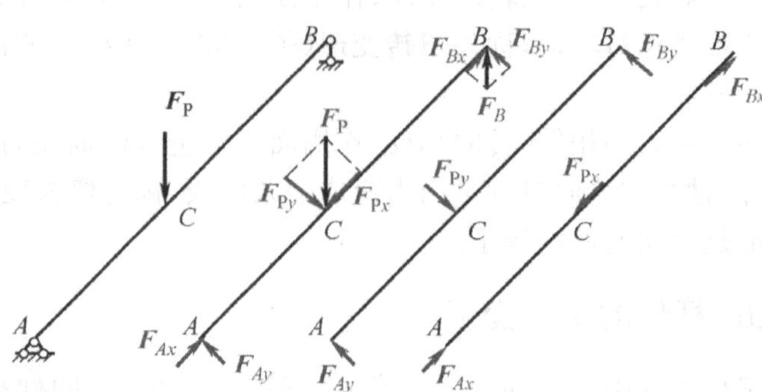

(b) 斜梁的计算简图、受力图 (c) 力系按斜梁的轴向、横向分解组合

(d) 厂房排架立柱

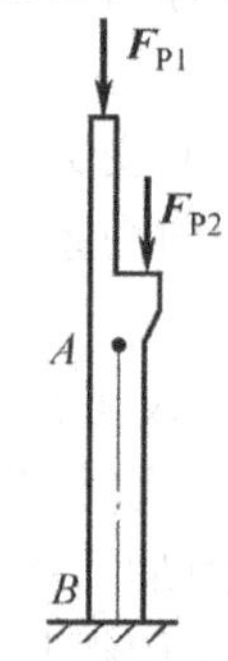

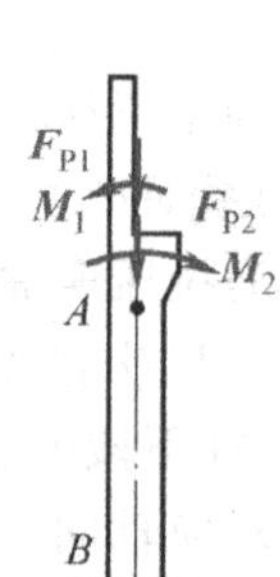

(e) 柱的计算简图 (f) 偏心力向柱段的轴线平移

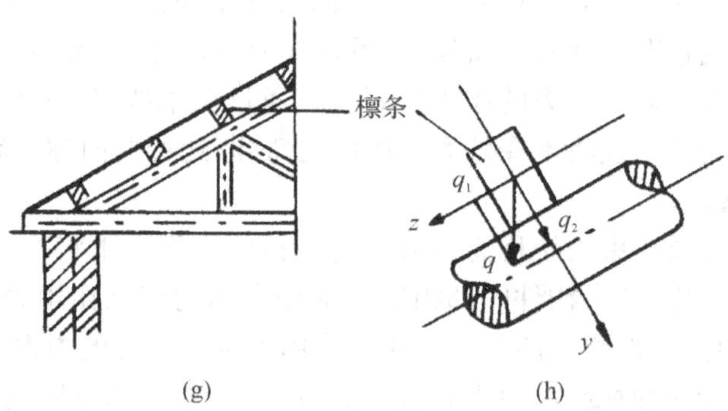

(g) (h)

图 3-4

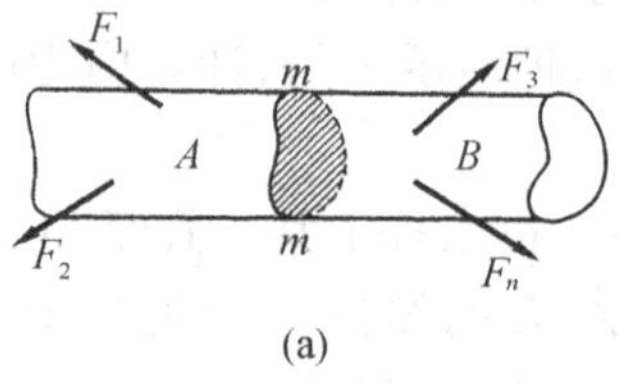

(a)

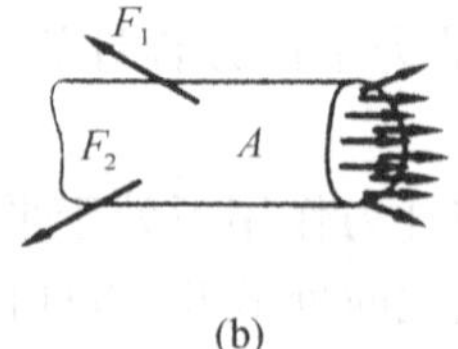

(b)

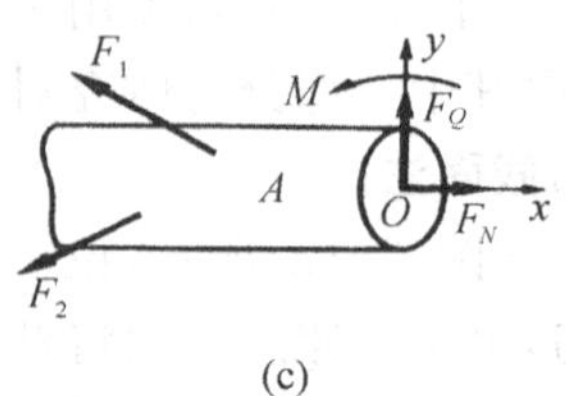

(c)

图 3-5

截面法步骤为：

(1)截开杆件，内力外示；

(2)建立平衡方程，解出内力。

以杆轴线为 x 轴，建立平面直角坐标系，在横截面上的分布内力向截面形心平移后，可得一合力和一合力偶，将该合力向直角坐标系分解为两个分量(图 3-5c)。**轴力** $\boldsymbol{F_N}$ 为内力在 x 轴上的分量，其作用线与杆件轴线重合，使杆件产生轴向伸长或缩短变形；**剪力** $\boldsymbol{F_S}$ 为内力沿垂直于杆轴方向的分量，相切于截面，使杆件的相邻横截面产生相对错动的趋势，即剪切变形；**弯矩** $\boldsymbol{M}$ 为内力在该平面上(即剪力与轴力构成的平面)的合力偶，使杆轴产生弯曲的趋势，即弯曲变形。

3.1　习题

A 类

一、填空题

1. 杆件的四种基本变形是________、________、________、________。

2. 材料力学对变形固体的基本假设是________________________。

3. 轴向拉压时与轴线相重合的内力称________。

4. 轴向拉伸和压缩变形的受力特点：外力沿________，变形特点：杆件沿轴线方向________或________。

5. 剪切变形的特点是：杆件受到一对________、________、作用线相距很近并且________的力的作用，两力间的横截面将沿力的方向________。

6. 在材料力学中，显示和确定内力的方法是________。

二、选择题

1. 显示和确定杆件内力的方法是(　　)。

A. 叠加法　　B. 截面法　　C. 节点法　　D. 静力分析法

2. 杆件受到一对大小相等、方向相反、作用线相距很近并且垂直杆轴的力作用，两力间的横截面将沿力的方向发生相对错动，这种变形称为(　　)变形。

A. 轴向拉压　　B. 剪切　　C. 扭转　　D. 弯曲

3. 小变形概念是指(　　)。

A. 杆件在弹性范围内的变形

B. 杆件在垂直轴线方向的变形

C. 杆件在轴线方向的变形

D. 与杆件本身尺寸相比为很小的变形

4. 当外力取消时，不能恢复的变形称为(　　)。

A. 弹性变形　　B. 塑性变形

C. 小变形　　D. 基本变形

5. 图示杆件将产生(　　)变形。

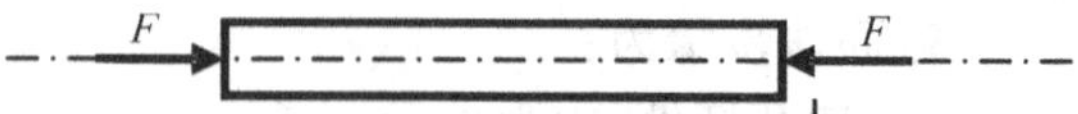

A. 轴向拉压　　B. 剪切

C. 扭转　　D. 弯曲

6. 图示杆件将产生(　　)变形。

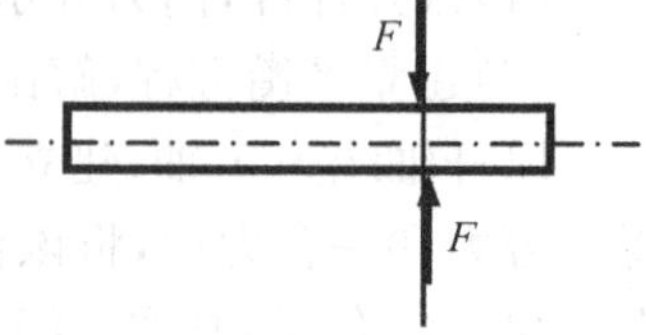

A. 轴向拉压　　B. 剪切

C. 扭转　　D. 弯曲

三、判断题

1. 截面法是计算内力的基本方法。(　　)

2. 当外力取消时,消失的变形叫做塑性变形。(　　)

B类

一、填空题

1. 由两种或两种以上的基本变形组合而成的变形称为________。

2. 斜弯曲是________ 平面弯曲组合。

3. 偏心压缩是________和________基本变形的组合。

4. 偏心压缩杆件的内力为________和________。

5. 矩形悬臂梁的自由端承受一个通过形心,与纵向对称轴既不垂直又不重合的集中力作用,该梁将产生________变形。

二、选择题

1. 图示杆件中,不属于轴向拉伸的部分是(　　)。

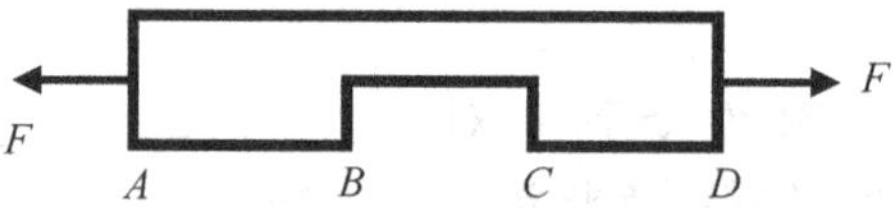

A. AB 段　　B. BC 段　　C. CD 段

2. 矩形悬臂梁的自由端承受一个通过形心,与纵向对称轴既不垂直又不重合的集中力作用,该梁将产生(　　)。

A. 弯曲变形　　B. 拉弯组合变形　　C. 压弯组合变形　　D. 斜弯曲变形

3. 图示三角形屋架上的檩条产生(　　)。

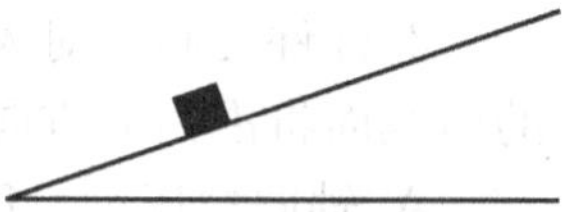

A. 平面弯曲　　B. 斜弯曲

C. 轴向压缩和平面弯曲的组合变形

4. 下图产生弯曲变形的杆件为(　　)。

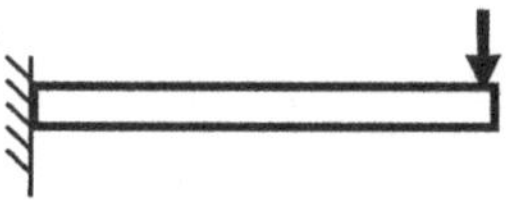

A 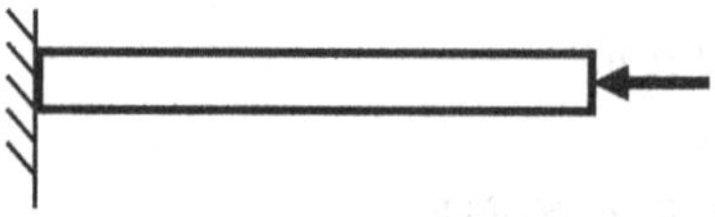　　B 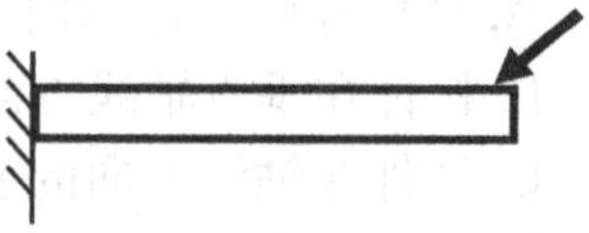　　C

5. 由(　　)基本变形组合而成的变形,称为组合变形。

A. 一种　　B. 两种　　C. 两种或两种以上　　D. 三种

三、判断题

1. 当作用在杆件上的外力与杆轴平行但不重合时，杆件所发生的变形称为偏心压缩（或拉伸）。（　　）

2. 偏心受压柱是轴心受压和扭转的组合变形。（　　）

四、下图杆件发生________变形，将其分解为基本变形________和________。

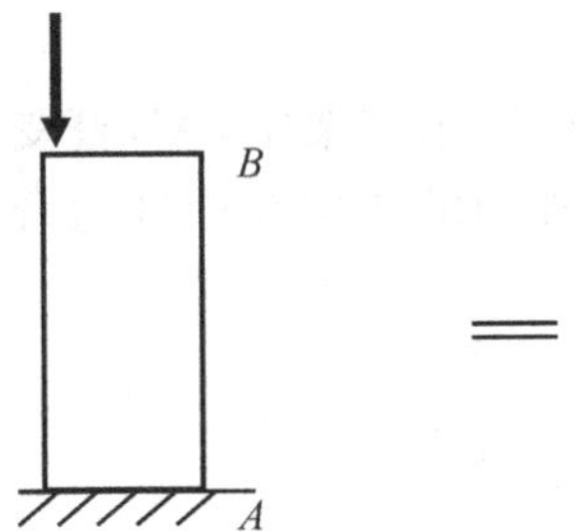

C类

1. 偏心压缩的内力为（　　）。

A. 轴力　　B. 轴力、剪力　　C. 剪力、弯矩　　D. 轴力、弯矩

2. 杆件发生剪切变形时，横截面上的内力是（　　）。

A. 轴力　　B. 剪力　　C. 扭矩　　D. 弯矩

3. 下面哪一项是扭转变形受力特点（　　）。

A. 杆件受大小相等、方向相反，沿着杆件轴线方向的一对横向外力作用

B. 杆件受到包含杆轴线平面内的力偶作用或受到垂直杆轴的横向力作用

C. 杆件受大小相等、方向相反，位于垂直于杆件轴线的两个平面内的一对力偶作用

D. 杆件受大小相等、方向相反，作用线垂直于杆件轴线且相距很近的一对外力作用

4. 图示三角支架，AB 杆产生的变形属于（　　）组合变形。

A. 压、弯　　B. 拉、弯　　C斜弯　　D. 弯扭

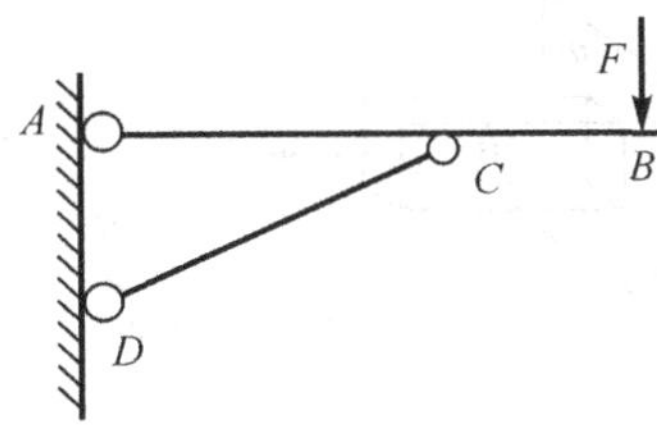

题4图

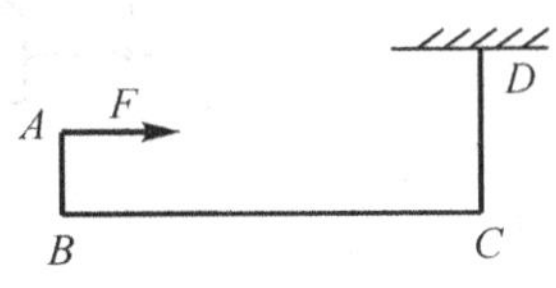

题5图

5. 图示杆件 BC 段发生（　　）。

A. 平面弯曲　　B. 斜弯曲

C. 轴向压缩和平面弯曲的组合变形

3.2 直杆轴向拉伸(压缩)时的内力

一、轴向拉压杆的内力

轴向拉伸或压缩是工程中常见的一种基本变形,如图 3-6(a)所示支架中,AB 杆受到拉伸,BC 杆受到压缩[图 3-6(b)]。轴向拉伸或压缩的受力特点:外力的作用线或外力合力的作用线与杆的轴线重合。其变形特点:杆段轴向伸长或缩短。

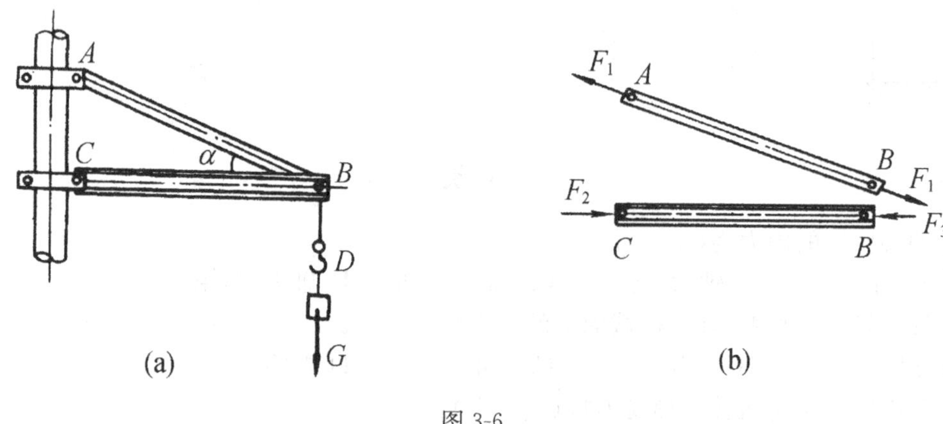

图 3-6

利用截面法确定轴向拉压杆的内力。如图 3-7a 所示,用截面 *m-m* 将杆件截开,截开处内力外示,轴向拉压杆的外力或外力的合力与杆的轴线重合,从平衡的角度看,杆的内力的作用线也在杆的轴线上。因此,**轴向拉压杆的截面上仅有的内力分量为轴力 F_N。规定:**当杆件受拉时,轴力为拉力,其方向背离截面,用正号表示;当杆件受压时,轴力为压力,其方向指向截面,用负号表示。

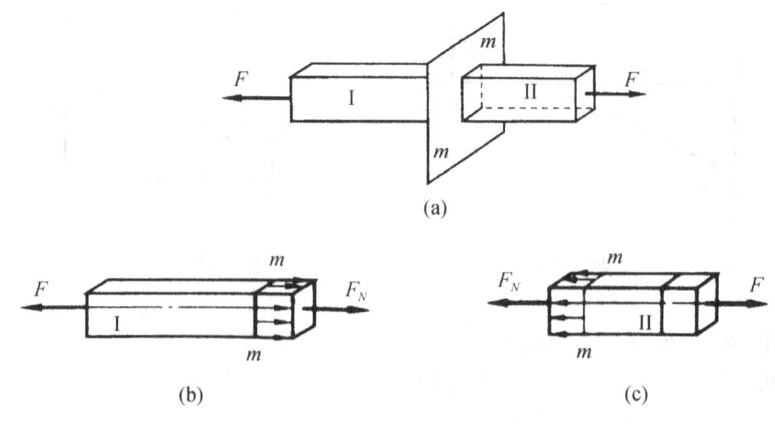

图 3-7

取左段为研究对象(图 3-7b),列平衡方程,可得

$$\sum F_x = 0 \qquad F_N - F = 0 \qquad F_N = F$$

若取右段为研究对象(图 3-7c),结果也是一样的。轴力 F_N 的方向背离截面,轴力为正。

例 3-1　杆件受力如图 3-8a 所示,已知 $P_1=5$ kN,$P_2=6$ kN,$P_3=1$ kN。求杆件 AB 和 BC 段的轴力。

解:(1)求 AB 段的轴力

1)在 AB 段中的 1-1 截面处将杆截开,取 1-1 以左杆段为研究对象。画隔离体的受力图,设轴力为拉力(图 3-8b)。

2)列平衡方程求解

$$\sum F_x = 0 \qquad F_{N1} - P_1 = 0 \qquad F_{N1} = P_1 = 5\ \text{kN}$$

计算结果为正值,说明 1-1 截面内力的实际指向与受力图所设的指向相同,AB 段的轴力为拉力。

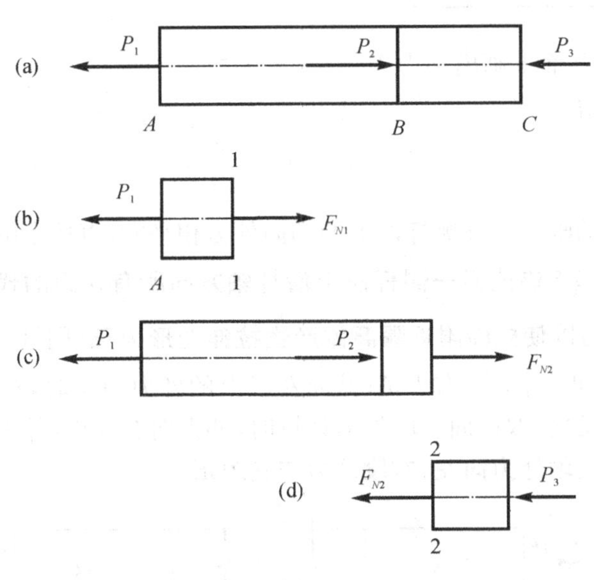

图 3-8

(2)求 BC 段的轴力

1)在 BC 段中的 2-2 截面处将杆截开,取 2-2 以左杆段为研究对象。画隔离体的受力图,设轴力为拉力(图 3-8c)。

2)列平衡方程求解

$$\sum F_x = 0 \qquad F_{N2} - P_1 + P_2 = 0 \qquad F_{N2} = P_1 - P_2 = 5 - 6 = -1\ \text{kN}$$

计算结果为负值,说明 2-2 截面内力的实际指向与受力图所设的指向相反,BC 段的轴力为压力。

若取右段为研究对象(图 3-8d),列平衡方程

$$\sum F_x = 0 \qquad -P_3 - F_{N2} = 0 \qquad F_{N2} = -P_3 = -1\ \text{kN}$$

计算结果与取左段为研究对象一样。一般选取外力较简单的截面一侧计算。

练一练：计算图示杆件1、2截面轴力。

解：1. 在(b)图中1-1截面上画出轴力 F_{N1}

2. 列平衡方程求解

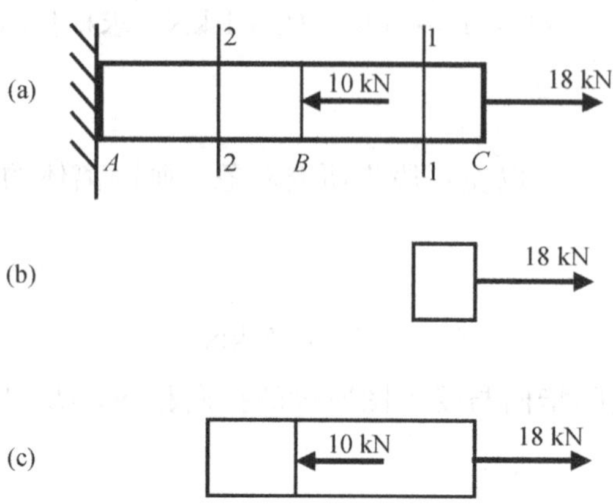

3. 在(c)图中2-2截面上画出轴力 F_{N2}

4. 列平衡方程求解

我们发现截面上的轴力与该侧杆段上的轴向外力相平衡，直接求解是可行的。方法是：**杆件某截面上的轴力等于该截面一侧杆段上沿杆轴方向所有外力的代数和。**$F_N=\sum F_{左}$ 或 $F_N=\sum F_{右}$。**外力以使截面附近隔离体产生拉伸变形为正**(图3-9)。即取截面左段外力计算时，外力向左为正，外力向右为负(截面左段上的外力向左时，对截面作用拉力，引起截面右段拉伸变形)；反之，取截面右段外力计算时，外力向右为正，外力向左为负。

(计算轴力口诀：左段外力向左，右段外力向右为正)

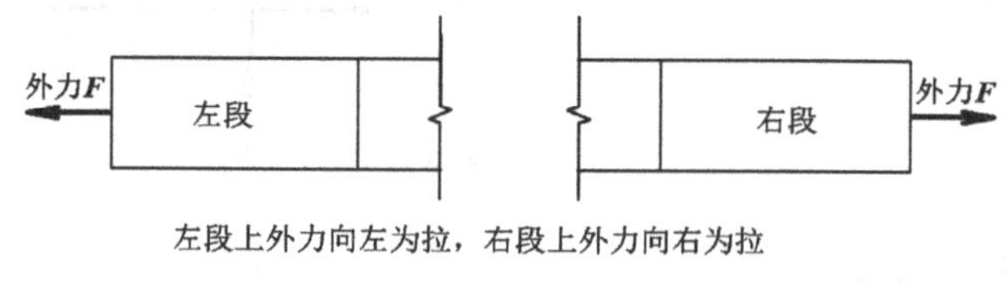

图3-9

例3-1中，1-1截面(取截面左段外力)，P_1 在左段上向左取正值，得

$$F_{N1}=P_1=5\ \text{kN}$$

2-2截面(取截面右段外力)，P_3 在右段上向左取负值，得

$$F_{N2}=-P_3=-1\ \text{kN}$$

练一练：用简易截面法计算图示杆件1、2截面轴力。

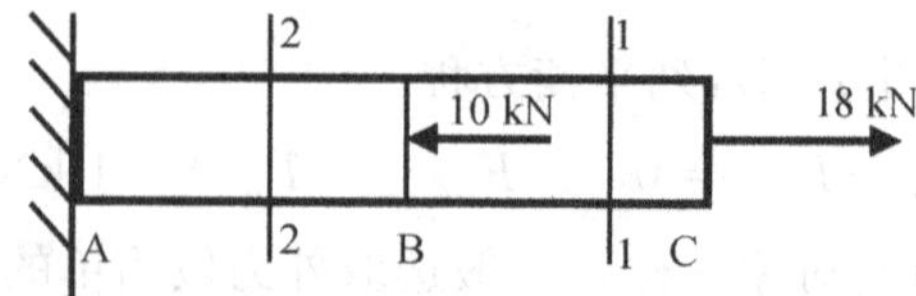

三、轴力图

除了求指定截面的内力外，我们还应探求杆件中内力变化的一般规律。内力是杆件对外力作用的反应，当杆件上外力发生突变：如出现集中力、集中力偶、分布荷载段，杆件中的内力势必随之产生规律性的改变，我们把这些内力改变处称为**内力控制截面**。

以平行于杆轴线的坐标 x 表示杆件横截面的位置，以垂直于杆轴线的纵坐标 F_N 表示轴力的数值，在 x-F_N 坐标系中按一定比例画出各截面的轴力沿轴线方向变化的图形。该图形表明沿杆长各横截面轴力变化的规律，称为**轴力图**。轴力图同时展示了杆件所有横截面的轴力，形象地表示了轴力沿杆长变化的情况，在轴力图上能明显地找到最大轴力所在的位置和数值。

画杆件轴力图的步骤为：

(1)按外力作用的位置，分段求轴力。

轴力只在力作用的截面两侧数值发生变化，两个力之间的各截面轴力相等。因此，只要按外力作用的位置分段，在每段内取一个截面计算轴力，即为该段轴力。

(2)在 x-F_N 坐标系中按一定比例画出轴力图。

画平行于杆轴线的坐标 x 表示杆件横截面的位置，在垂直于杆轴线的纵坐标 F_N 方向按一定比例画出各段轴力并按截面位置顺次连线。

例 3-2　杆件受力如图 3-10a 所示，已知 $P_1=20$ kN，$P_2=30$ kN，$P_3=10$ kN，试画出杆件轴力图。

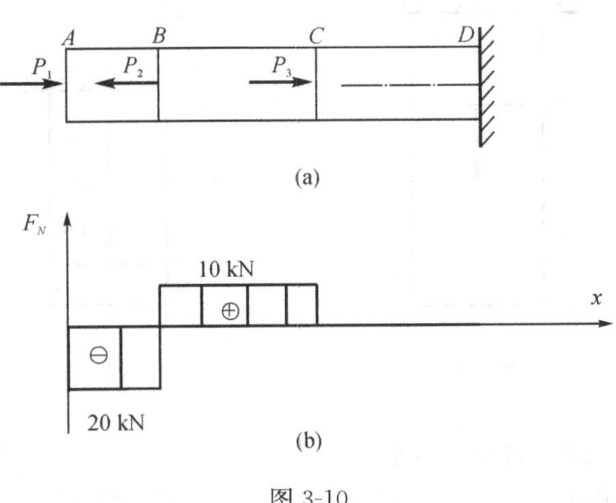

图 3-10

解：(1)计算杆件各段上的轴力。

外力作用于 A、B、C、D 四个截面，将杆件分成 AB、BC、CD 三段。分别计算各段上的轴力。由于杆件右端为固定端约束，看截面左段外力，可不必求出固定端约束力。

AB 段：$F_{NAB}=-P_1=-20$ kN

BC 段：$F_{NBC}=-P_1+P_2=-20+30=10$ kN

CD 段：$F_{NCD}=-P_1+P_2-P_3=-20+30-10=0$

(2) 以平行于杆轴线的 x 轴为横坐标，垂直于杆轴线的坐标 F_N 为纵坐标，按一定比例将各段轴力标在坐标图上，画出轴力图[图 3-10(b)]。

3.2 习题

A类

一、填空题

1. 轴向拉压杆的外力或外力的合力与杆轴线重合，从平衡角度看，杆横截面上内力的作用线必然沿________，轴向拉压杆的内力称为________。轴力正负号规定：________。

2. 表示轴力随杆横截面位置变化的图形称为________。轴力图同时展示了杆件所有横截面的________，形象地表示了________，可以很明显地找出________。

二、选择题

1. 绘制轴力图时，杆件不是以作用在杆件上(　　)的位置来分段求解的。

A. 支反力　　B. 集中力　　C. 外荷载　　D. 剪力

2. 图示杆件 AB、BC 段轴力分别为(　　)。

A. 8 kN，0　　B. 0，8 kN　　C. 0，−8 kN　　D. −8 kN，0

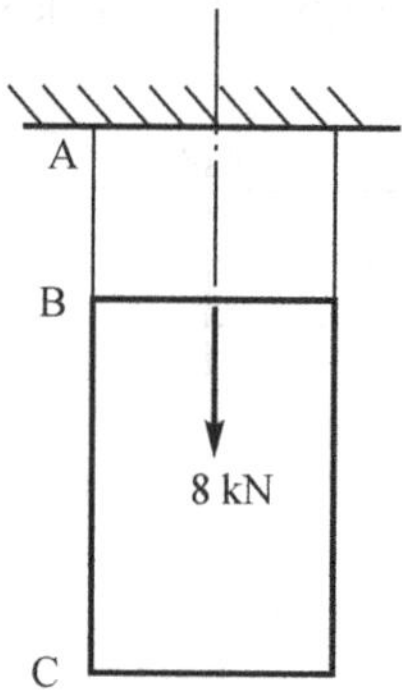

题 2 图

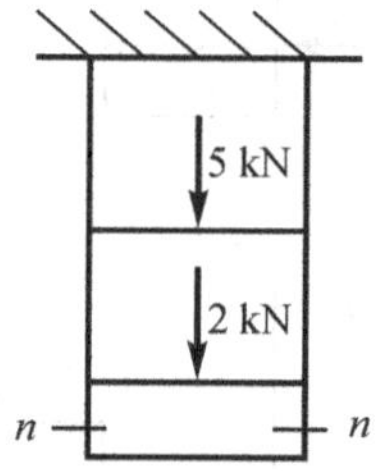

题 3 图

3. 图示杆件 n-n 截面上的轴力等于(　　)。

A. 0　　B. 2 kN　　C. 7 kN　　D. −2 kN

三、判断题

1. 轴力图是表达轴力沿杆轴变化规律的图形。(　　)

2. 轴力为拉力时用正号表示，轴力为压力时用负号表示。(　　)

四、计算杆件各段轴力，画出各杆轴力图。

1.

2.

3.

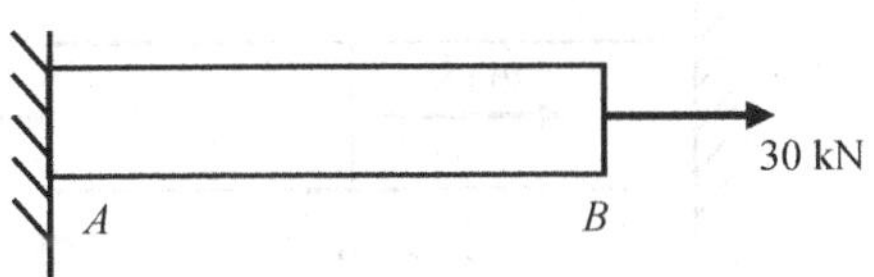

4.

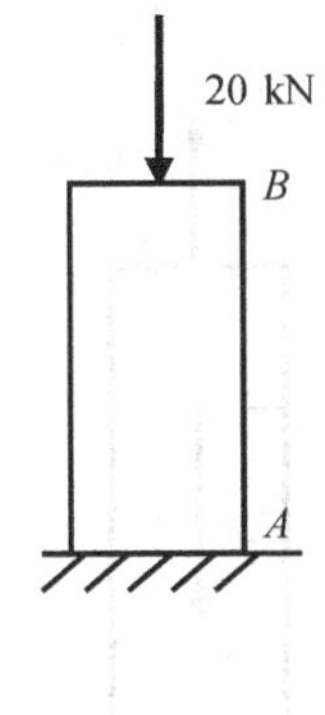

5.

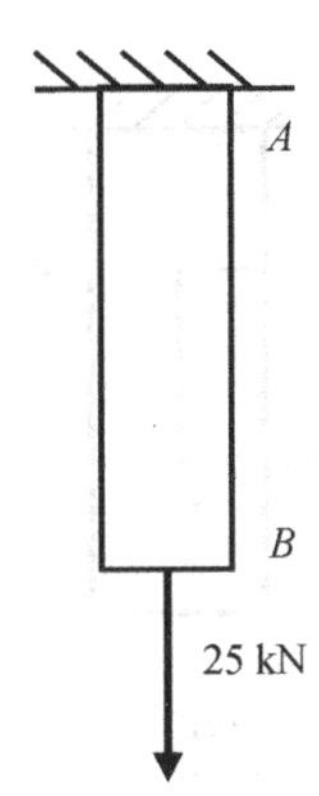

B 类

一、选择题

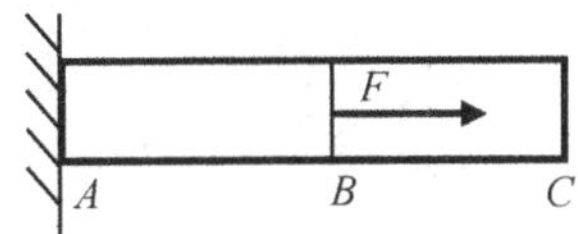

1. 图示杆件各杆段最小的拉力等于(　　)。

A. 6 kN　　B. 5 kN

C. 8 kN　　D. 13 kN

2. 若将 F 从 B 截面沿轴线移至 C 截面,则不发生改变的是(　　)。

A. 每个截面上的轴力　　B. 杆左端的约束反力

C. 每个截面上的应力　　D. 杆的总变形

二、求杆件各段轴力

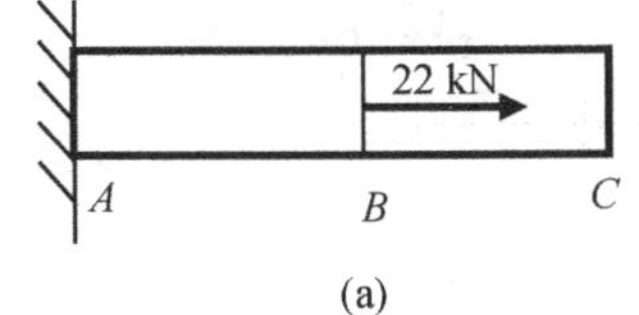

(a)

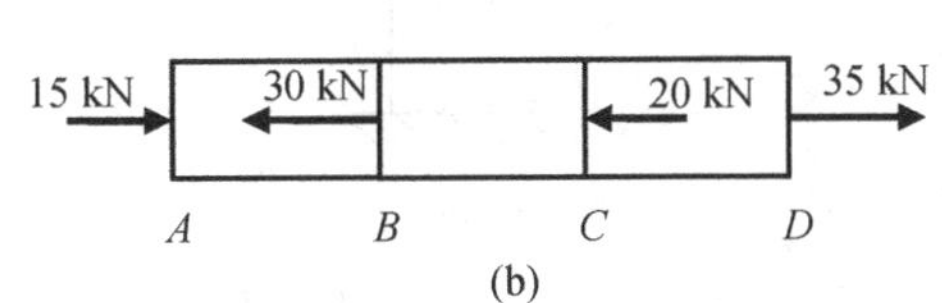

(b)

三、画各杆轴力图

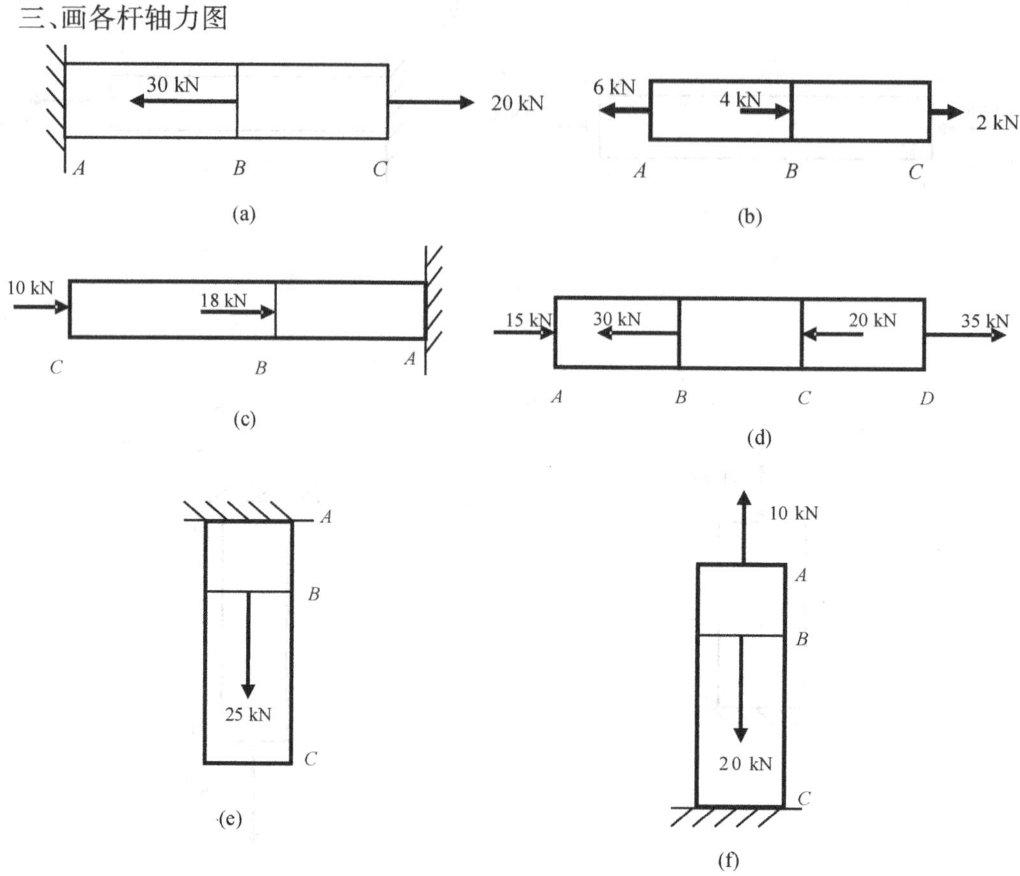

(a) (b) (c) (d) (e) (f)

C类

一、图示等截面钢筋混凝土柱，柱高 $h=12$ m，正方形横截面的边长 $a=850$ mm，材料的重度 $\gamma=23$ kN/m³。柱顶作用轴向压力 $F_P=500$ kN。求柱内任意横截面的轴力，并画出轴力图。

二、图示木支架，试画出 AE 杆和 BF 杆的轴力图。

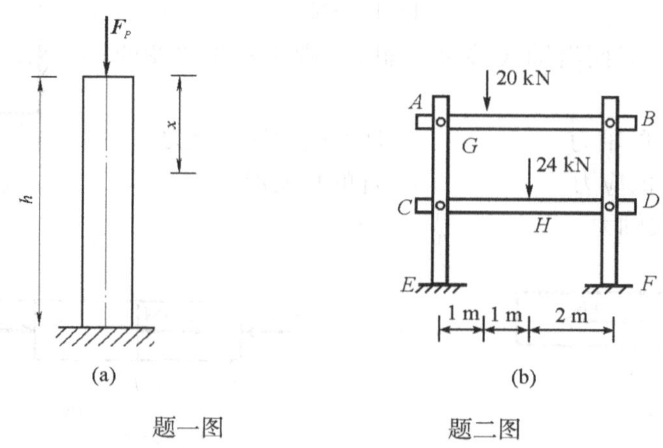

(a) (b)

题一图　　题二图

3.3　直杆轴向拉伸(压缩)时横截面的正应力

一、应力

截面上一点处内力的集度,即截面上一点单位面积上的内力,称为该点的**应力** p。应力与截面垂直方向的分量称为**正应力**,用 σ 表示;应力与截面相切方向的分量称为**切应力**,用 τ 表示(图 3-11)。

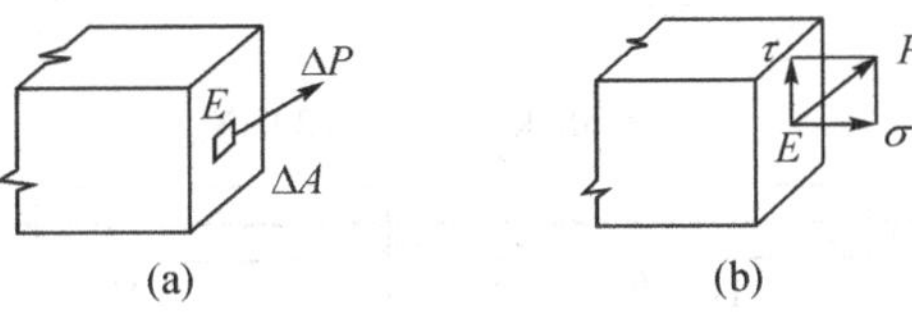

图 3-11

应力的单位为 Pa(帕斯卡),1 Pa=1 N /m^2。工程中多用 MPa(兆帕)。

$$1\text{MPa}=10^6\text{Pa}=10^6\text{N/m}^2=\frac{10^6\text{N}}{10^6\text{mm}^2}=1\text{N/mm}^2$$

$$1\text{GPa}=10^9\text{Pa}=10^3\text{MPa}$$

有关应力的计算中,长度单位用 mm,力的单位用 N,应力单位则为 MPa。

二、直杆轴向拉伸(压缩)时横截面的应力

当外力(或外力的合力)与杆轴线重合时,杆件发生沿杆件轴线方向的伸长或缩短。在图 3-12(a)所示直杆的表面画两圈横线表示横截面,横线间画平行的纵线表示纵向纤维段。直杆轴向拉伸之后,横截面平行外移,可见各纵向纤维段只有伸长,而且伸长量相同[图 3-12(b)]。

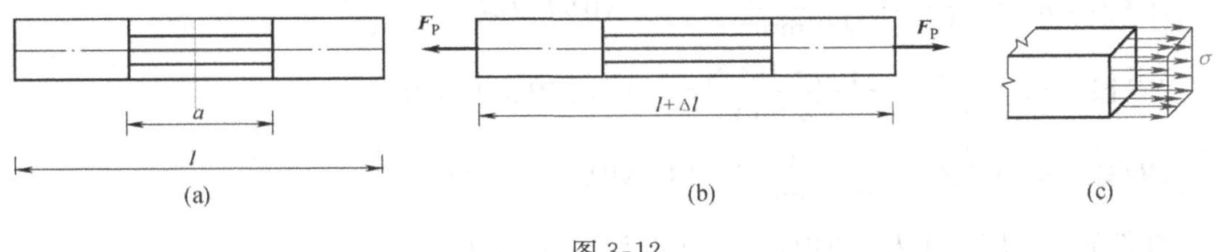

图 3-12

各纵向纤维段只有伸长,表明各纤维段端面上分布内力的方向垂直于横截面,为正应力 σ;各纵向纤维段的变形程度相同,表明各纤维段端面上分布内力的密集程度相同。可见,在轴向拉压杆的横截面上,各点处具有相同的正应力 σ。图 3-12c 为轴向拉压杆横截面上的正应力分布图。轴向拉压杆横截面上正应力计算公式为

$$\sigma=\frac{F_N}{A} \tag{3-1}$$

即在轴向拉压杆的横截面上，各点处的正应力相等，大小等于轴力 F_N 除以该截面的面积 A。σ 背离截面时为**拉应力**；σ 指向截面时为**压应力**。在用代数量表示正应力的拉压时，规定拉应力为正，压应力为负。

例 3-3 钢制阶梯杆件如图 3-13(a)所示。各段杆的横截面积为：$A_1=1600\ \text{mm}^2$，$A_2=625\ \text{mm}^2$，$A_3=900\ \text{mm}^2$。试画出该杆件轴力图，并求出此杆件最大应力。

解：(1)求各段轴力。

$F_{N1}=F_1=100\ \text{kN}$

$F_{N2}=F_1-F_2=100\ \text{kN}-200\ \text{kN}=-100\ \text{kN}$

$F_{N3}=F_4=120\ \text{kN}$

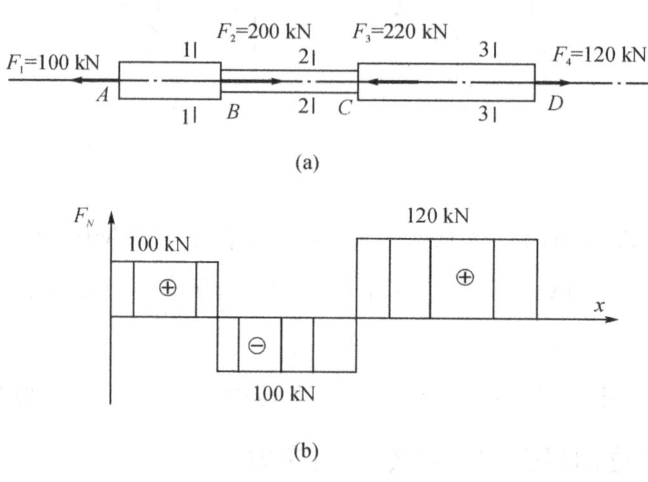

图 3-13

(2)画出轴力图。由各横截面上的轴力值，作出轴力图如图 3-13(b)所示。

(3)求最大应力。

AB 段 $\sigma_{AB}=\dfrac{F_{N1}}{A_1}=\dfrac{100\times10^3\ \text{N}}{1600\ \text{mm}^2}=62.5\ \text{MPa}$(拉应力)

BC 段 $\sigma_{BC}=\dfrac{F_{N2}}{A_2}=-\dfrac{100\times10^3\ \text{N}}{625\ \text{mm}^2}=-160\ \text{MPa}$(压应力)

CD 段 $\sigma_{CD}=\dfrac{F_{N3}}{A_3}=\dfrac{120\times10^3\ \text{N}}{900\ \text{mm}^2}=133\ \text{MPa}$(拉应力)

杆件的最大应力在 BC 段内，$\sigma_{max}=160\ \text{MPa}$(压应力)

练一练：

1. 1 m^2=________ mm^2，1 cm^2=________ mm^2；

圆截面的直径 $d=10\ \text{cm}$，面积 $A=\dfrac{\pi d^2}{4}=$________ mm^2。

2. 已知直杆某截面的轴力 $F_N=30\ \text{kN}$，横截面面积 $A=300\ \text{mm}^2$，计算横截面上的正应力。

例3-4 用绳索起吊重10 kN的管子(图3-14a)。已知绳索直径$d=40$ mm,试计算绳索截面上受到的应力。

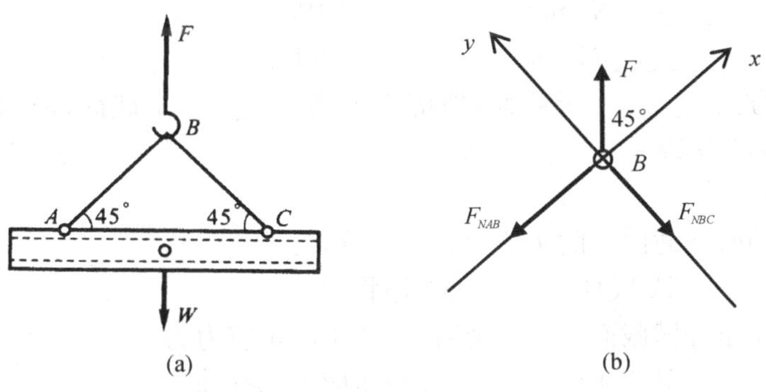

图3-14

解:(1)求两杆受力

由整体平衡可知,B点受到吊钩拉力$F=W=10$ kN。取B点为研究对象,画受力分析图(图3-14b)。在图示坐标系中,建立平衡方程

$$\sum F_x=0 \qquad -F_{NAB}+F\cos45^\circ=0$$

$$F_{NAB}=F\cos45^\circ=10\times\frac{\sqrt{2}}{2}=7.07\ \text{kN}(拉)$$

$$\sum F_y=0 \qquad -F_{NBC}+F\sin45^\circ=0$$

$$F_{NBC}=F\sin45^\circ=10\times\frac{\sqrt{2}}{2}=7.07\ \text{kN}(拉)$$

(2)计算绳索所受应力

绳索截面积 $A=\frac{\pi d^2}{4}=\frac{\pi\times40^2}{4}=1256\ \text{mm}^2$

绳索所受应力 $\sigma_{AB}=\sigma_{BC}=\frac{F_{NBC}}{A}=\frac{7.07\times10^3\ \text{N}}{1256\text{mm}^2}=5.63\ \text{MPa}(拉)$

3.3 习题

A类

一、填空题

1.单位面积上的内力称为________。

2.垂直于截面的应力称为________,用符号________表示。

3.应力计算式$\sigma=F_N/A$中A表示杆件________,F_N为________。

4. 轴向拉压杆的应力为________，用符号________表示。当所受轴力为正值时，对应的正应力称________；当所受轴力为负值时，对应的正应力称________。

5. 1 kN/mm^2=________ N/mm^2=________ MPa

1 kN/m^2=________ N/mm^2=________ MPa

1 kN/cm^2=________ N/mm^2=________ MPa

6. 正应力方向________于截面，剪应力方向________于截面，应力的单位是________（以 N、m 表示），1 MPa=________ Pa。

二、选择题

1. 轴向拉伸时横截面上的正应力（　　）分布。

A. 均匀　　B. 线性　　C. 抛物线

2. 当轴向拉压杆横截面上受拉力时，所产生的正应力为（　　）。

A. 拉应力　　B. 压应力　　C. 拉压应力都存在

3. 杆件在荷载作用下产生的应力值，称为（　　）。

A. 许用应力　　B. 工作应力　　C. 极限应力　　D. 固有应力

4. 下面单位换算正确的是（　　）。

A. 1 MPa=1 N/mm^2　　B. 1 MPa=1 kN/mm^2

C. 1 Pa=1 N/mm^2　　D. 1 Pa=1 kN/mm^2

5. 横截面面积不同的两根杆件，受到大小相同的轴力作用时，则（　　）。

A. 内力不同，应力相同　　B. 内力和应力都相同

C. 内力相同，应力不同　　D. 内力和应力都不相同

三、判断题

1. 1 N/mm^2=1MPa。（　　）

2. 应力单位为 kN/m。（　　）

3. 垂直于截面的应力称为正应力。（　　）

4. 杆件的轴力相等时，截面积越大的杆，其应力也越大。（　　）

5. 设两根受拉试件的横截面面积、长度及荷载均相等，而材料不同，则它们的应力相同。（　　）

6. 杆件所受轴力为压力时，横截面对应应力为压应力。（　　）

B类

一、选择题

1. 其他条件不变时，受轴向拉压杆横截面积增大一倍，则杆横截面上的正应力将减少（　　）。

A. 1 倍　　B. 1/2　　C. 2/3　　D. 3/4

2. 图示塑性材料杆，截面积 $A_{BC}=0.5A_{AB}$，危险截面在（　　）。

A. AB 段　　B. BC 段　　C. AC 段

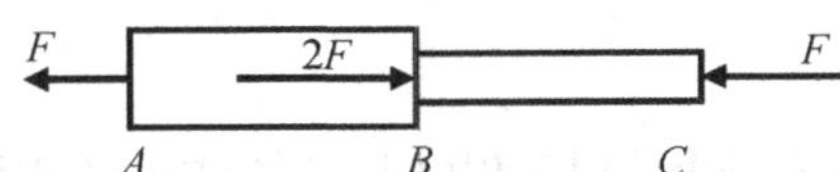

3. 杆件的内力与杆件的(　　)有关。

A. 外力　　　　　　　　　　B. 外力、截面

C. 外力、截面、材料　　　　D. 外力、截面、杆长、材料

4. 杆件的应力与杆件的(　　)有关。

A. 外力　　　　　　　　　　B. 外力、截面

C. 外力、截面、材料　　　　D. 外力、截面、杆长、材料

二、已知杆件 AB 受力如图所示，杆件横截面为正方形，边长 $a=20$ mm，试计算该杆的应力。

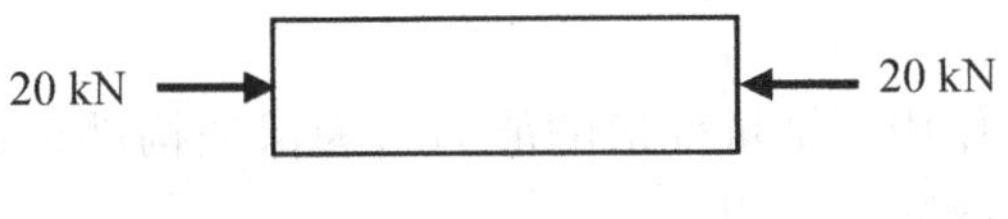

C 类

一、选择判断题

1. 圆截面拉杆，直径增大一倍，其他条件不变，截面正应力为原来的(　　)。

A. 1 倍　　　B. 1/2 倍　　　C. 1/8 倍　　　D. 1/4 倍

2. 1 kN/cm^2 = 100 MPa。(　　)

二、图示结构，AB 杆为圆截面钢杆，直径 $d=20$ mm。计算 AB 杆内的应力。

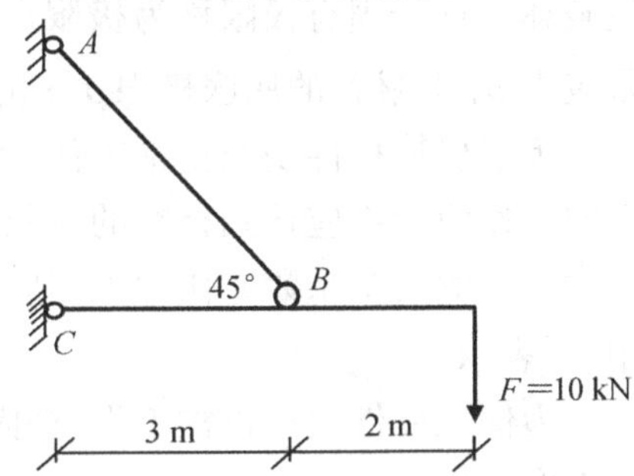

3.4　直杆轴向拉伸(压缩)时的强度计算

一、材料力学的任务

土木工程结构是由若干个构件组成的，这些构件都要承担各种荷载的作用。为确保正常工作，构件必须满足以下三方面要求：

(1)足够的强度。

强度是指构件抵抗断裂破坏的能力。足够的强度是保证构件正常工作的前提条件。

(2)足够的刚度。

刚度是指构件在外力作用下抵抗变形的能力。为保证构件正常工作，要求构件在外力作用下产生的变形在允许的限度之内。

(3)足够的稳定性。

稳定性是指构件维持原有形态、保持平衡的能力。某些细长杆件(或薄壁构件)在轴向压力达到一定数值时，会失去原有的平衡状态而丧失工作能力，这种现象称为**失稳**。

二、轴向拉压杆的强度条件

任何一种构件材料都存在着一个能承受应力的固有极限，超过这个固有极限，构件就发生破坏。这个固有极限称为**极限应力**，用 σ_u 表示。σ_u 值由材料试验测定。塑性材料的极限应力 σ_u 取材料的屈服极限 σ_S；脆性材料的极限应力 σ_u 取材料的强度极限 σ_b。

为了保证杆件安全正常工作，不致发生破坏，必须给杆件以必要的安全储备。为此，杆件的工作应力不应达到材料的极限应力，而应当小于极限应力。工程上通常将极限应力除以大于 1 的安全系数 n 作为工作应力的最高限度，这一工作应力的最高限度称为**许用应力**，用$[\sigma]$表示。

为保证杆件安全正常工作，杆内最大工作应力不得超过材料的许用应力，即轴向拉压杆的强度条件为

$$\sigma_{\max}=\frac{F_N}{A}\leqslant[\sigma] \tag{3-2}$$

$\sigma_{\max}$为杆件的**最大工作应力**。发生最大工作应力的截面称为**危险截面**。式中的 F_N 为截面上的轴力，A 为该截面面积。许用应力$[\sigma]$由设计规范给定。因许用应力$[\sigma]$用绝对值表示，故式中的 $\sigma_{\max}$、F_N 取绝对值。

三、强度计算的三种类型

应用强度条件，可以进行三个方面的强度计算：

(1)**强度校核**　已知杆件的截面形状尺寸、所受荷载、许用应力，校核危险截面的应力是否满足强度条件。

(2)**截面设计**　已知杆件所受荷载、许用应力、截面形状，确定截面的尺寸或型钢的

型号。

(3)**确定许可荷载**　已知杆件的截面形状尺寸、许用应力，确定杆件或结构能够承受的最大荷载。

强度计算的一般步骤为：

(1)画受力图，确定须求的未知外力；

(2)画轴力图，判断危险截面，提供危险截面的内力值；

(3)应力计算、强度条件。

强度校核：计算出最大工作应力，与许用应力比较；

设计截面、确定许可荷载：应力计算的过程用字符表示，待出现未知几何量或未知荷载之后，便建立强度条件解未知量。

例3-5　图3-15中，钢拉杆AB的轴力$F_N=17.32$ kN，钢材的许用应力$[\sigma]=160$ MPa。设该杆分别为如下横截面，试校核拉杆的强度。

解：1. 横截面为正方形，边长$a=12$ mm

$$\sigma_{max}=\frac{F_N}{A}=\frac{F_N}{a^2}=\frac{17320N}{(12\text{ mm})^2}$$

$$=120.3\text{ MPa}<[\sigma]$$

强度足够。

2. 横截面为圆形，直径$d=12$ mm

$$\sigma_{max}=\frac{F_N}{A}=\frac{F_N}{\frac{\pi d^2}{4}}=\frac{17320N}{\frac{\pi(12\text{ mm})^2}{4}}=153.1\text{ MPa}<[\sigma]$$

强度足够。

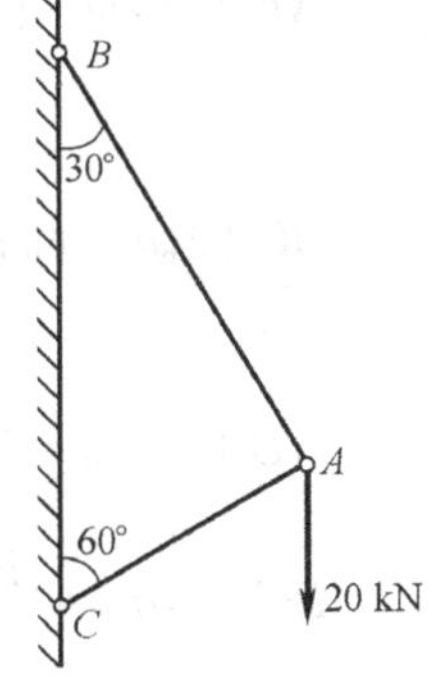

图3-15

练一练：已知杆件AB受轴力$F_{NAB}=10$ kN，杆件横截面为圆形，直径$D=10$ mm，材料的许用应力$[\sigma]=100$ MPa，试校核该杆的强度。

例3-6　滑轮结构如图3-16a所示，$P=20$ kN。AB为圆截面钢杆，直径$d=20$ mm，许用应力$[\sigma]_1=160$ MPa；BC为方截面木杆，边长$a=60$ mm，许用应力$[\sigma]_2=10$ MPa。不计绳与滑轮间的摩擦。试校核此结构的强度是否足够。

解：(1)计算杆件的轴力

取B点为研究对象(图3-16b)，绳拉力等于P，不计滑轮轮径。

列平衡方程

$$\sum F_y=0\quad F_{NAB}\sin60^\circ-2P\sin60^\circ=0$$

$$F_{NAB}=2P=40\text{ kN(拉)}$$

$$\sum F_x=0\quad -F_{NAB}\cos60^\circ-F_{NBC}-2P\cos60^\circ=0$$

$$F_{NBC}=-F_{NAB}\cos60^\circ-2P\cos60^\circ=-2P=-40\text{ kN(压)}$$

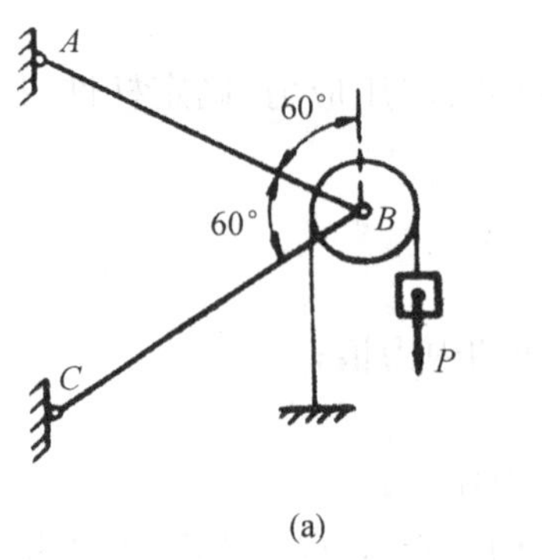

(a)

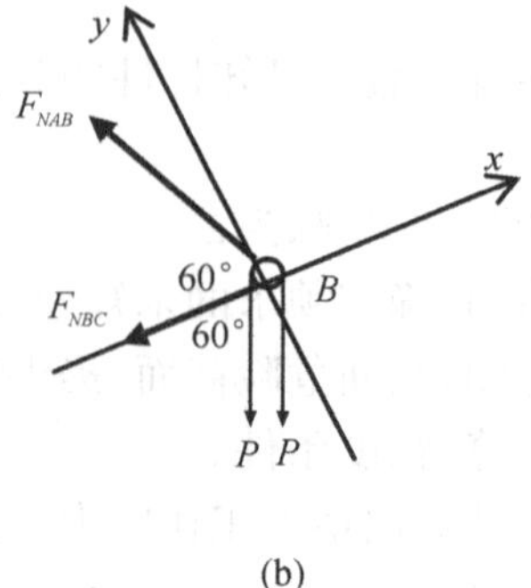

(b)

图 3-16

(2)校核两杆强度

AB 杆截面面积为

$$A_1=\frac{\pi d^2}{4}=\frac{\pi\times 20^2}{4}=314\ \mathrm{mm}^2$$

BC 杆截面面积为

$$A_2=a^2=60\times 60=3600\ \mathrm{mm}^2$$

AB 杆：$\sigma_{AB}=\dfrac{F_{NAB}}{A_1}=\dfrac{40\times 10^3}{314}=127\ \mathrm{MPa}<[\sigma]_1$

BC 杆：$\sigma_{BC}=\dfrac{F_{NBC}}{A_2}=\dfrac{40\times 10^3}{3600}=11.1\ \mathrm{MPa}>[\sigma]_2$

可见，AB 杆强度足够，BC 杆强度不足。该结构强度不足。

例 3-7 某钢拉杆的两端承受 100 kN，$[\sigma]=160$ MPa，它的横截面假若为如下形状，试设计截面：

(1)有圆钢 $\phi 27$、$\phi 28$、$\phi 30$、$\phi 32$ 可供选择，试选择圆钢型号；

(2)拉杆为钢丝束，每根钢丝的直径 $d=2$ mm，试确定钢丝束中钢丝的根数。

解：由 $\sigma=\dfrac{F_N}{A}\leqslant[\sigma]$得

$$A\geqslant\frac{F_N}{[\sigma]}=\frac{100\times 10^3 N}{160\ MP_a}=625\ \mathrm{mm}^2$$

(1)圆钢 $\dfrac{\pi d^2}{4}\geqslant 625\ \mathrm{mm}^2$

$$d\geqslant\sqrt{\frac{4\times 625\ \mathrm{mm}^2}{\pi}}=28.2\ \mathrm{mm}\qquad \text{选 } \phi 30 \text{ 圆钢}$$

(2)钢丝 $n\cdot\dfrac{\pi d^2}{4}\geqslant 625\ \mathrm{mm}^2$

$$n\geqslant\frac{4\times 625\ \mathrm{mm}^2}{\pi d^2}=\frac{4\times 625\ \mathrm{mm}^2}{\pi\cdot(2\mathrm{mm})^2}=199\qquad \text{取 } n=200 \text{ 根}$$

练一练：图示厂房桁架，已知钢拉杆 ID 的轴力 $F_{NID}=80$ kN，钢杆的许用应力$[\sigma]=160$ MPa。试确定该杆横截面的面积 A。

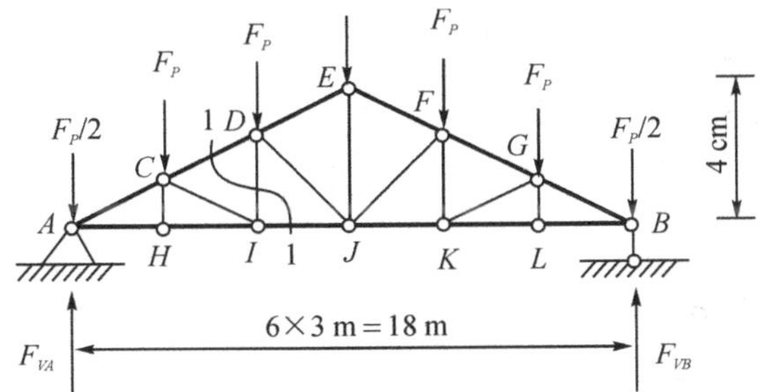

例 3-8　图 3-17(a)所示三角支架，AB 为圆截面钢杆，许用应力$[\sigma]=160$ MPa；BC 为正方形截面木杆，许用应力$[\sigma]=10$ MPa。荷载 $F_P=30$ kN，试由强度条件设计钢杆、木杆的尺寸。

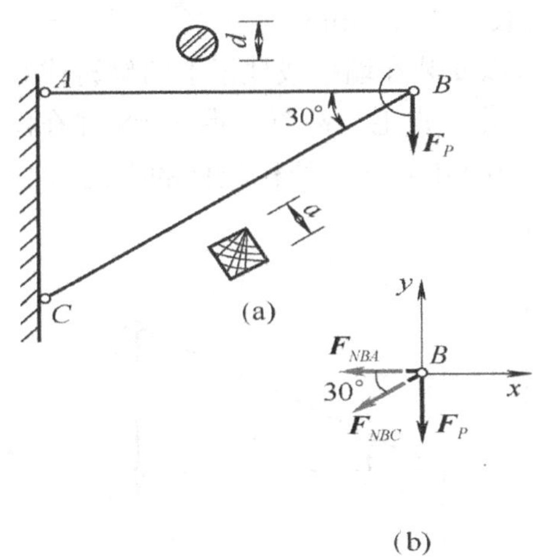

(b)

图 3-17

解：(1)求两杆轴力

用曲面绕结点 B 截断杆件，取隔离体，画受力图：两杆不计自重，中间无荷载，均为二力杆——轴向拉伸压缩杆。受力图上的未知轴力设为拉力(图 3-17b)。

$$\sum F_y=0 \qquad -F_{NBC}\sin30^\circ-F_P=0$$

$$F_{NBC}=\frac{-F_P}{\sin30^\circ}=\frac{-30\ \text{kN}}{\sin30^\circ}=-60\ \text{kN(压)}$$

$$\sum F_x=0 \qquad -F_{NBA}-F_{NBC}\cos30^\circ=0$$

$$F_{NBA}=-F_{NBC}\cos30^\circ=-(-60\ \text{kN})\cos30^\circ=51.96\ \text{kN(拉)}$$

(2)确定两杆截面尺寸

在强度条件中，宜采用“力——N，长度——mm，应力——MPa”的单位系。

钢杆 BA：

$$\sigma_{BA}=\frac{F_{NBA}}{A_{BA}}\leqslant[\sigma]$$

$$A_{BA}\geqslant\frac{F_{NBA}}{[\sigma]}=\frac{51.96\times10^3}{160}=324.75\ \text{mm}^2$$

$$A_{BA}=\frac{\pi d^2}{4}\geqslant 324.75\ \text{mm}^2$$

$$d\geqslant 20.33\ \text{mm}$$

取钢杆的直径 $d=21$ mm。

木杆 BC：

$$\sigma_{BC}=\frac{F_{NBC}}{A_{BC}}\leqslant[\sigma]$$

$$A_{BC}\geqslant\frac{F_{NBC}}{[\sigma]}=\frac{60\times10^3}{10}=6000\ \text{mm}^2$$

$$A_{BC}=a^2\geqslant 6000$$

$$a\geqslant 77.46\ \text{mm}$$

取木杆正方形截面的边长 $a = 78$ mm。

例 3-9 图 3-18 所示可以安装在墙壁或柱子上的旋转式起重机，用电动葫芦提升或移动重物，旋臂的转动由人力操作。设电动葫芦吊重 5 kN 并在图示位置，钢拉杆 BC 的直径 $d=10$ mm，许用应力$[\sigma]=160$ MPa。(1)校核拉杆的强度；(2)计算拉杆容许承受的拉力，并确定电动葫芦吊重容许值。

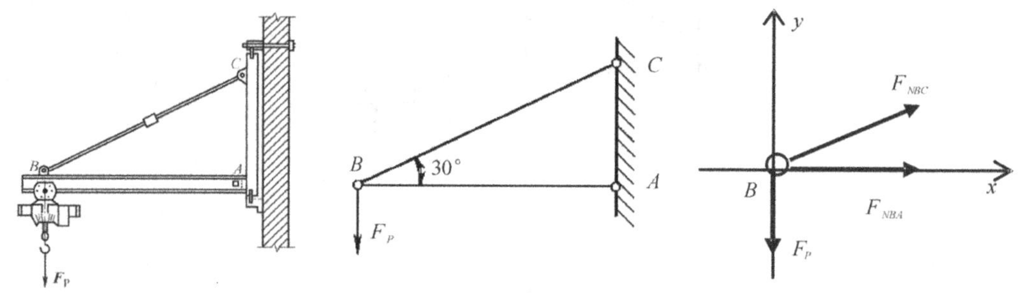

图 3-18

结点 B $\quad\sum F_y=0\qquad F_{NBC}=2F_P$

解：(1)校核拉杆的强度

$$\sigma_{BC}=\frac{F_{NBC}}{A}=\frac{2F_P}{\pi d^2/4}=\frac{2\times5000\ \text{N}}{\pi\cdot(10\ \text{mm})^2/4}=127\ \text{MPa}<[\sigma]=160\ \text{MPa}$$

BC 杆强度足够。

(2)确定拉杆的许可拉力

$$F_{NBC}\leqslant A[\sigma]=\pi\cdot(10\ \text{mm})^2/4\times160\ \text{MPa}=12.6\times10^3\ \text{N}$$

杆 BC 可承受拉力 12.6 kN。

电动葫芦吊重容许值 $\quad F_P=0.5F_{NBC}=6.3$ kN。

3.4　习题

A 类

一、填空题

1. 强度指构件抵抗＿＿＿＿＿＿＿＿的能力。

2. 应用强度条件可以进行三方面计算＿＿＿＿、＿＿＿＿、＿＿＿＿。

3. 轴向拉压杆强度条件为＿＿＿＿＿＿＿＿。

4. σ_{max}称为＿＿＿＿，发生最大工作应力的截面称为＿＿＿＿。$[\sigma]$称为＿＿＿＿。

5. 构件安全工作的基本要求是构件具有足够的＿＿＿＿、＿＿＿＿、＿＿＿＿。

6. 对于塑性材料的极限应力 $\sigma_u=$＿＿＿＿；脆性材料的极限应力 $\sigma_u=$＿＿＿＿。

二、选择题

1. 构件抵抗变形的能力称之为(　　)。

A. 刚度　　B. 强度　　C. 抵抗度　　D. 稳定性

2. 刚度是指构件或结构抵抗下列哪一方面的能力(　　)。

A. 受力变形　　B. 受力破坏　　C. 恒载　　D. 活载

3. 强度是指构件或结构抵抗下列哪一方面的能力(　　)。

A. 受力变形　　B. 受力破坏　　C. 恒载　　D. 活载

4. 构件强度条件有三方面计算，它们是(　　)。

A. 内力计算、应力计算、变形计算

B. 强度校核、设计截面、确定许可荷载

C. 荷载计算、截面计算、变形计算

D. 内力计算、应力计算、截面计算

5. 杆件在荷载作用下产生的应力值，称为(　　)。

A. 许用应力　　B. 工作应力　　C. 极限应力　　D. 固有应力

6. 材料安全正常工作时容许承受的最大应力值是(　　)。

A. 比例极限 σ_p　　B. 屈服极限 σ_s

C. 强度极限 σ_b　　D. 许用应力$[\sigma]$

7. 构件受力后保持其原有平衡状态的能力称为(　　)。

A. 强度　　B. 刚度　　C. 稳定性

三、判断题

1. 构件满足强度、刚度要求的能力称为承载能力。(　　)

2. 杆件正常工作要满足强度、刚度和稳定性要求。(　　)

3. 安全系数必大于 1。(　　)

4. 构件强度计算三方面：强度校核、设计截面、确定许可荷载。(　　)

5. 对等直杆讲，轴力最大的截面就是危险截面。(　　)

6. 危险截面是截面最小面积所在的截面。(　　)

7. 正应力强度条件为工作应力不超过许用应力。(　　)

8. 在轴向拉压杆中,产生最大轴力的截面就是危险截面。(　　)

四、写出轴向拉压强度校核步骤

五、强度校核计算

1. 已知杆件 AB 受轴力 $F_{NAB}=10$ kN,杆件横截面面积 $A_{AB}=1000$ mm^2,材料的许用应力$[\sigma]=40$ MPa,试校核该杆的强度。

2. 已知杆件 AB 受轴力 $F_{NAB}=10$ kN,杆件横截面为圆形,直径 $D=10$ mm,材料的许用应力$[\sigma]=100$ MPa,试校核该杆的强度。

六、写出轴向拉压截面设计步骤

七、截面设计计算

1. 已知杆件 AB 受轴力 $F_{NAB}=10$ kN,材料的许用应力$[\sigma]=100$ MPa,试按强度条件确定杆件横截面面积 A_{AB}。

2. 已知杆件 AB 受轴力 $F_{NAB}=72$ kN,材料的许用应力$[\sigma]=120$ MPa,试按强度条件确定杆件横截面面积 A_{AB}。

B类

一、选择题

1. 确定塑性材料的容许应力时，极限应力是(　　)。

A. 比例极限 σ_p　　B. 屈服极限 σ_s　　C. 强度极限 σ_b　　D. 弹性极限 σ_e

2. 工程上通常将极限应力除以安全系数的值作为材料许用应力，一般安全系数(　　)。

A. 大于 1　　B. 等于 1　　C. 小于 1　　D. 不确定

二、判断题

1. 工程上通常将工作应力除以大于 1 的安全系数作为工作应力的最高限度。(　　)

2. 塑性材料的极限应力取用材料的比例极限。(　　)

3. 极限应力就是许用应力。(　　)

三、计算题

1. 已知杆件 AB 轴力图，杆件横截面为圆形，直径 $D=100$ mm，材料的许用应力$[\sigma]=40$ MPa，试校核该杆的强度。

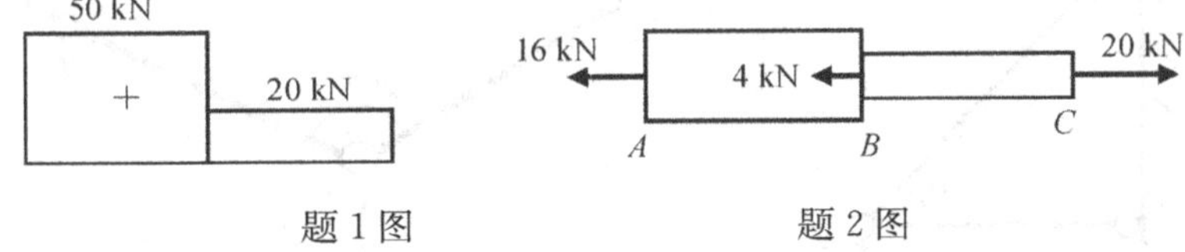

题 1 图　　题 2 图

2. 已知杆件 AC 受力如图所示，杆件横截面面积 $A_{AB}=100$ mm^2，$A_{BC}=80$ mm^2，材料的许用应力$[\sigma]=100$ MPa，试校核该杆的强度。

3. 已知杆件 AB 受力如图所示，杆件横截面为正方形，边长 $a=100$ mm，材料的许用应力$[\sigma]=4$ MPa，试校核该杆的强度。

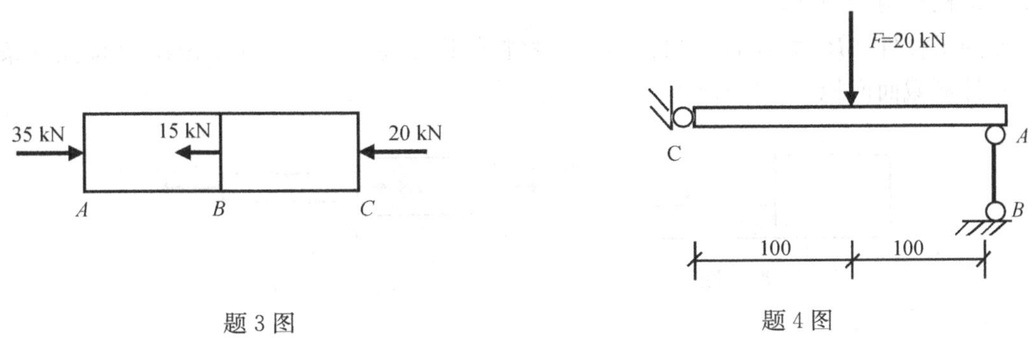

题 3 图　　题 4 图

4. 图示结构，AB 杆为钢杆，材料的许用应力$[\sigma]=100$ MPa，杆件横截面面积 $A_{AB}=800$ mm^2，试按强度条件校核 AB 杆的强度。

5. 图示三角支架，已知材料的许用应力$[\sigma]=100$ MPa，杆件横截面面积 $A_{AC}=80$ mm^2，$A_{BC}=100$ mm^2。试按强度条件校核两杆的强度。

6. 图示三角支架，已知材料的许用应力$[\sigma]=100$ MPa，杆件横截面面积 $A_{AC}=100$ mm^2，$A_{AB}=150$ mm^2，试按强度条件校核两杆的强度。

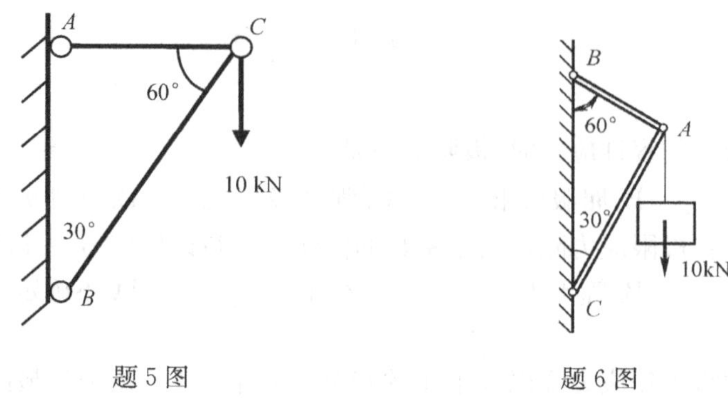

题 5 图　　题 6 图

7. 图示三角支架，AC 杆为钢杆，材料的许用应力 $[\sigma_1]=100$ MPa，杆件横截面积 $A_1=1200$ mm^2；BC 杆为木杆，材料的许用压应力$[\sigma_2]=10$ MPa，杆件横截面积 $A_2=30000$ mm^2。试校核支架强度。

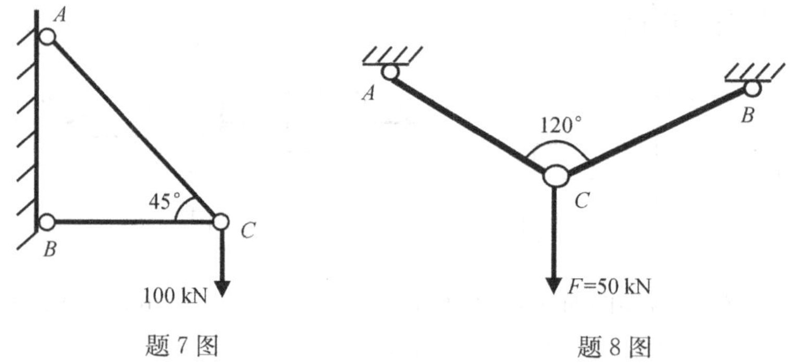

题 7 图　　题 8 图

8. 图示 AC、BC 两杆为钢杆，材料的许用应力 $[\sigma]=100$ MPa，杆件横截面积 $A=600$ mm^2。试校核两杆强度。

9. 图示杆件 AB 轴力图，AB 杆为钢杆，材料的许用应力$[\sigma]=80$ MPa，试按强度条件确定杆件横截面面积。

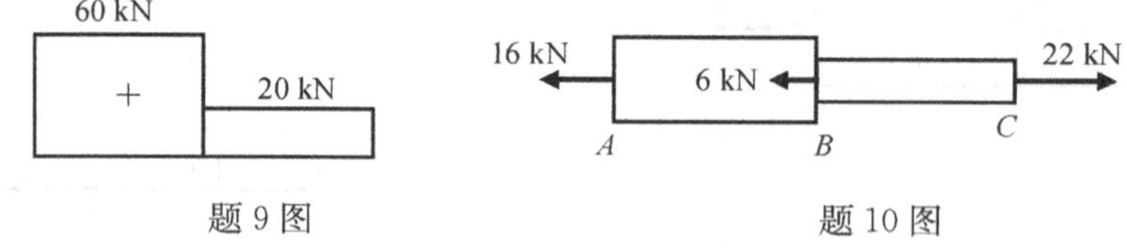

题 9 图　　题 10 图

10. 图示杆件，AB 段为方形截面，其边长 a；BC 段为圆形截面，其直径 D。材料的许用应力$[\sigma]=10$ MPa，试按强度条件确定 AB 段截面边长 a 和 BC 段截面直径 D。

11. 图示结构，AB 杆为钢杆，材料的许用应力$[\sigma]=100$ MPa，试按强度条件确定杆件横截面面积。若 AB 杆采用方截面，试确定截面边长。

12. 图示三角支架，AB 杆为钢杆，材料的许用应力 $[\sigma_1]=100$ MPa，BC 杆为铸铁杆，材料的许用应力$[\sigma_2]=80$ MPa，$\alpha=30°$，试确定 AB、BC 杆横截面积。

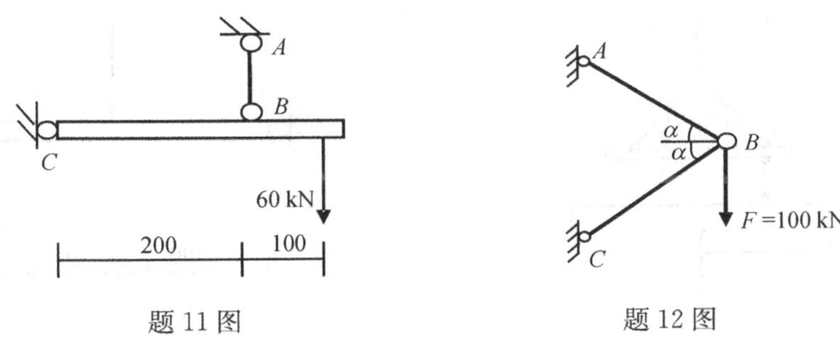

题11图　　　　题12图

13. 已知杆件 AB 两端受拉力 F，横截面面积 $A_{AB}=100\ \text{mm}^2$，材料的许用应力$[\sigma]=100$ MPa，试按强度条件确定杆件所受拉力 F。

14. 已知杆件 AB 两端受拉力 F，直径 $D=40$ mm，材料的许用应力$[\sigma]=80$ MPa，试按强度条件确定杆件所受最大拉力$[F]$。

C类

1. 图示结构，AB 杆为钢杆，材料的许用应力$[\sigma]=160$ MPa，杆件横截面面积 $A_{AB}=100\ \text{mm}^2$，试按强度条件校核 AB 杆的强度。

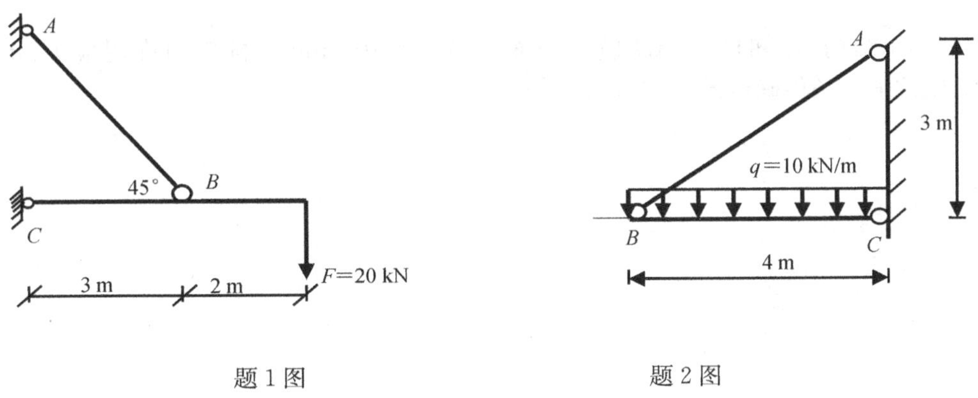

题1图　　　　题2图

2. 图示结构，AB 杆为钢杆，材料的许用应力$[\sigma]=100$ MPa，试按强度条件确定杆件横截面面积。若 AB 杆采用圆截面，试确定截面直径 D。

3. 某工地起吊构件时正处于静力平衡状态，如图所示。已知构件重 $G=10$ kN，钢索的许用应力$[\sigma]=170$ MPa，钢索 AC、BC 的直径为 10 mm，DA、EB 的直径为 6 mm。试校核各钢索是否满足强度条件。

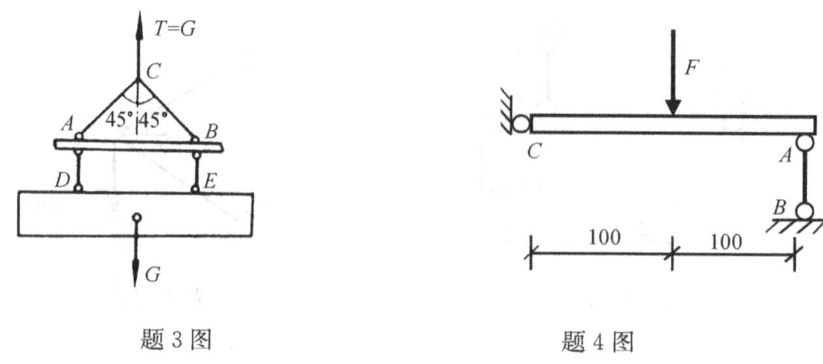

题 3 图　　　　题 4 图

4. 图示结构，已知杆件 AB 横截面面积 $A_{AB}=80\ \text{mm}^2$，材料的许用应力$[\sigma]=120$ MPa，试按强度条件确定最大许可荷载$[F]$。

5. 图示结构，已知杆件 AB 横截面面积 $A_{AB}=800\ \text{mm}^2$，材料的许用应力$[\sigma]=120$ MPa，试按强度条件确定最大许可荷载$[F]$。

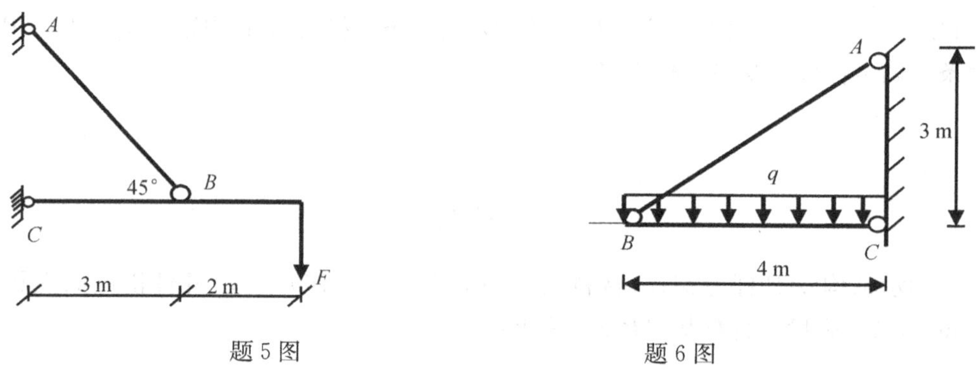

题 5 图　　　　题 6 图

6. 图示结构，已知杆件 AB 横截面面积 $A_{AB}=100\ \text{mm}^2$，材料的许用应力$[\sigma]=160$ MPa，试按强度条件确定最大许可荷载$[q]$。

3.5　直杆轴向拉伸(压缩)时的变形

工程中的直杆在轴向拉伸压缩时产生弹性变形,甚至出现塑性变形。设等截面直杆的原长为 l,横截面面积为 A,直杆的两端承受轴力 F_N,变形量为 Δl。在弹性范围内,变形量 Δl 与轴力 F_N成正比,与直杆原长 l 成正比,与横截面面积 A 成反比:

$$\Delta l=\frac{F_N l}{EA} \tag{3-3}$$

这一力与变形成正比的关系称为**胡克定律**。规定:拉伸时,变形量 Δl 为正;压缩时,变形量 Δl 为负。

变形量 Δl 与杆的原长有关,为了消除杆件长度的影响,将变形量 Δl 除以 l,即以单位长度的伸长量表示杆件的变形程度,比值用 ε 表示,称为**线应变**:

$$\varepsilon=\frac{\Delta l}{l} \tag{3-4}$$

式(3-3)中的 E 为材料的**弹性模量**,与材料的性质有关,其单位与应力单位相同,常用单位为 MPa。材料的弹性模量由实验测定。弹性模量反映材料抵抗拉压弹性变形的能力。由式(3-3)可见,EA 越大,杆件的变形量 Δl 就越小,故称 EA 为杆件的**抗拉(压)刚度**。

将式(3-4)及应力公式 $\sigma=\dfrac{F_N}{A}$代入式(3-3),得

$$\sigma=E\varepsilon \tag{3-5}$$

式(3-5)为**胡克定律的应力-应变形式**。σ、ε 的符号相同,拉伸为正,压缩为负。胡克定律定量地反映弹性体的外力与变形一致,内力与变形一致,分布内力集度与变形程度一致。

胡克定律适用条件:胡克定律只适用于杆内应力未超过某一限度,此限度称为比例极限。式(3-5)可表述为:当应力不超过材料的比例极限时,正应力与线应变成正比。

例 3-10　图 3-19a 为正方形截面混凝土柱,上段柱边长 $a_1=240$ mm,下段柱边长 $a_2=300$ mm。荷载 $P_1=200$ kN,$P_2=270$ kN,不计自重,混凝土的弹性模量 $E=25$ GPa。求柱的总变形。

解:画柱轴力图(图 3-19b)。AB 和 BC 两段的轴力和横截面面积都不同,需分段计算变形。

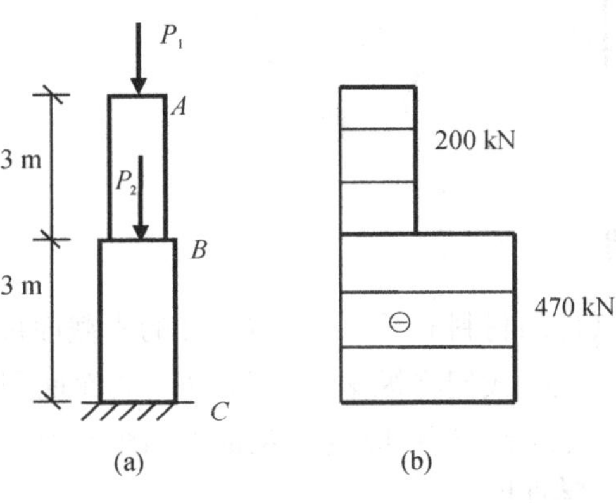

图 3-19

(1)AB 段：

$$\Delta l_{AB}=\frac{F_{NAB}l_{AB}}{EA_{AB}}=\frac{-200\times10^3\,N\times3\times10^3\ \mathrm{mm}}{25\times10^3\ \mathrm{MPa}\times240\times240\mathrm{mm}^2}=-0.4167\ \mathrm{mm}$$

(2)BC 段：

$$\Delta l_{BC}=\frac{F_{NBC}l_{BC}}{EA_{BC}}=\frac{-470\times10^3\,N\times3\times10^3\ \mathrm{mm}}{25\times10^3\ \mathrm{MPa}\times300\times300\ \mathrm{mm}^2}=-0.6267\ \mathrm{mm}$$

(3)总变形：

$$\Delta l=\Delta lAB+\Delta lBC=-0.4167-0.6267=-1.0434\ \mathrm{mm}(\text{缩短})$$

附 1： 轴向荷载作用下材料的力学性能

一、材料的轴向拉伸试验

材料的力学性能由试验测定。拉伸试验是研究材料力学性能最基本、最常用的试验。试验时，首先将标准试件安装在材料试验机的上、下夹头内(图 3-20)，并在标记 m 与 n 处安装测量轴向变形的仪器。然后开动试验机，缓慢加载。随着荷载 F 的增大，试件逐渐被拉长，试验段的拉伸变形用 Δl 表示。拉力 F 与变形 Δl 间的关系曲线如图 3-20 所示，称为试件的拉伸图。

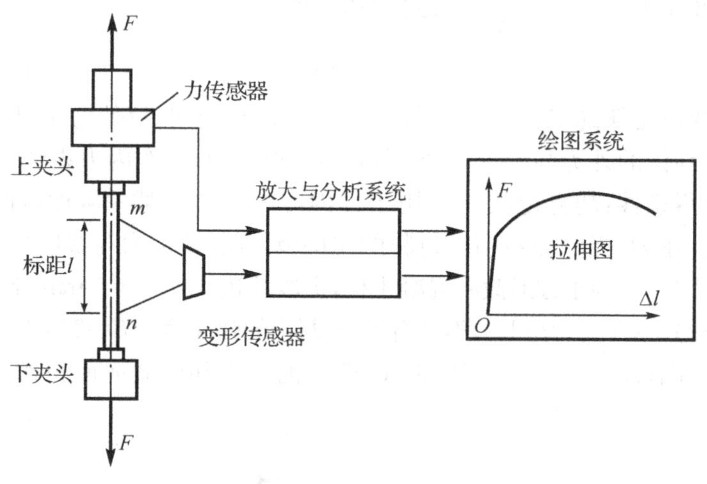

图 3-20

二、应力-应变曲线

显然，拉伸图不仅与试件的材料有关，而且与试件的横截面尺寸及标距的大小有关。为充分反映材料本身的力学性能，我们将纵坐标 F 除以横截面面积 A 成为应力 σ，横坐标 Δl 除以试件原长成为应变 ε，便得到应力-应变关系曲线(图 3-21)。应力-应变关系曲线(σ-ε 曲线)反映了材料本身的力学性能。

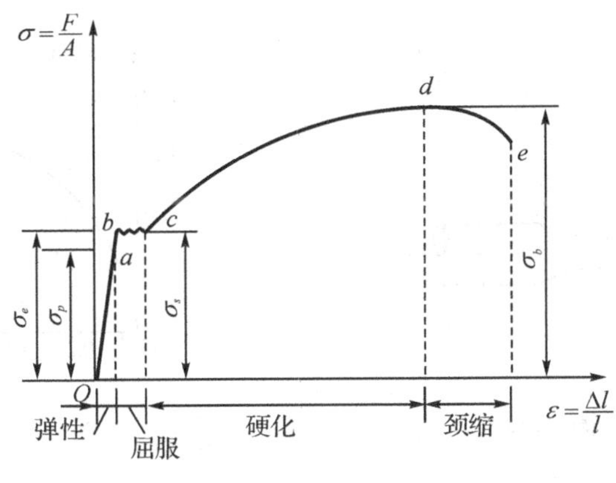

图 3-21

1. 低碳钢拉伸过程的四个阶段

在应力-应变关系曲线图上，低碳钢的拉伸过程分为四个阶段：

(1)**弹性阶段**(图 3-21 中的 ob 段)。在弹性阶段，材料发生弹性变形。当试件的应力不超过 b 点所对应的应力时，去掉拉力后变形全部消失，试件恢复原长。

在弹性阶段内的初始阶段 oa 是一条直线，它表明应力与应变成正比，a 点是应力与应变成正比的最高点，与 a 点对应的应力称为**比例极限**，以 σ_p 表示。在 ab 段上，应力与应变虽然不再成正比，但外荷载去掉后，变形仍能完全消失，说明 ab 段仍属弹性阶段。弹性阶段的最高点 b 所对应的应力称为**弹性极限**，以 σ_e 表示。

(2)**屈服阶段**(图 3-21 中的 bc 段)。从应力-应变关系曲线中看到，在应力超过弹性极限以后，出现一段微小波动的水平段，此时应力没有增加，而应变在迅速增加，表明材料丧失了抵抗变形的能力。这种现象称为材料的屈服或流动，这一阶段称为**屈服阶段**。在波浪线段中，最低点所对应的应力称为**屈服极限**，以 σ_s 表示。

当应力达到屈服极限后再卸载，试件不能恢复原状，试件将产生较大的残余变形。较大的残余变形会影响构件的正常工作，在工程中是不允许的。屈服极限是衡量材料强度的重要指标。

(3)**硬化阶段**(图 3-21 中的 cd 段)　经过屈服阶段后，材料又恢复了抵抗变形的能力，表现为曲线自 c 点开始缓慢上升，直到最高点 d，这种现象称为**应变硬化**。最高点 d 所对应的应力称为强度极限，以 σ_b 表示。

(4)**颈缩阶段**(图 3-21 中的 de 段)　在应力达到强度极限后，试件某一较薄弱部分的横截面面积显著减小收缩，称为**颈缩现象**(图 3-22)。至 e 点被拉断瞬时试件应变最大，试件断裂后所施加的拉力消失，试件总变形中的弹性部分消失，塑性应变残留在试件上。

上述低碳钢拉伸的四个阶段中，有三个有关强度性质的指标，即比例极限 σ_p、屈服极限 σ_s、强度极限 σ_b。一般用 σ_p 表示材料的弹性范围；σ_s 是衡量材料强度的一个重要指标，当应力达到 σ_s 时，杆件发生显著的塑性变形，无法正常使用；σ_b 是衡量材料强度的另一个重要指标，当应力达到 σ_b 时，杆件出现颈缩并很快被拉断。

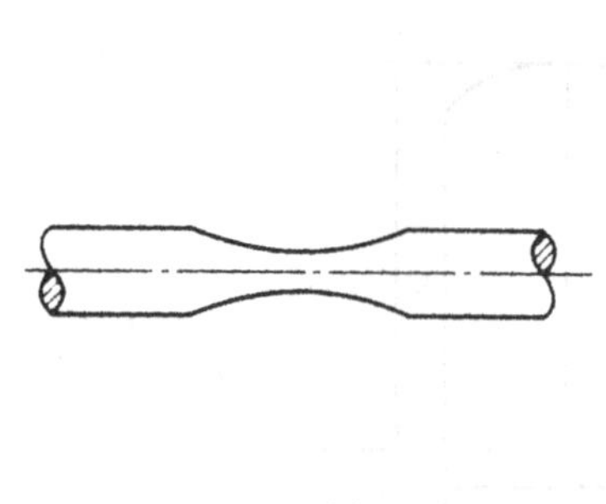

图 3-22

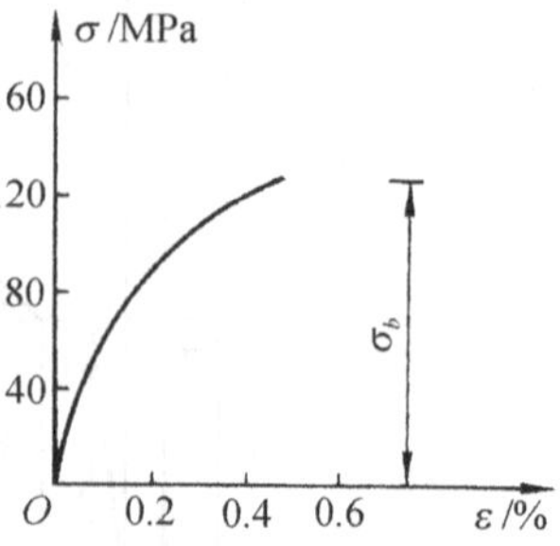

图 3-23

2. 铸铁在拉伸时的应力-应变关系曲线

图 3-23 为铸铁在拉伸时的应力-应变关系曲线，图中无明显的直线部分。这表明铸铁的应力与应变不成正比，也不存在屈服阶段和颈缩阶段，断裂时的应力就是强度极限。

三、低碳钢和铸铁拉压性能比较

图 3-24 为低碳钢压缩试验的应力-应变关系曲线，图 3-25 为铸铁压缩试验的应力-应变关系曲线。比较以上各应力-应变关系曲线，我们得出结论：低碳钢的拉伸和压缩的应力-应变关系曲线都有屈服阶段，说明其在破坏之前有很好的塑性变形；铸铁的拉伸和压缩的应力-应变关系曲线都没有屈服阶段，破坏是突然的。低碳钢有较好的塑性变形，这类材料称为**塑性材料**；铸铁的塑性变形较小，这类材料称为**脆性材料**。

总的说来，塑性材料的力学性能较脆性材料好。在实际应用中，不但要从材料本身的力学性能方面考虑，还必须从合理发挥材料性能和经济性方面考虑。

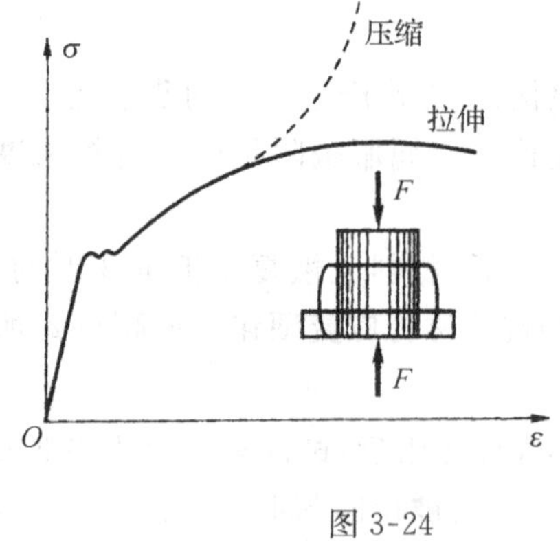

图 3-24

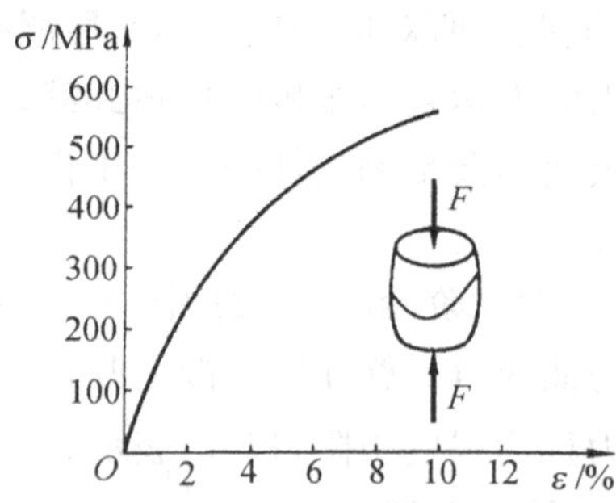

图 3-25

附 2:直杆轴向拉伸压缩在工程中的应用

一、工程中的轴向拉伸压缩直杆

图 3-26a 中,屋盖为网架结构,各杆简化为轴向拉伸压缩直杆。网架结构是由多根杆件按照一定的网格形式通过节点连结而成的空间结构。具有空间受力、重量轻、刚度大、抗震性能好等优点;网架结构广泛用作体育馆、展览馆、俱乐部、影剧院、食堂、会议室、候车厅、飞机库、车间等的屋盖结构。具有工业化程度高、自重轻、稳定性好、外形美观的特点。图 3-26b 中,晴川桥为下承式钢管混凝土系杆拱桥。它的吊索及系杆(位于桥面之下)为拉杆。

(a) 屋盖的网架结构

(b) 晴川桥

图 3-26　工程中的轴向拉伸压缩直杆

二、动荷载对轴向拉压杆件的影响

在工程实践中,主要的动荷载有三类:

1. **冲击荷载**。冲击荷载的特点是作用时间极短,但其数值很大。打桩机打桩、发射火箭时的反推力等均属于冲击荷载。

2. **突加荷载**。荷载突然以其全部大小施加于结构上,然后在足够长的一段时间里基本保持不变,可近似地按照突加荷载处理。吊车或车辆的制动力,起重机吊着重物加速上升时吊索受到的惯性力,以及当机动车驶上桥梁时,这些突然施加在结构上的作用力即为突加荷载。

3. **反复荷载**。荷载的大小和方向随时间作周期性变化的荷载称为反复荷载。活塞在汽缸里往复运动,活塞杆一会儿受拉,一会儿受压,这种有规律的变化作用力就是反复荷载。

结构在动荷载作用下的效应与结构本身有密切关系,动荷载产生的动力效应一般大于相应的静力效应,甚至在一个不大的动荷载作用下,结构受到严重破坏。例如,一个长 6 m,直径 240 mm 的木桩受到打桩机重锤的冲击。如果重锤重 1.6 kN,从距离桩顶 0.4 m 高处自由落下,所产生的木桩的冲击应力约为 7 MPa,是同等静荷载产生静应力的 180 倍。再如，起重机起吊重物禁止不动时，钢缆绳不断，但是，若用很大的加速度吊起重物时，钢缆绳可能被拉断。此外，活塞杆受到的反复荷载将使其变“脆”，即应力还远远小于它的强度极限时就产生了明显的变形和突然断裂，这种破坏称为“疲劳破坏”。

3.5 习题

A类

一、填空题

1. 轴向拉(压)杆用胡克定律求变形时，应用条件是________________。胡克定律两种表达式为________和________；其中EA称为________。

2. 在________范围内正应力与正应变成正比。

3. 低碳钢拉伸过程经历了________、________、________、________四个阶段。

4. 应力-应变曲线上三个特征点对应的应力分别为材料的________________。

二、选择题

1. 材料在轴向拉伸时，在比例极限内，线应变与(　　)成正比。

A. 正应力　　B. 切应力

C. 弹性模量　　D. 杆长

2. 胡克定律适用条件为应力不超过材料的(　　)。

A. 屈服极限　　B. 强度极限

C. 比例极限　　D. 弹性极限

3. 直杆轴向拉伸时，用单位长度的轴向变形来表达其变形程度，称为轴向(　　)。

A. 线应变　　B. 角应变

C. 线变形　　D. 拉伸

4. 低碳钢拉伸图通常分为(　　)个阶段。

A. 1　　B. 2　　C. 3　　D. 4

5. 低碳钢的比例极限发生在拉伸过程中的(　　)阶段。

A. 弹性　　B. 屈服　　C. 强化　　D. 颈缩

6. 低碳钢的屈服极限发生在拉伸过程中的(　　)阶段。

A. 弹性　　B. 屈服　　C. 强化　　D. 颈缩

7. 低碳钢的破坏发生在拉伸过程中的(　　)阶段。

A. 弹性　　B. 屈服　　C. 强化　　D. 颈缩

B类

一、选择题

1. 弹性模量 E 与(　　)有关。

A. 应力与应变　　B. 杆件的材料

C. 外力的大小　　D. 杆件长度

2. 其他条件不变时,轴向拉压杆杆长增加一倍,则线应变将(　　)。

A. 增大　　B. 减少　　C. 不变　　D. 不能确定

3. 材料的抗拉、压刚度为(　　)。

A. EA　　B. EI　　C. AI　　D. I_Z/Y_C

4. 弹性模量 E 的单位为(　　)。

A. N　　B. N/m　　C. N/m^2　　D. $MPa/\ m^2$

5. 材料在轴向拉伸时,在比例极限内,线应变与(　　)成正比。

A. 正应力　　B. 切应力　　C. 弹性模量　　D. 杆长

6. 等直杆受轴向拉压,当应力不超过比例极限时,杆件的轴向变形与横截面面积成(　　)。

A. 正比　　B. 反比　　C. 不成正比　　D. 不成反比

7. 胡克定律公式为 $\Delta l=\frac{F_N l}{EA}$,其另一表达式为(　　)。

A. $\sigma=\frac{F_N}{A}$　　B. $\varepsilon=\frac{\Delta l}{l}$　　C. $\sigma=E\varepsilon$　　D. $\Delta l=l_1-l$

8. 杆件的应变与杆件的(　　)有关。

A. 外力　　B. 外力、截面

C. 外力、截面、材料　　D. 外力、截面、杆长、材料

9. 杆件的变形与杆件的(　　)有关。

A. 外力　　B. 外力、截面

C. 外力、截面、材料　　D. 外力、截面、杆长、材料

10. EA 叫做杆的抗拉压刚度,在其他条件相同时,EA 越大,则杆件的变形就(　　)。

A. 越小　　B. 越大　　C. 不变　　D. 无法确定

11. 有一横截面面积为 A 的圆截面杆件受轴向拉力作用,若将其改为截面积仍为 A 的空心圆截面杆件,其他条件不变,以下结论正确的(　　)。

A. 轴力增大,正应力增大,轴向变形增大

B. 轴力减小,正应力减小,轴向变形减小

C. 轴力增大,正应力增大,轴向变形减小

D. 轴力、正应力、轴向变形均不发生变化

12. 两根材料相同、横截面面积相等的直杆,受相同的轴向拉力,若 $L_A>L_B$,两杆的绝对变形和相对变形关系为(　　)。

A. $\Delta LA=\Delta LB, \varepsilon_A=\varepsilon_b$　　B. $\Delta L_A>\Delta L_B, \varepsilon_A=\varepsilon_B$

C. $\Delta LA>\Delta L_B, \varepsilon_A>\varepsilon_B$　　D. $\Delta L_A<\Delta L_B, \varepsilon_A<\varepsilon_B$

二、判断题

1. 杆件越长线应变越大。(　　)

2. EA 称为杆件的抗拉(压)刚度,EA 越大杆件的变形越大。(　　)

3. 弹性模量单位与应力单位相同。(　　)

4. 在其他条件相同时,材料的弹性模量越大,杆件变形越小。(　　)

5. 两根拉杆受力相同、横截面面积相同,材料和长度不同,则两杆的变形不同。(　　)

6. 抗拉压刚度与材料以及截面积有关。(　　)

7. 在弹性范围内,杆件的正应力和正应变成正比。(　　)

8. 设两根受拉试件的横截面面积、长度及荷载均相等,而材料不同,则它们的应力和应变均相同。(　　)

9. 两根拉杆受力相同、横截面面积相同,而材料和长度不同,则两杆的正应力一定不同。(　　)

三、图示变截面杆件,已知材料比例极限 $\sigma_p=120$ MPa,弹性模量 $E=200$ GPa,试计算杆件总变形。

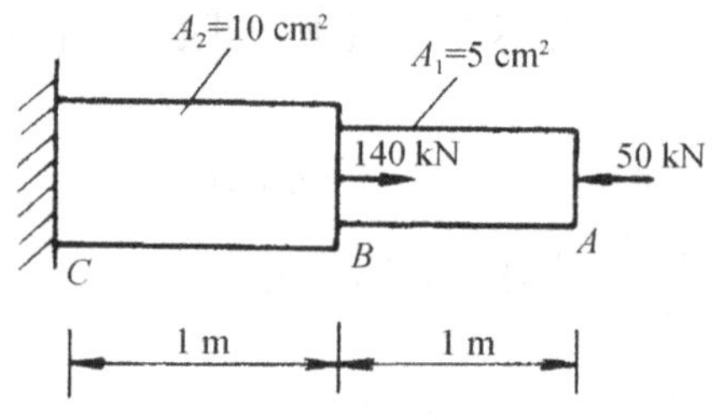

C 类

一、选择题

1. 长度和横截面相同的钢杆和铜杆,受相同的轴向外力作用,则两杆具有相同的(　　)。

A. 总变形　　B. 内力和应力

C. 线应变　　D. 强度

2. 两根拉杆的材料、横截面积和受力均相同,而一杆的长度为另一杆长度的两倍。试比较它们的轴力、横截面上的正应力、轴向正应变和轴向变形。下面的答案哪个正确?(　　)

A. 两杆的轴力、正应力、正应变和轴向变形都相同。

B. 两杆的轴力、正应力相同,而长杆的正应变和轴向变形较短杆的大。

C. 两杆的轴力、正应力和正应变都相同,而长杆的轴向变形较短杆的大。

D. 两杆的轴力相同,而长杆的正应力、正应变和轴向变形都较短杆的大。

3. 对于在弹性范围内受力的拉(压)杆,下面说法中,(　　)是错误的。

A. 长度相同、受力相同的杆件,抗拉(压)刚度越大,轴向变形越小。

B. 材料相同的杆件,正应力越大,轴向正应变也越大。

C. 杆件受力相同,横截面面积相同但形状不同,其横截面上轴力相等。

D. 正应力是由于杆件所受外力引起的,故只要所受外力相同,正应力也相同。

4. 轴向拉压杆，截面直径增大一倍，其他条件不变，杆件绝对变形为原来(　　)倍。

A. 2　　B. 1/2　　C. 4　　D. 1/4

二、拉伸试验时，试件直径 $d=10$ mm，在标距 $l=100$ mm 内的伸长量 $\Delta l=0.06$ mm。已知材料比例极限 $\sigma_p=200$ MPa，弹性模量 $E=200$ GPa，求此试件的应力和所受的拉力。

三、截面为正方形的阶梯砖柱，上柱高 $H_1=3$ m，截面面积 $A_1=240\times240$ mm^2，下柱高 $H_2=4$ m，截面面积 $A_2=370\times370$ mm^2，荷载 $P=40$ kN，砖砌体的弹性模量 $E=3000$ MPa，不考虑砖柱自重，试计算：(1)上、下柱的轴力和正应力；(2)上、下柱的应变；(3)截面 A、B 向下的位移 ΔA 和 ΔB。

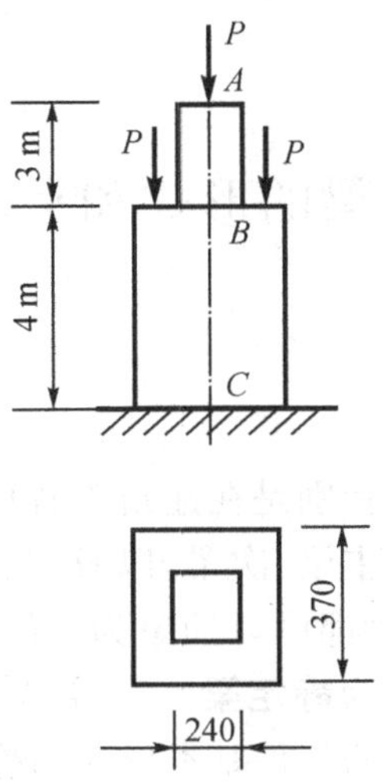

第4章 直梁弯曲

4.1 梁的形式和平面弯曲

一、梁的形式

工程中弯曲变形的构件很多。特别是在建筑工程中，梁占有重要的地位。例如厂房中的吊车梁，阳台的挑梁，支承楼面的主梁、次梁，以及门、窗过梁等。凡是以弯曲为主要变形的杆件，工程上通称为**梁**。大多数梁都可以抽象为轴线为直线的梁——**直梁**。仅凭静力平衡方程能够完全确定未知力的梁称为**静定梁**。悬臂梁[图 4-1(a)]、简支梁[图 4-1(b)]、外伸梁[图 4-1(c)]是土木工程中常用的三种基本形式的静定梁。它们可以组成连续几跨的**多跨静定梁**。

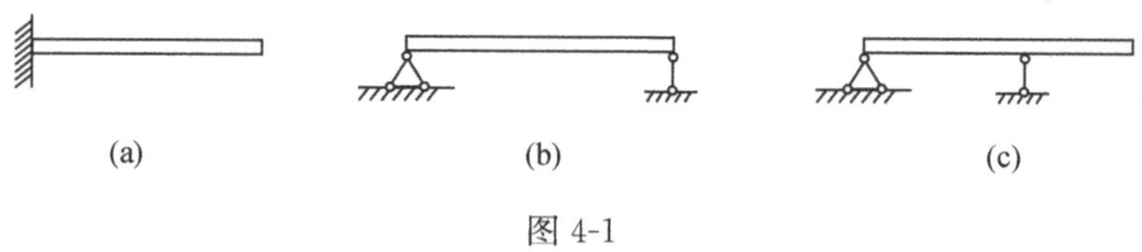

图 4-1

二、平面弯曲

工程中常见梁的弯曲有如下特征：

(1)几何特征：梁的横截面有对称轴。所有横截面的对称轴集合成纵向对称平面(图 4-2)。

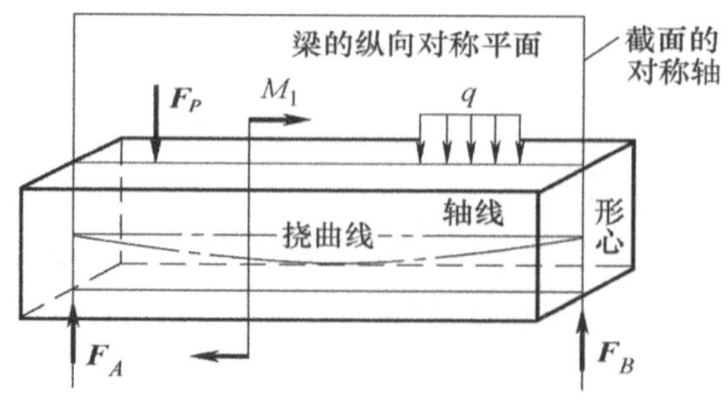

图 4-2

(2)受力特征:梁上的外力垂直于梁的轴线;外力、外力偶(包括荷载和支座约束力)作用在纵向对称平面内。

(3)变形特征:梁的轴线在纵向对称平面内弯成一条曲线。梁弯曲后的轴线,称为**挠曲线**。

由于梁变形后的轴线在外力所在的平面内,因此也称**平面弯曲**。

4.1　习题

一、填空题

1. 梁横截面的纵向对称轴与梁轴线所组成的平面称________。若外力作用平面与梁的________重合时,梁发生的变形称为平面弯曲。

2. 以弯曲变形为主要变形的杆件称________。单跨静定梁按支座情况分类为________、________、________。

二、选择题

1. 平面弯曲发生的外力条件是(　　)。

A. 梁两端受有大小相等,方向相反,作用线重合的外力作用

B. 梁两端受有大小相等,转向相反,作用面与轴线垂直的力偶作用

C. 梁的纵向对称面内受有外力(包括力偶)的作用

2. 梁的一端固定,另一端自由的梁称为(　　)梁。

A. 简支　　B. 外伸　　C. 悬臂　　D. 多跨

3. 梁的一端固定铰支座,另一端用可动铰支座支承的梁称为(　　)梁。

A. 简支　　B. 外伸　　C. 悬臂　　D. 多跨

4. 简支梁的一端或两端伸出支座外的梁称为(　　)梁。

A. 简支　　B. 外伸　　C. 悬臂　　D. 多跨

5. 弯曲变形的变形特点是(　　)。

A. 杆轴沿外力方向伸长、缩短

B. 各横截面绕杆轴发生相对转动

C. 两力之间的横截面发生相对错动

D. 杆轴由直线变成曲线

6. 梁的变形以(　　)为主。

A. 轴向变形　　B. 剪切变形　　C. 扭转变形　　D. 弯曲变形

7. 简单静定梁有(　　)种形式。

A. 1　　B. 2　　C. 3　　D. 4

三、判断题

1. 挠曲线是梁轴线变形后形成的轴线。(　　)

2. 平面弯曲时,梁轴线一定在荷载作用平面内弯成曲线。(　　)

3. 梁是受压构件。(　　)

四、画出以下梁的弯曲变形图(挠曲线)

1.

2.

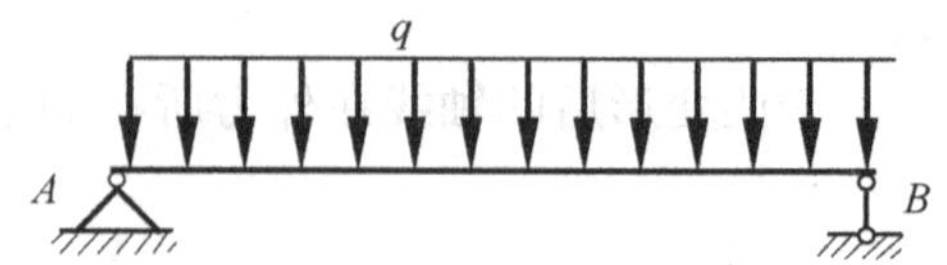

3.

4.

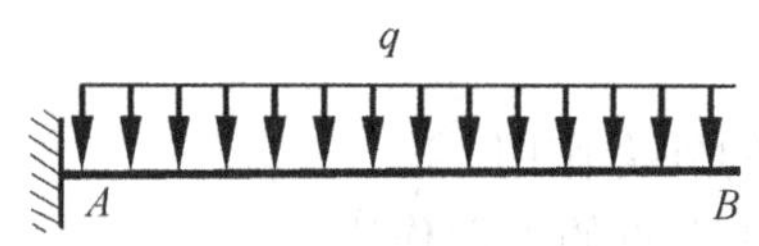

5.

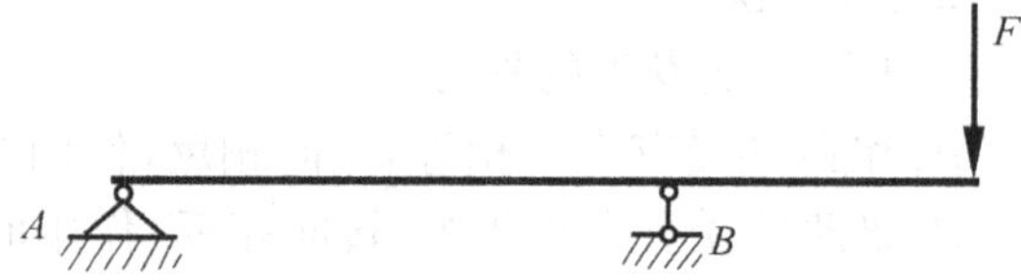

4.2 梁的内力

一、梁的剪力和弯矩

1. 梁横截面的内力

用截面法显示梁横截面的内力[图 4-3(b)]。由于梁上的外力垂直于轴线且在纵向对称平面内，从平衡的角度看，梁横截面的内力只能位于纵向对称平面内：横向集中内力对应剪切变形，称为**剪力**，用 F_s 表示；内力偶对应弯曲变形，它的力偶矩称为**弯矩**，用 M 表示。剪力的单位为 N 或 kN，弯矩的单位为 Nm 或 kNm。

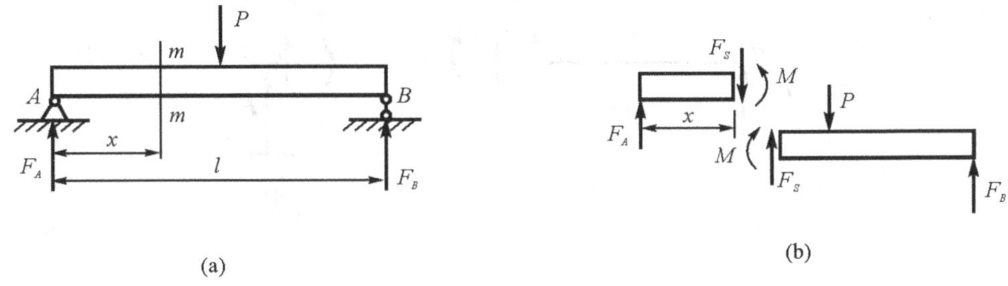

图 4-3

2. 剪力和弯矩的正负号规定

剪力和弯矩的方位确定[图 4-3(b)]，可以用正负号来区别截然相反的两种指向。依据内力与变形一致的关系，用横截面附近梁段的变形方向来规定剪力、弯矩的正负号：**对应横截面附近梁段顺时针方向错动的剪力为正**，反之为负[图 4-4(a)]；**对应横截面附近梁段下凸弯曲(下侧受拉)的弯矩为正**，反之为负[图 4-4(b)]。

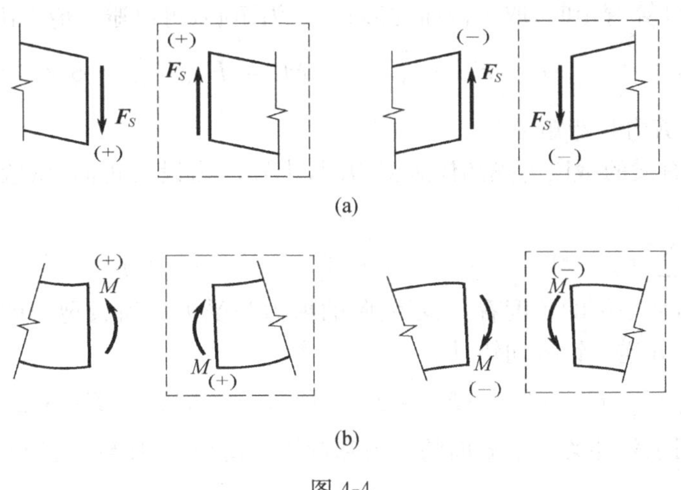

图 4-4

3. 用截面法计算梁的剪力和弯矩的步骤为：

(1)在计算内力之前，应求出须用的支座约束力；

(2)假想地在欲求内力的横截面处将梁截为两段，取便于计算的一段为研究对象；

(3)画研究对象的受力图，在截面上剪力和弯矩须设为正向；

(4)建立平衡方程求出剪力和弯矩。

例 4-1 求图 4-5(a)所示简支梁指定截面的剪力和弯矩。1 截面无限靠近跨中 C 截面；2 截面无限靠近 B 支座。已知 $F_P=10$ kN，$l=4$ m。

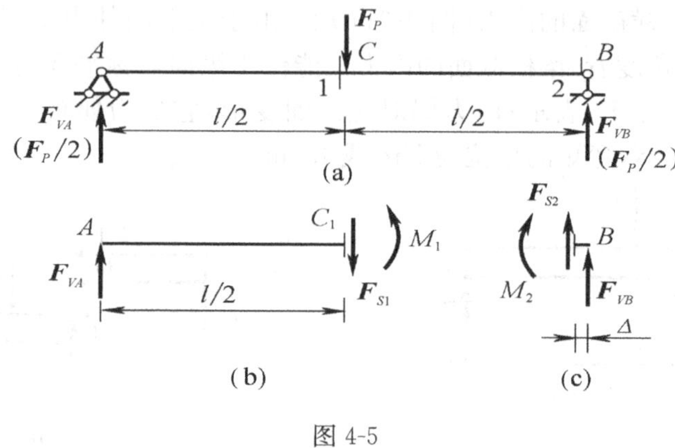

图 4-5

解：可将支座约束力画在支座的下面，力的作用线通过固定铰或可动铰，标上力的字符[图 4-5(a)]。梁受力对称，判断出两端竖向支座约束力的大小等于荷载的一半。

$$F_{VB}=F_{VA}=\frac{F_P}{2}=5\text{ kN}(\uparrow)$$

(1)1 截面的剪力和弯矩

取 1 截面以左梁段为隔离体画受力图，未知内力设为正向[图 4-5(b)]。

$$\sum F_y=0 \qquad F_{VA}-F_{S1}=0 \qquad F_{S1}=F_{VA}=5\text{ kN}$$

列力矩方程计算弯矩时，取 1 截面的形心 C_1 为矩心，可以避开剪力出现：

$$\sum M_{C_1}(F)=0 \quad M_1-F_{VA}\cdot\frac{l}{2}=0 \quad M_1=F_{VA}\cdot\frac{l}{2}=5\times 2=10\text{ kNm}$$

(2)2 截面的剪力和弯矩

取 2 截面以右梁的微段为隔离体画受力图，未知内力设为正向，微段长度 $\Delta\to 0$[图 4-5(c)]。

$$\sum F_y=0 \qquad F_{S2}+F_{VB}=0 \qquad F_{S2}=-F_{VB}=-5\text{ kN}$$

剪力为负值，从平衡的角度看，表示实际的剪力与受力图所设剪力的方向相反；从变形的角度看，梁在此处逆时针方向错动。

$$\sum M_{C_2}(F)=0 \qquad F_{VB}\cdot\Delta-M_2=0 \qquad M_2=F_{VB}\cdot\Delta=0$$

练一练：求图示外伸梁 1、2 截面的剪力和弯矩。荷载、支座约束已知，如图所示。

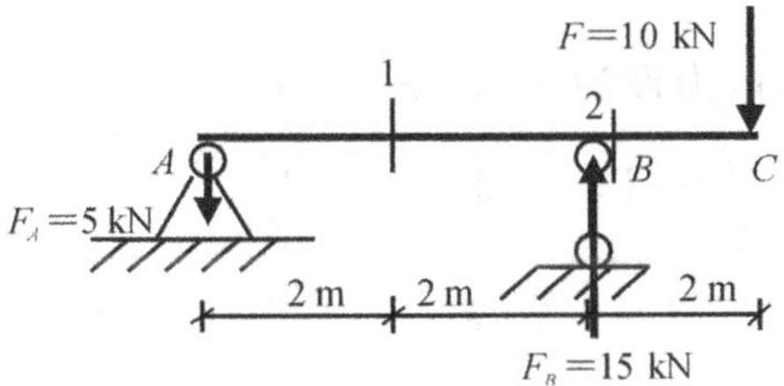

例 4-2　图 4-6a 所示悬臂梁，(1)已知 $q=10\ \text{kN/m}$，$l=4\ \text{m}$，2 截面无限靠近 B 支座。求图示 1、2 截面的剪力和弯矩。(2)试写出到 A 端距离为 x 处截面的剪力和弯矩。

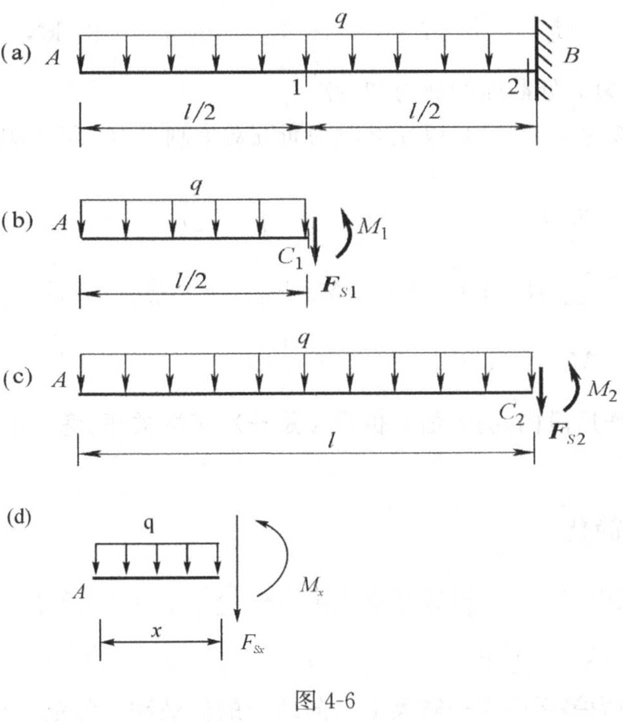

图 4-6

解：用截面法计算悬臂梁的内力，总可以截取包括自由端的梁段为研究对象。因此，不用计算固定端支座约束力。

(1)1 截面的剪力和弯矩

取 1 截面以左梁段为研究对象画受力图,未知内力设为正向[图 4-6(b)]。

$$\sum F_y = 0 \qquad -q \times \frac{l}{2} - F_{S1} = 0$$

$$F_{S1} = -q \times \frac{l}{2} = -10 \times 2 = -20\ \text{kN}$$

列力矩方程计算弯矩时,取 1 截面的形心 C_1 为力矩中心:

$$\sum M_{C_1}(F) = 0 \qquad M_1 + q \times \frac{l}{2} \times \frac{l}{4} = 0$$

$$M_1 = -q \times \frac{l}{2} \times \frac{l}{4} = -10 \times 2 \times 1 = -20\ \text{kNm}$$

弯矩为负值,从平衡的角度看,表示实际的弯矩与受力图上所设的指向相反;从变形的角度看,梁在此处为上凸弯曲,即梁段的上侧受拉。

(2)2 截面的剪力和弯矩

取 2 截面以左梁段为研究对象画受力图,未知内力设为正向(图 4-6c)。

$$\sum F_y = 0 \qquad -q \times l - F_{S2} = 0$$

$$F_{S2} = -q \times l = -10 \times 4 = -40\ \text{kN}$$

$$\sum M_{C_2}(F) = 0 \qquad M_2 + q \times l \times \frac{l}{2} = 0$$

$$M_2 = -q \times l \times \frac{l}{2} = -10 \times 4 \times 2 = -80\ \text{kNm}$$

(3)到 A 端距离为 x 处截面的剪力和弯矩

任取到 A 端距离为 x 处截面,以左梁段为研究对象画受力图,未知内力设为正向[图 4-6(d)]。

$$\sum F_y = 0 \qquad -q \times x - F_{Sx} = 0 \qquad F_{Sx} = -qx$$

$$\sum M_{Cx}(F) = 0 \qquad M_x + q \times x \times \frac{x}{2} = 0$$

$$M_x = -q \times x \times \frac{x}{2} = -\frac{1}{2}qx^2$$

可见,**均布荷载作用段内,剪力值与位置 x 是一次函数关系,弯矩值与位置 x 是二次函数关系。**

二、截面法的简化

计算剪力是对截面左(或右)段梁建立投影方程 $\sum F_y = 0$,经过移项,可得

$$F_S = \sum F_{左} \qquad \text{或} \qquad F_S = \sum F_{右}$$

即梁横截面的**剪力等于截面一侧梁上横向外力的代数和**。各项的正负号这样取定:假想地固定截面,**外力单独作用使截面附近梁段顺时针方向错动取正**(图 4-7)。即看截面左段上的外力,取向上为正;看截面右段上的外力,取向下为正。

(剪力计算口诀:左段外力向上,右段外力向下取正)

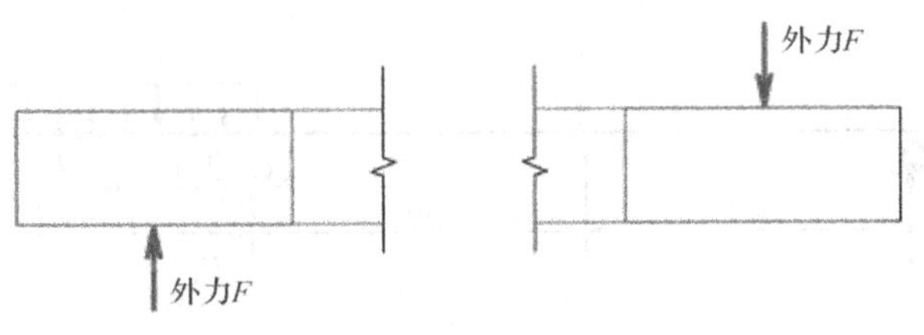

图 4-7

同理，计算弯矩是对截面左（或右）段梁建立力矩方程 $\sum M_C(F)=0$，经过移项，可得

$$M=\sum M_C(F_{左}) \qquad 或 \qquad M=\sum M_C(F_{右})$$

即横截面的**弯矩等于截面一侧梁上外力对截面形心之矩的代数和**。各项的正负号这样取定：假想地固定截面，**外力单独作用使截面附近梁段下凸弯曲取正**（图 4-8）。即看截面左段上的外力，对截面形心之矩取顺时针转向为正；看截面右段上的外力，对截面形心之矩取逆时针转向为正。

（弯矩计算口诀：左段顺时针，右段逆时针取正）

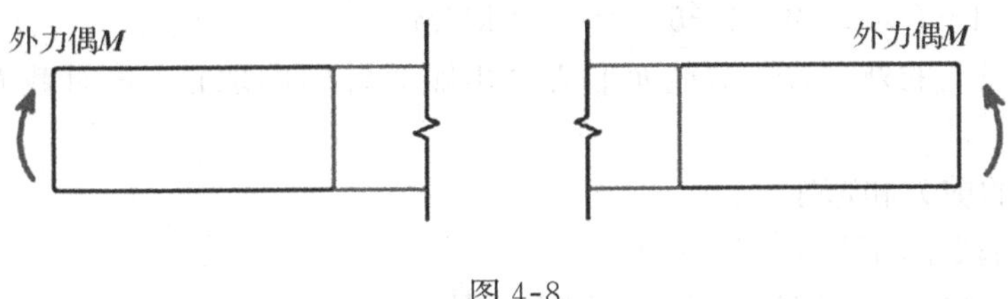

图 4-8

例 4-3　用截面法的简化方法计算图 4-9(a)所示外伸梁 C 左、B 左、E 截面的剪力和弯矩。

解：(1)计算支座约束力

$F_A=2$ kN(↑)，　　　　$F_B=5$ kN(↑)

(2)C 左截面的剪力和弯矩

看 C 左截面左段上的外力(图 4-9b)

$F_{SC左}=F_A=2$ kN（看截面左段上的外力，F_A 向上取正）

$M_{C左}=F_A\times2=2\times2=4$ kNm

（看截面左段上的外力，F_A 对截面形心之矩顺时针转向取正）

(3)B 左截面的剪力和弯矩

看 B 左截面右段上的外力(图 4-9c)

$F_{SB左}=-F_B+q\times2=-5+1\times2=-3$ kN

（看截面右段上的外力，q 向下取正，F_B 向上取负）

$M_{B左}=-q\times2\times1=-1\times2\times1=-2$ kNm

（看截面右段上的外力，q 对截面形心之矩顺时针转向取负）

或　看 B 左截面左段上的外力(图 4-9d)

$F_{SB左}=F_A-F=2-5=-3$ kN

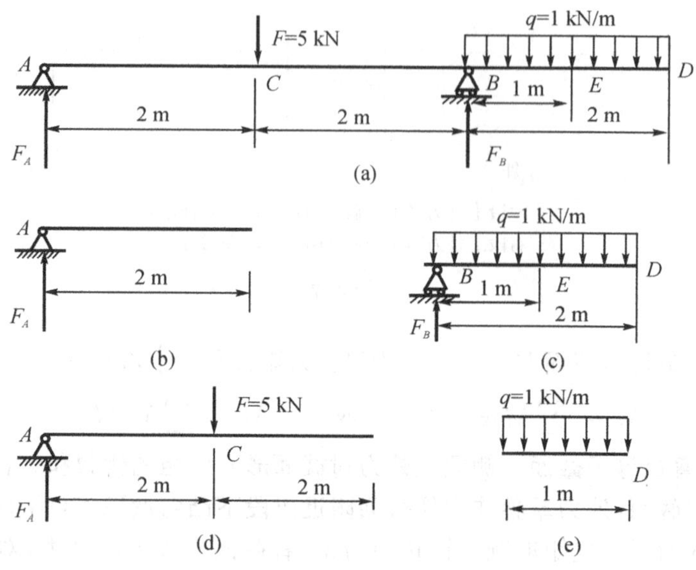

图 4-9

(看截面左段上的外力,F_A 向上取正,F 向下取负)

$M_{B左}=F_A\times4-F\times2=2\times4-5\times2=-2\ \text{kNm}$

(看截面左段上的外力,F_A 对截面形心之矩顺时针转向取正, F 对截面形心之矩逆时针转向取负)

(4)E 截面的剪力和弯矩

看 E 截面右段上的外力(图 4-9e)

$F_{SE}=q\times1=1\times1=1\ \text{kN}$(看截面右段上的外力,$q$ 向下取正)

$M_E=-q\times1\times\frac{1}{2}=-1\times1\times\frac{1}{2}=-0.5\ \text{kNm}$

(看截面右段上的外力,q 对截面形心之矩顺时针转向取负)

练一练:用简易截面法计算下图中 A、B、C 截面的剪力和弯矩。

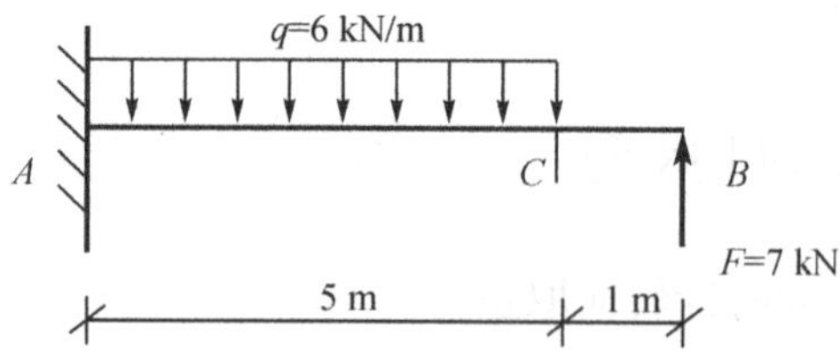

例 4-4　用截面法的简化方法计算图 4-10 所示指定截面的剪力和弯矩。各截面无限接近集中力、力偶的作用点，接近均布荷载的起始点，接近支座，即图中所标的 $\Delta \to 0$。

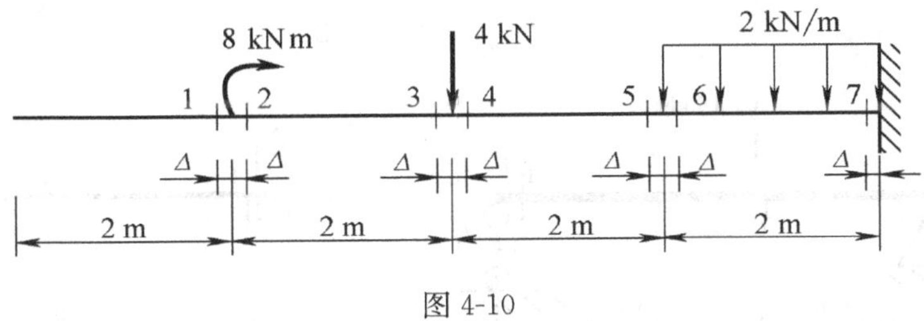

图 4-10

解：计算悬臂梁的内力时，选含自由端的梁段为研究对象，可以避开求支座约束力。

1 截面：　$F_{S1}=0$

　　　　　$M_1=0$

2 截面：　$F_{S2}=0$（力偶在坐标轴上的投影为零）

　　　　　$M_2=8\ \text{kNm}$

3 截面：　$F_{S3}=0$

　　　　　$M_3=8\ \text{kNm}$（力偶对任一点之矩等于力偶矩本身）

4 截面：　$F_{S4}=-4\ \text{kN}$

　　　　　$M_4=8-4\cdot\Delta=8\ \text{kNm}$

5 截面：　$F_{S5}=-4\ \text{kN}$

　　　　　$M_5=8-4\times2=0$

6 截面：　$F_{S6}=-4-2\cdot\Delta=-4\ \text{kN}$

　　　　　$M_6=8-4\times2-2\cdot\Delta\times\dfrac{\Delta}{2}=0$

7 截面：　$F_{S7}=-4-2\times2=-8\ \text{kN}$

　　　　　$M_7=8-4\times4-2\times2\times1=-12\ \text{kNm}$

比较计算结果，可见**集中荷载作用点左右截面的剪力值不相等，相差集中荷载的大小；力偶作用点左右截面的弯矩值不相等，相差力偶矩的大小**。其他梁内力规律请同学们自己总结。

4.2　习题

A 类

一、填空题

1. 由于梁上的外力垂直于轴线且位于纵向对称平面内，从平衡角度看，梁横截面的内力只能是位于纵向对称平面的________ 和________。

2. 梁的内力正负号规定弯矩使梁________为正，剪力使所取隔离体________为正。

3. 梁某截面上的剪力，在数值上等于所取隔离体上，与截面平行的________的代数和。

梁某截面上的弯矩，在数值上等于所取隔离体上全部外力________的力矩代数和。

二、用截面法的简化方法计算梁指定截面内力

1.

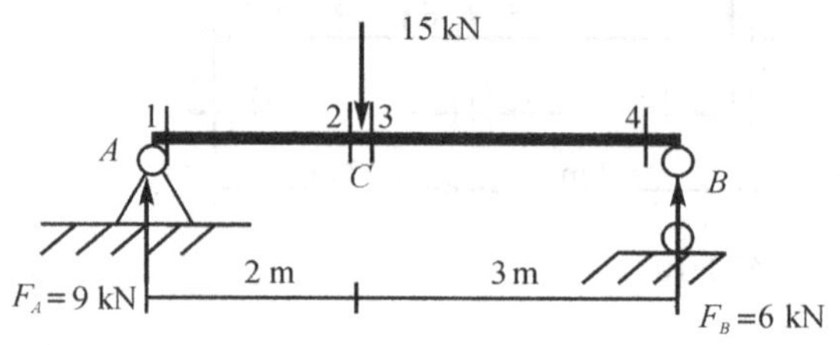

2.

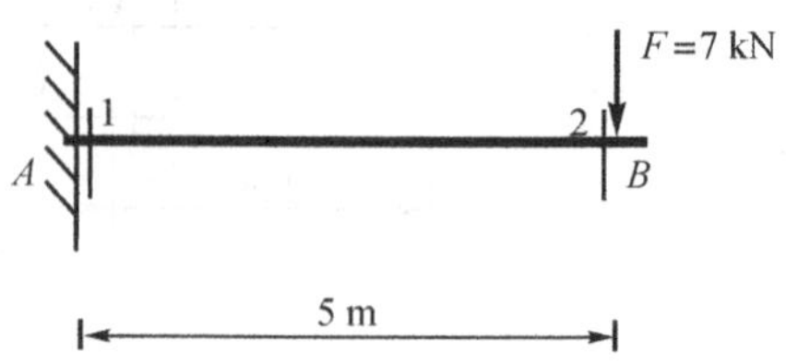

B类

一、选择题

1. 使用截面法求弯矩，其弯矩的数值与(　　)相等。

A. 梁上所有外力对截面形心处取矩的代数和

B. 该截面左(右)段梁上所有外力对任意点取矩的代数和

C. 该截面左(右)段梁上所有外力对截面形心取矩的代数和

D. 该截面左(右)段梁上所有外力对截面方向投影的代数和

2. 梁横截面上弯矩的正负号规定为(　　)。

A. 顺时针转向为正，逆时针转向为负　　B. 逆时针转向为正，顺时针转向为负

C. 使所选隔离体向上凸为正，反之为负　　D. 使所选隔离体向下凸为正，反之为负

3. 剪力的正负号规定为(　　)。

A. 向上作用的剪力为正，反之为负

B. 向下作用的剪力为正，反之为负

C. 使所选隔离体顺时针转向为正，逆时针转向为负

D. 使所选隔离体逆时针转向为正，顺时针转向为负

4. 图示为发生弯曲变形的一段梁，则截面 1-1 上内力的正负号为(　　)。

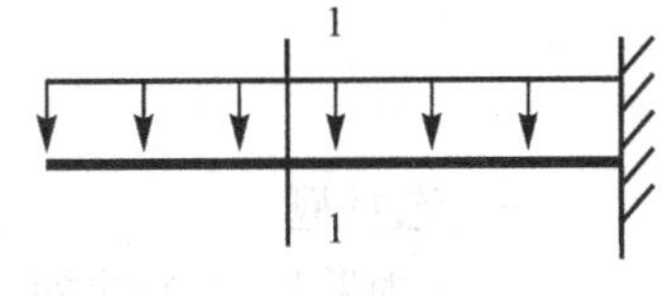

A. F_s(＋)、M(－)　　　　B. F_s(＋)、M(＋)

C. F_s(－)M(＋)　　　　D. F_s(－)、M(－)

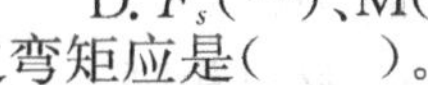

5. 图示力偶对 A 截面之弯矩应是(　　)。

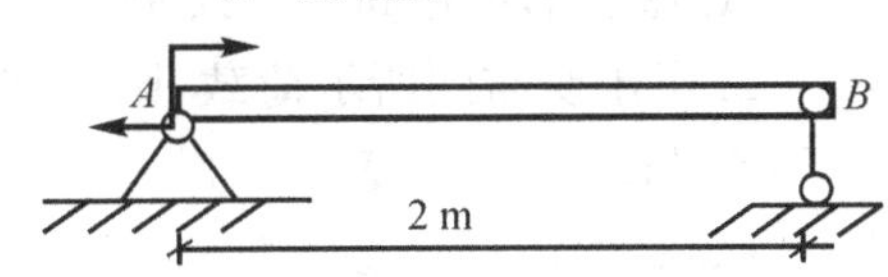

A. 0　　　　B. 1. 5 kNm

C. －1. 5 kNm　　　　D. 3 kNm

6. 图示梁跨中弯矩为(　　) kNm。

A. 4　　B. 8　　C. 0　　D. －8

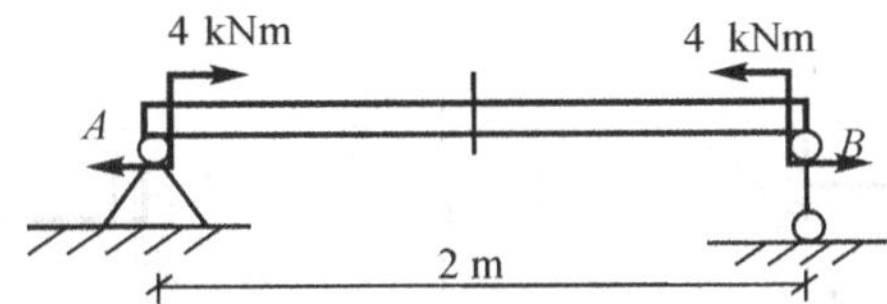

二、判断题

1. 剪力以对所取的隔离体有顺时针错动趋势为正。(　　)

2. 对应横截面附近梁段下凸弯曲(下侧受拉)的弯矩为正。(　　)

三、用截面法的简化方法计算梁指定截面内力

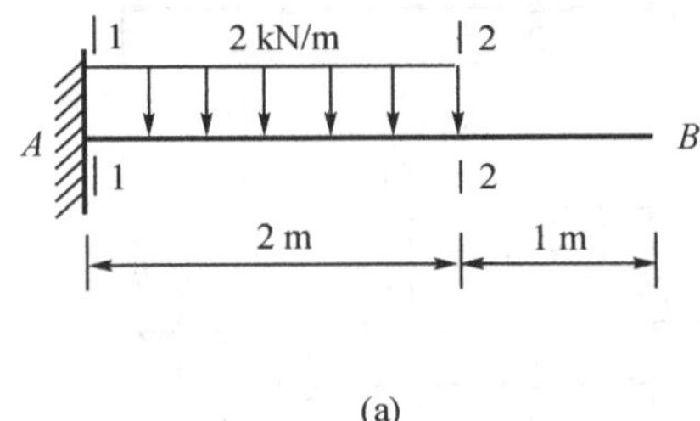

(a)

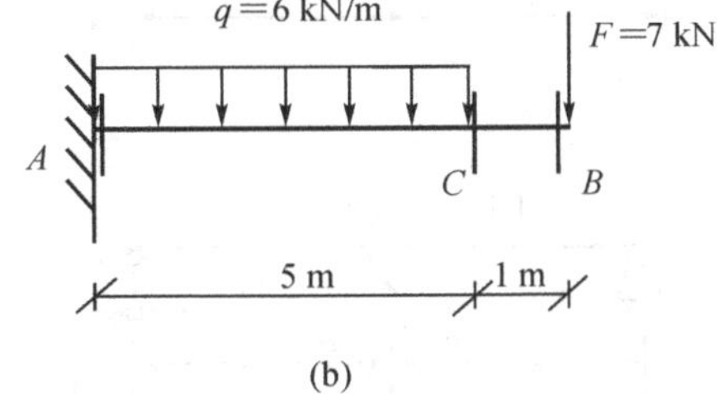

(b)

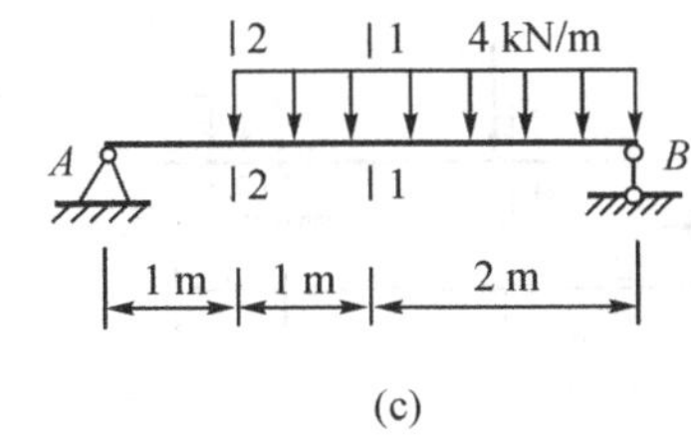

(c)

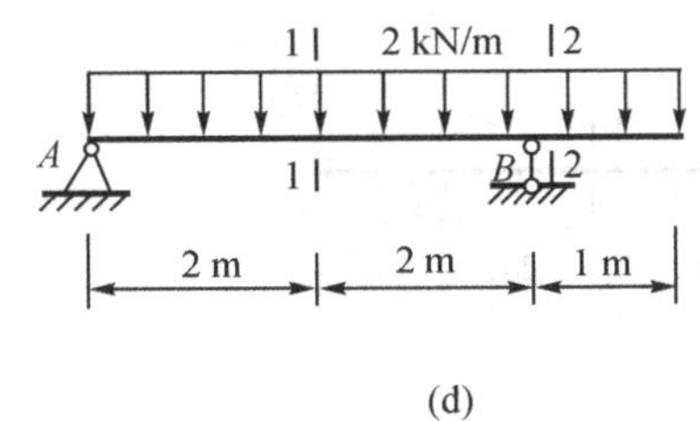

(d)

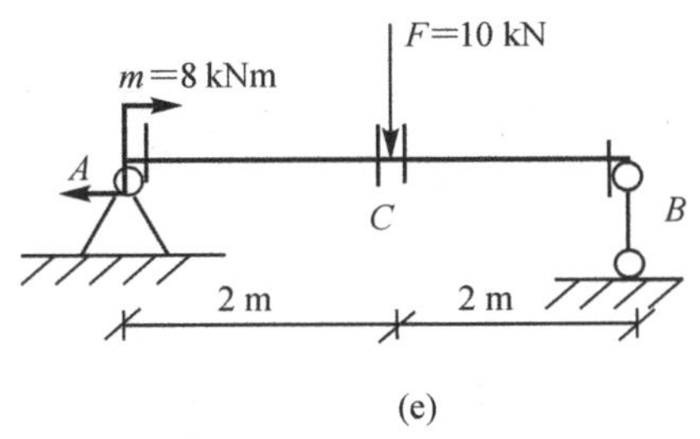

(e)

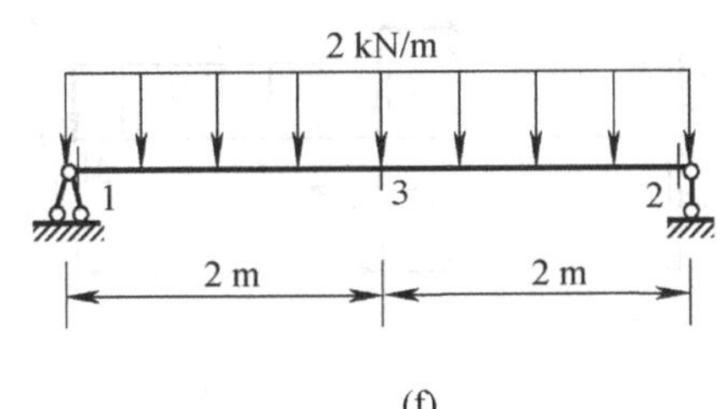

(f)

C类

一、选择题

1. 两根跨度相等的简支梁，内力相等的条件为（　　）。

A. 截面形状相同　　B. 截面积相同　　C. 材料相同　　D. 外荷载相同

2. 梁承受右图所示荷载，则 C 点的弯矩大小为（　　）。

A. Pa　　B. －Pa

C. 0.5Pa　　D. －0.5Pa

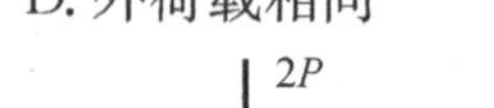

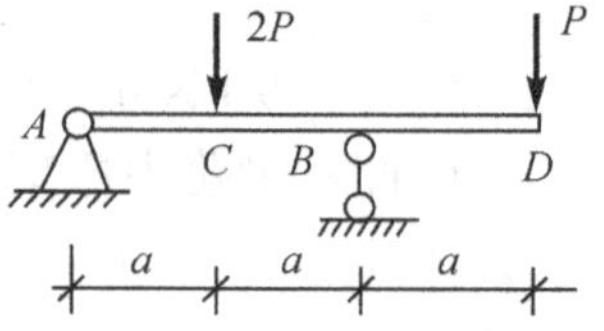

二、用截面法的简化方法计算梁指定截面内力。

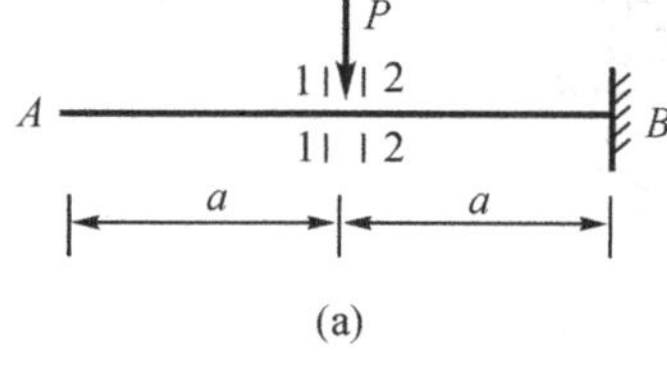

(a)

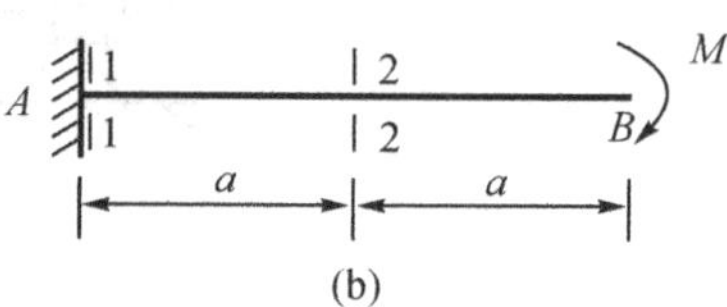

(b)

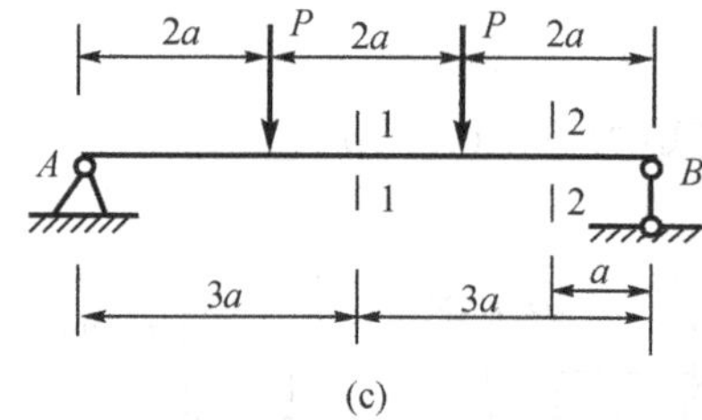

(c)

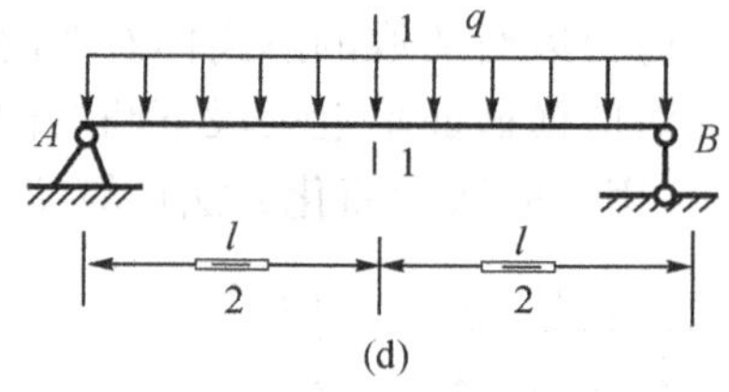

(d)

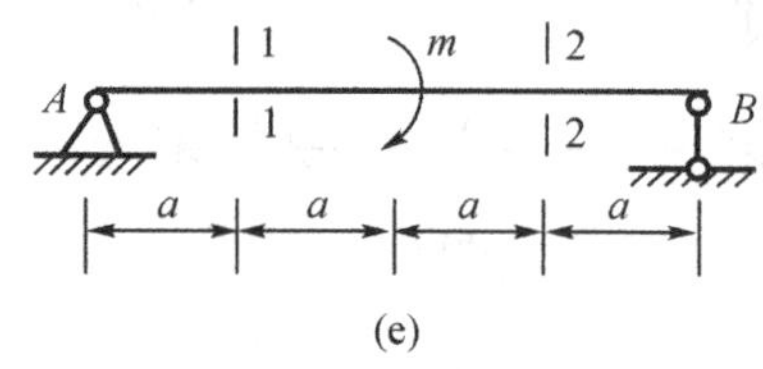

(e)

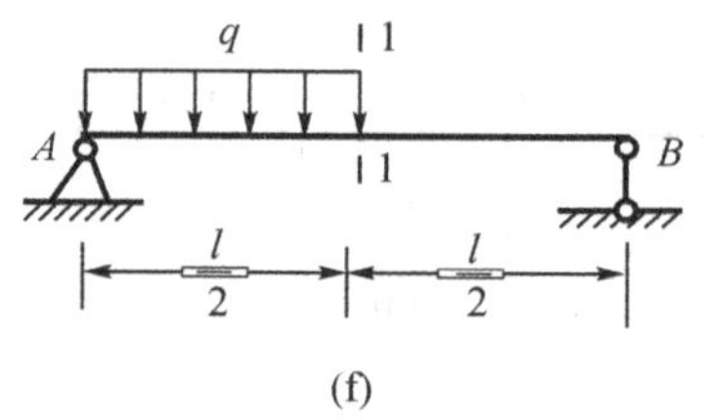

(f)

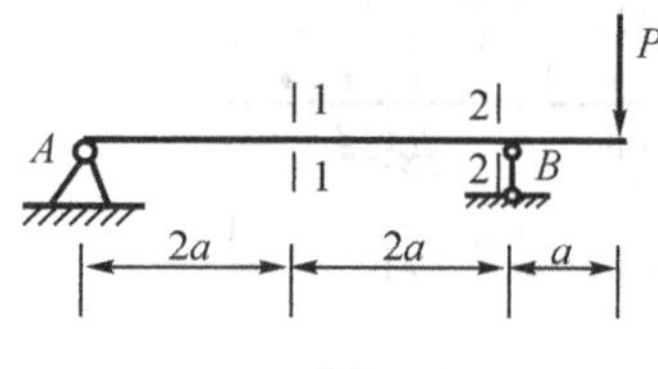

(g)

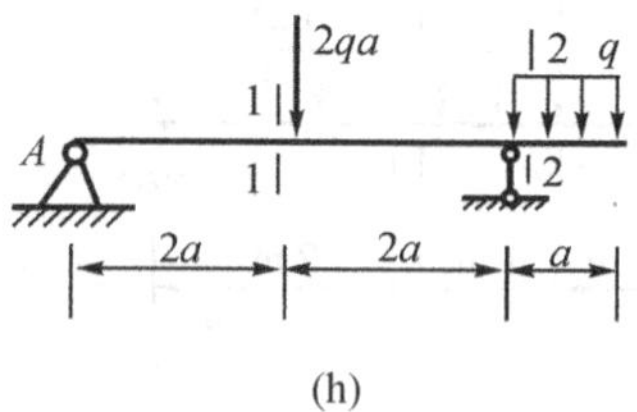

(h)

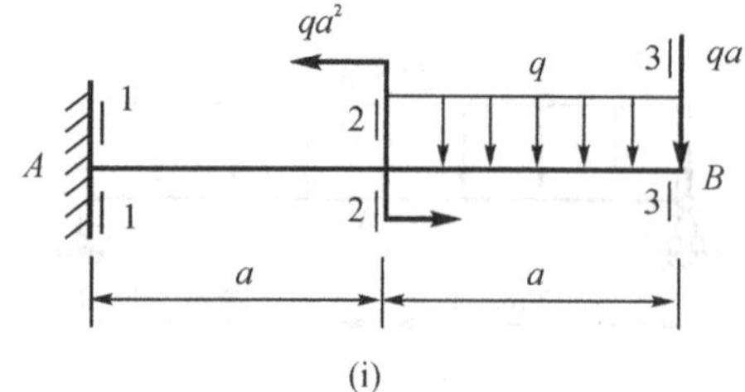

(i)

4.3　梁的内力图

一、梁的剪力图和弯矩图

一般情况下，梁在不同横截面上的内力值不同。在梁强度计算时，需要知道最大剪力、最大弯矩值及其所在的截面位置，为此，需要了解内力在全梁范围的分布情况。以平行于梁轴线的横坐标 x 表示梁横截面的位置，以纵坐标表示相应截面的剪力值和弯矩值的图形分别称为**剪力图**和**弯矩图**。

在建筑工程中，习惯上将正剪力画在 x 轴的上方，负剪力画在 x 轴的下方；而将正弯矩画在 x 轴的下方，负弯矩画在 x 轴的上方(即弯矩画在梁的受拉边)。

梁的内力图一目了然地展示了所有截面内力的大小及其变化规律。由于规定了对应梁段下凸弯曲(下边受拉)的弯矩为正，因此，从弯矩图可知道梁段的弯曲方向。在混凝土梁中配置的受力主钢筋基本上配置在梁受拉边。能识内力图，能绘直梁的剪力图和弯矩图，是土木工程工作者的基本素养。

二、梁内力分布规律

由例 4-4 可见，梁内力的**控制截面**(即内力可能发生突变的截面)位于：杆端、集中荷载作用点的两侧截面、力偶作用点的两侧截面、均布荷载的起点和终点截面。

集中荷载 F 作用点左右截面的剪力值不相等，相差集中荷载 F 的大小；力偶 m 作用点左右截面的弯矩值不相等，相差力偶矩 m 的大小。无荷载作用段，剪力值不发生变化。并且，由例 4-2 分析知，均布荷载作用段内，剪力值与位置 x 是一次函数关系，弯矩值与位置 x 是二次函数关系。现归纳梁内力分布特点口诀如下：

剪力图	没有荷载水平线	均布荷载斜直线	集中荷载有突变	集中力偶无影响
弯矩图	没有荷载为直线	均布荷载抛物线	集中荷载转折点	集中力偶有突变

三、控制面法画剪力图和弯矩图

画梁内力图的方法很多。不论采用哪种方法画梁内力图，熟练掌握梁内力分布规律才能做到又快又好画出梁内力图。这里介绍的画梁内力图的方法能够很好地用于后继力学课程学习中。

控制面法画剪力图和弯矩图步骤为：

1. 根据荷载与约束力的作用位置，确定控制截面。
2. 用截面法的简化方法计算控制截面的内力值。

利用梁内力分布规律，可以共用控制点内力值，减少计算量：**剪力图线只在集中力作用处不连续；弯矩图线只在力偶作用处不连续。**

3. 画内力图

(1)建立坐标系,将各控制截面的内力值分别标在相应的 F_S-x、M-x 坐标系中。

(2)判断图线类型,逐段绘图线。

区　　段	无荷区段	(向下)均布荷载区段
F_S 图线	水平线	(左高右低)斜直线
M 图线	直线	(下凸)二次抛物线

例 4-5　试绘图 4-11 所示外伸梁的剪力图和弯矩图,并勾画梁的挠曲线。

解:(1)计算支座约束力

支座约束力可设真实指向,避免代负值计算。由梁上外力对 B 点之矩可以判断,F_{VA} 的指向朝下。

$$\sum M_B(F)=0 \quad F_{VA}\times 4-2\times 2\times 1=0 \quad F_{VA}=1\ \text{kN}(\downarrow)$$

$$\sum M_A(F)=0 \quad F_{VB}\times 4-2\times 2\times 5=0 \quad F_{VB}=5\ \text{kN}(\uparrow)$$

(校核:$\sum F_y=5-1-2\times 2=0$,计算无误)

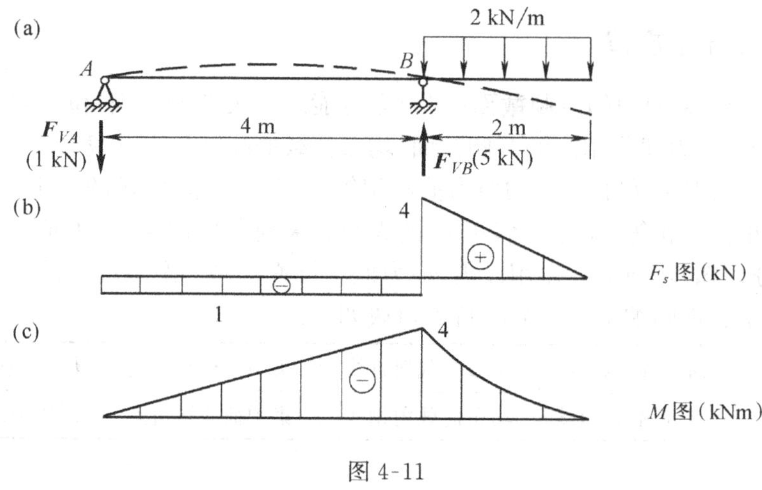

图 4-11

(2)确定本题控制截面有 A、B 左、B 右、C 截面,用截面法的简化方法计算控制截面的内力值。

(3)作剪力图

(a)计算控制截面剪力值

$$F_{SA}=-F_{VA}=-1\ \text{kN}$$

$F_{SB左}=F_{SA}=-1$ kN(运用口诀:剪力图“没有荷载为直线”)

$$F_{SB右}=2\times 2=4\ \text{kN}$$

$$F_{SC}=0$$

(b)画剪力图

在 F_S-x 坐标系中,在对应截面上标出控制截面的剪力值,并顺次用直线连接。检查是否符合剪力图图线特征：AB 段没有荷载，图线为水平线；BC 段向下均布荷载，图线为左高右低斜直线；B 截面集中荷载有突变，B 截面左右剪力值相差 $F_{VB}=5$ kN。

(4)作弯矩图

(a)计算控制截面弯矩值

$M_A=0$

$M_{B左}=M_{B右}=-2\times2\times1=-4$ kNm(运用口诀：弯矩图“集中荷载转折点”)

$M_C=0$

(b)画弯矩图

在 M-x 坐标系中，在对应截面上标出控制截面的弯矩值，并顺次连接(图 4-11c)。要求符合弯矩图图线特征：AB 段没有荷载为直线；B 截面集中荷载转折点；BC 段向下均布荷载为下凸抛物线。由于均布荷载梁段内，剪力图斜直线与 x 轴无交点，其弯矩图的抛物线极值位于抛物线段两端(段内不存在极值)。

(5)勾画梁挠曲线

梁挠曲线通过铰 A、铰 B。弯矩图全在基线的上侧，则挠曲线全向上凸(图 4-11a 中虚线表示)。

练一练：

1. 指出下图画梁内力图通常需要确定内力的截面(控制截面)有哪些？

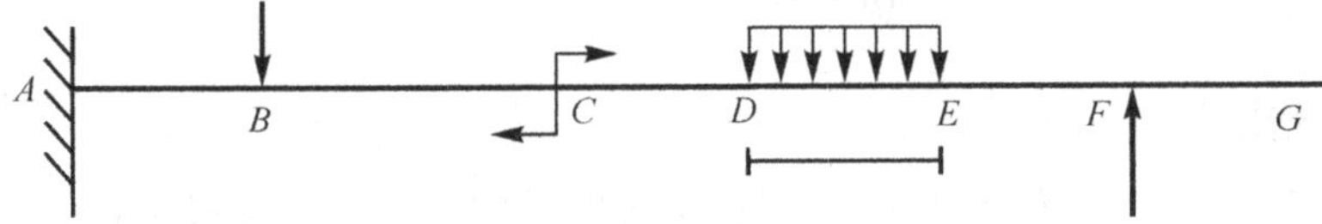

2. 试绘图示悬臂梁的剪力图和弯矩图，并勾画梁的挠曲线。

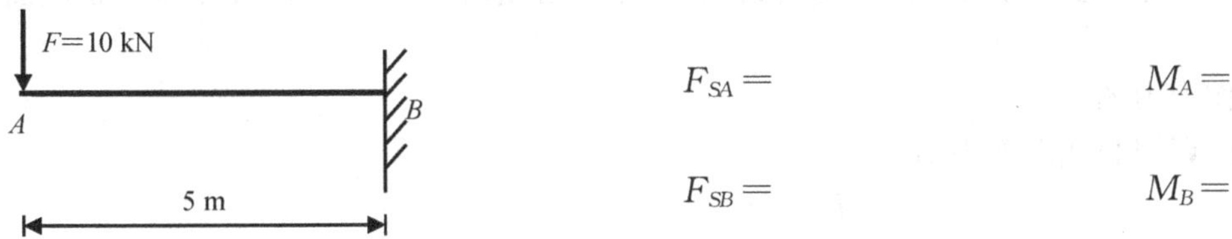

例 4-6 试画图 4-12a 所示外伸梁的内力图。

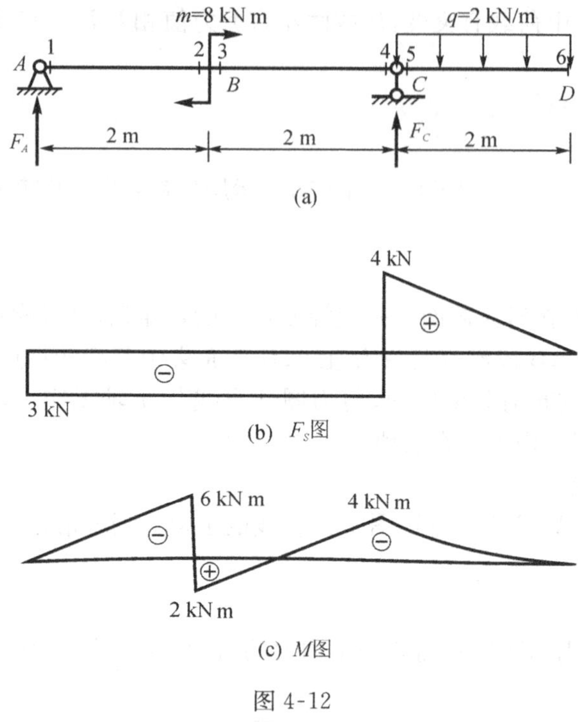

图 4-12

解:(1)计算支座约束力

$$\sum M_B(F)=0 \quad -F_A\times 4-2\times 2\times 1-8=0 \quad F_A=-3\ \text{kN}(\downarrow)$$

$$\sum M_A(F)=0 \quad F_C\times 4-2\times 2\times 5-8=0 \quad F_C=7\ \text{kN}(\uparrow)$$

(校核:$\sum F_y=-3+7-2\times 2=0$,计算无误)

(2)确定本题控制截面有 1、2、3、4、5、6 截面,用截面法的简化方法计算控制截面的内力值。

(3)作剪力图

(a)计算控制截面剪力值

$$F_{S1}=F_A=-3\ \text{kN}$$

$$F_{S2}=F_{S3}=F_{S4}=F_{S1}=-3\ \text{kN}$$

(运用口诀:剪力图“没有荷载为直线”、“ 集中力偶无影响”,可以减少计算量,还能检验计算正确与否。)

$$F_{S5}=2\times 2=4\ \text{kN}$$

$$F_{S6}=0$$

(b)画剪力图

在 F_S-x 坐标系中,在对应截面上标出控制截面的剪力值,并顺次用直线连接(图 4-12b)。检查是否符合剪力图图线特征:AC 段没有荷载水平线、集中力偶无影响,C 截面集中荷载有突变,C 截面左右剪力值相差 $F_C=7$ kN;CD 段向下均布荷载左高右低斜直线。

(4)作弯矩图

(a)计算控制截面弯矩值

$M_1=0$

$M_2=F_A\times2=-3\times2=-6\ \text{kNm}$

$M_3=F_A\times2+8=-3\times2+8=2\ \text{kNm}$

(运用口诀检验:集中力偶有突变,M_2 与 M_3 相差力偶值 8 kNm)

$M_4=M_5=-2\times2\times1=-4\ \text{kNm}$

(运用口诀:弯矩图“集中荷载转折点”)

$M_6=0$

(b)画弯矩图

在 M-x 坐标系中,在对应截面上标出控制截面的弯矩值,并顺次连接(图 4-12c)。要求符合弯矩图图线特征:AB 段、BC 段没有荷载为直线;C 截面集中荷载转折点;B 截面集中力偶有突变;CD 段向下均布荷载为下凸抛物线。由于均布荷载梁段内,剪力图斜直线与 x 轴无交点,其弯矩图的抛物线极值位于抛物线段两端(段内不存在极值)。

均布荷载梁段内,剪力图斜直线与 x 轴无交点时,其弯矩图的抛物线极值位于抛物线段两端(段内不存在极值)。若均布荷载梁段内,剪力图斜直线与 x 轴相交,在剪力图斜直线上剪力为零处的截面有弯矩极值。弯矩极值截面的位置这样计算简便(图 4-13):

$$a=\frac{F_{S端}}{q}$$

式中,a 为剪力图上均布荷载段与 x 轴的交点(即弯矩极值截面)到均布荷载端部的距离;$F_{S端}$ 为均布荷载端部截面剪力的大小;q 为均布荷载集度。

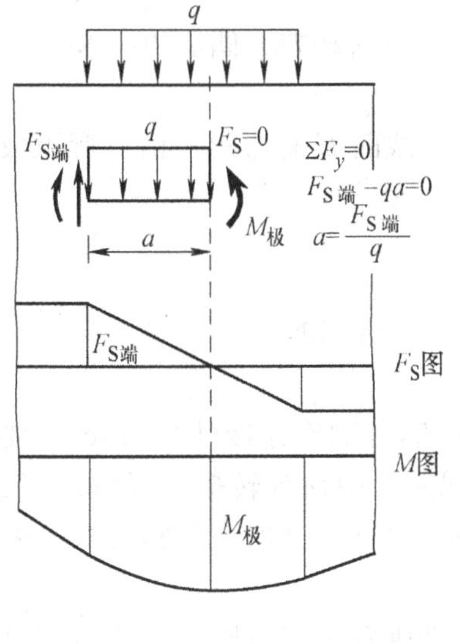

图 4-13

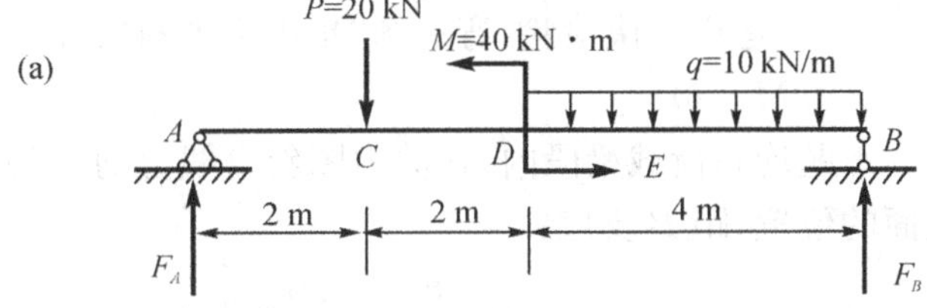

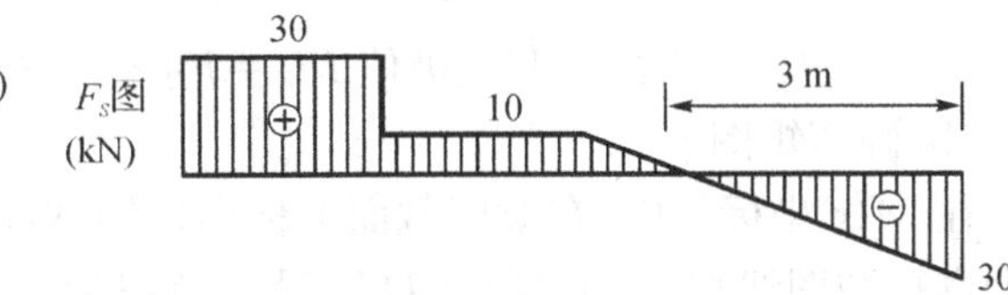

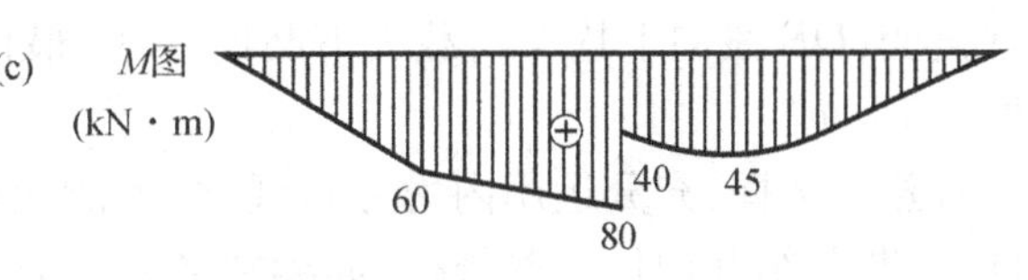

图 4-14

例 4-7 试画图 4-14a 所示简支梁的内力图。

解:(1)求支座约束力

$$F_A=30\ \text{kN}(\uparrow),\quad F_B=30\ \text{kN}(\uparrow)$$

(2)确定本题控制截面有 A、B、C 左、C 右、D 左、D 右截面,用截面法的简化方法计算控制截面的内力值。

(3)作剪力图

(a)计算控制截面剪力值

$F_{SC左}=F_{SA}=F_A=30\ \text{kN}$ (运用口诀:剪力图"没有荷载为直线")

$F_{SD右}=F_{SD左}=F_{SC右}=F_A-20=30-20=10\ \text{kN}$

(运用口诀:剪力图"没有荷载为直线"、"集中力偶无影响")

$F_{SB}=-F_B=30\ \text{kN}$

(b)画剪力图

在 F_S-x 坐标系中,在对应截面上标出控制截面的剪力值,并顺次用直线连接(图 4-14b)。检查是否符合剪力图图线特征:AC 段、CD 段没有荷载水平线;C 截面集中荷载有突变;DB 段向下均布荷载左高右低斜直线。

(4)作弯矩图

(a)计算控制截面弯矩值

$M_A=0$

$M_{C左}=M_{C右}=F_A\times2=30\times2=60\ \text{kNm}$

(运用口诀:弯矩图"集中荷载转折点")

$M_{D左}=F_A\times4-P\times2=30\times4-20\times2=80\ \text{kNm}$

$M_{D右}=F_B\times4-q\times4\times2=30\times4-10\times4\times2=40\ \text{kNm}$

(运用口诀检验:弯矩图"集中力偶有突变",$M_{D左}$ 与 $M_{D右}$ 相差力偶值 40 kNm)

$M_B=0$

本题均布荷载梁段内,在剪力图斜直线上剪力为零处的截面 E 有弯矩极值。弯矩极值截面的位置,距 B 支座:

$$a=\frac{F_{S端}}{q}=\frac{30}{10}=3\ \text{m}$$

$$弯矩极值\ M_E=F_B\times3-10\times3\times1.5=45\ \text{kNm}$$

(b)画弯矩图

在 M-x 坐标系中,在对应截面上标出控制截面的弯矩值,并顺次连接(图 4-14c)。要求符合弯矩图图线特征:AC 段、CD 段没有荷载为直线;C 截面集中荷载转折点;D 截面集中力偶有突变;DB 段向下均布荷载为下凸抛物线,最低点位于 E 截面(剪力图斜直线上剪力为零处)。

只有熟练掌握、充分运用内力分布规律,才能快速、准确画好梁内力图。在学习的过程中,可以不断总结并记住一些规律,如**梁端若无外力偶作用,则梁端处的弯矩为零;梁端处若无集中外力,该处的剪力为零**等。

练一练：试绘图示简支梁的剪力图和弯矩图，并勾画梁的挠曲线。

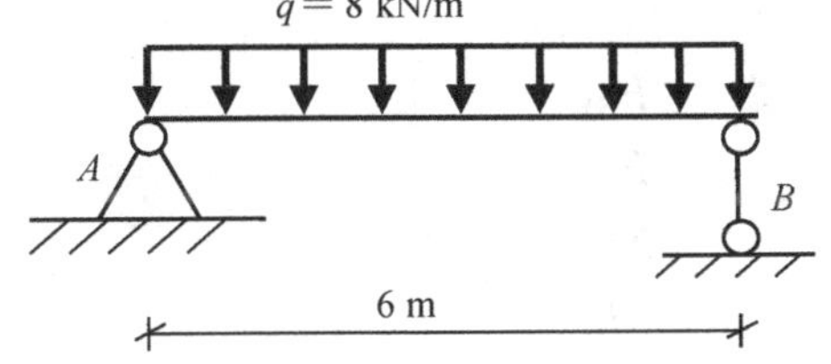

$F_{SA}=$　　　　$M_A=$

$F_{SB}=$　　　　$M_B=$

$M_{跨中}=$

4.3　习题

A 类

一、梁内力与荷载关系规律

位置	无荷载段	均布荷载段	集中力作用点	力偶作用点
剪力图				
弯矩图				

二、选择题

1. 计算内力一般(　　)方法。

A. 利用受力杆件的静力平衡方程　　B. 直接由外力确定

C. 应用截面法　　D. 利用胡克定理

2. 梁均布荷载段，剪力图一定为(　　)。

A. 水平线　　B. 斜直线　　C. 抛物线　　D. 折线

3. 梁均布荷载段，弯矩图一定为(　　)。

A. 水平线　　B. 斜直线　　C. 抛物线　　D. 折线

4. 在作梁内力图时，梁上有集中力作用处(　　)。

A. 剪力图有突变，弯矩图有尖点　　B. 剪力图无变化，弯矩图有尖点

C. 剪力图无变化，弯矩图无变化　　D. 剪力图有突变，弯矩图无变化

三、计算控制截面内力，画梁内力图。

1.

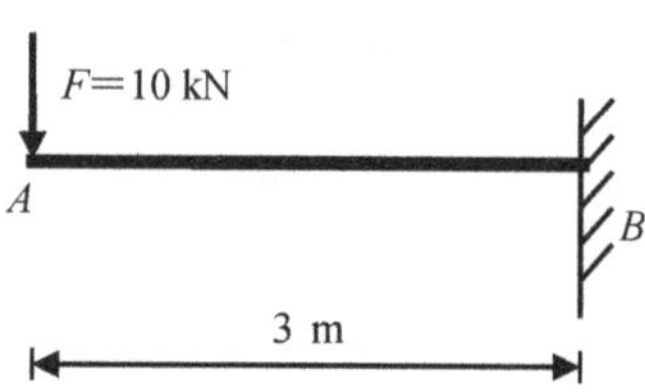

$F_{SA}=$

$F_{SB}=$

$M_A=$

$M_B=$

2.

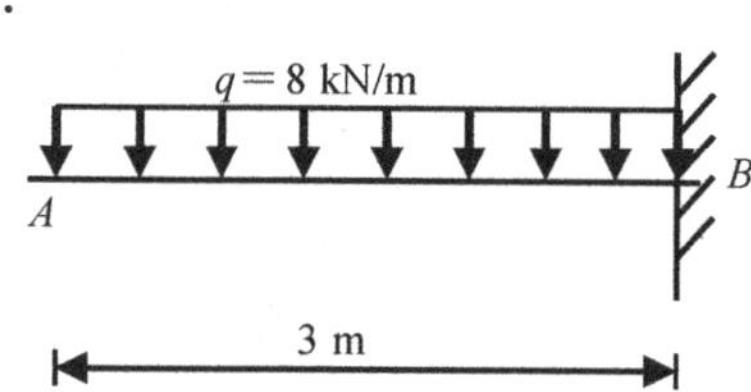

$F_{SA}=$

$F_{SB}=$

$M_A=$

$M_B=$

3.

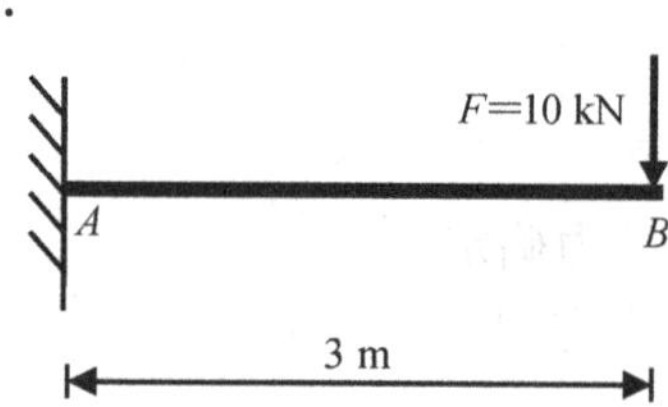

$F_{SA}=$

$F_{SB}=$

$M_A=$

$M_B=$

4.

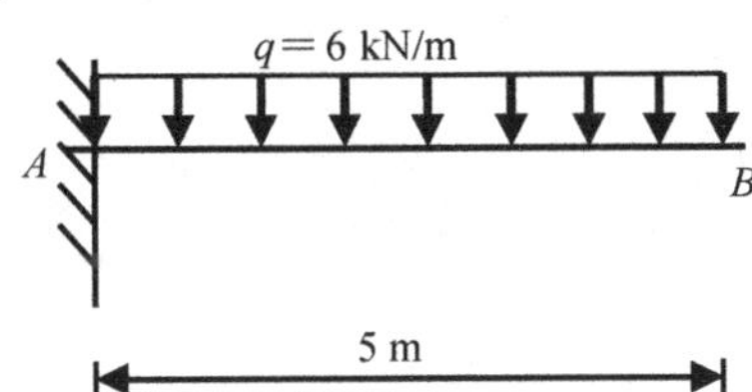

$F_{SA}=$

$F_{SB}=$

$M_A=$

$M_B=$

5.

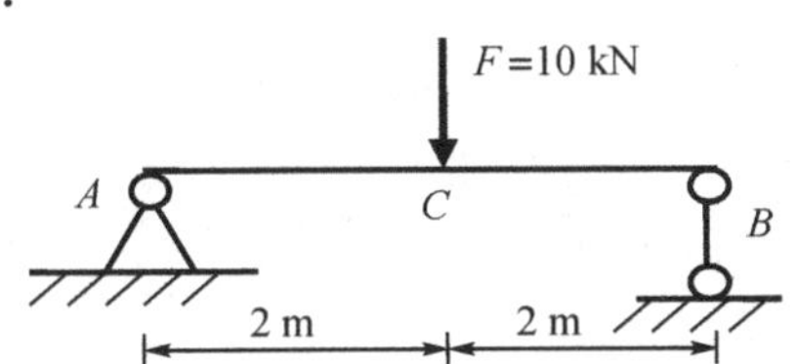

$F_{SA}=$　　$M_A=$

$F_{SB}=$　　$M_B=$

$F_{SC左}=$　　$M_C=$

$F_{SC右}=$

6.

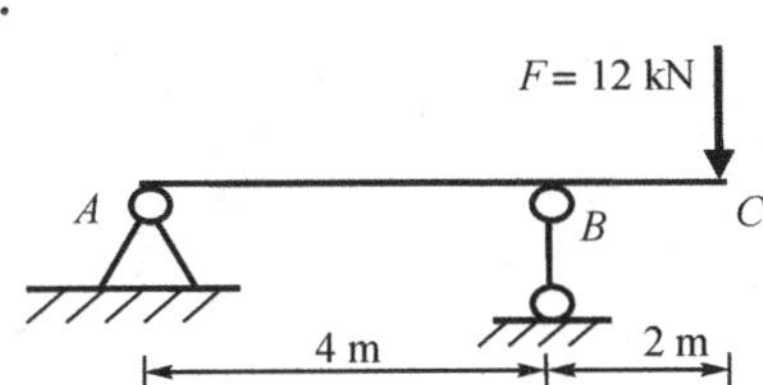

$F_{SA}=$　　$M_A=$

$F_{SC}=$　　$M_C=$

$F_{SB左}=$　　$M_B=$

$F_{SB右}=$

7.

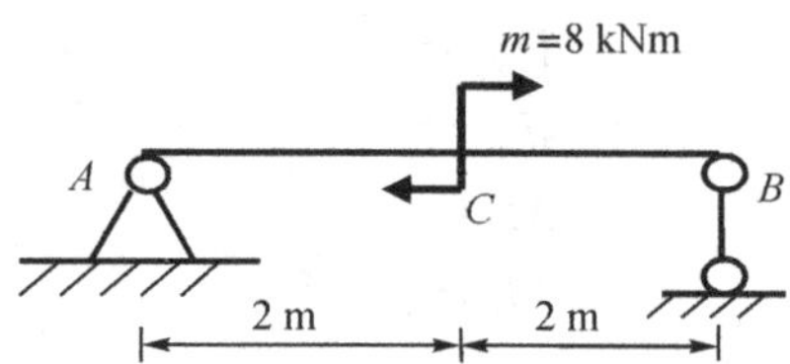

$F_{SA}=$ $M_A=$

$F_{SB}=$ $M_B=$

$F_{SC}=$ $M_{C左}=$

$M_{C右}=$

8.

$F_{SB}=$ $M_B=$

$F_{SC}=$ $M_C=$

$F_{SA左}=$ $M_A=$

$F_{SA右}=$

9.

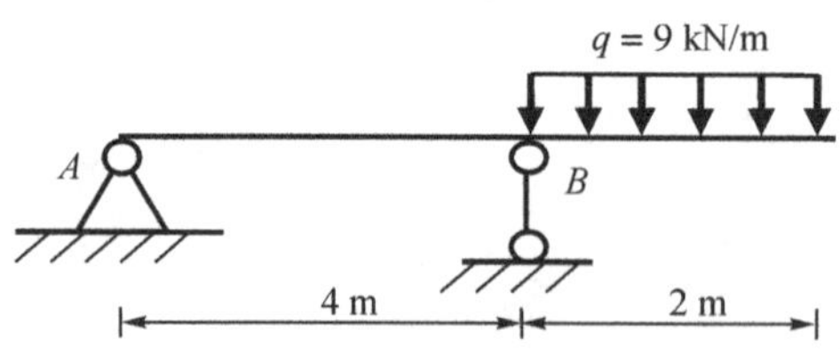

$F_{SA}=$ $M_A=$

$F_{SC}=$ $M_C=$

$F_{SB左}=$ $M_B=$

$F_{SB右}=$

10.

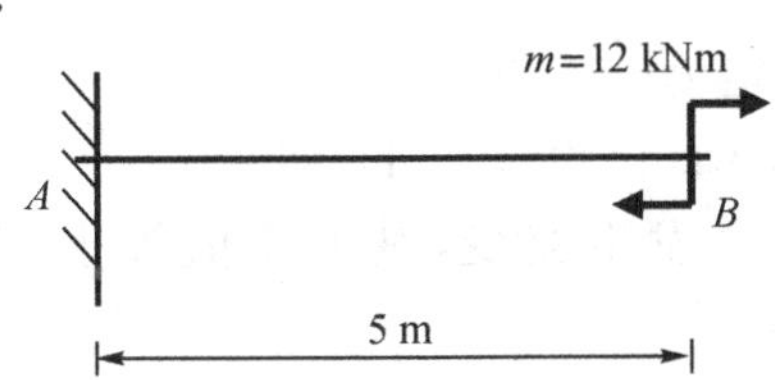

$F_{SA}=$　　　　　　$M_A=$

$F_{SB}=$　　　　　　$M_B=$

11.

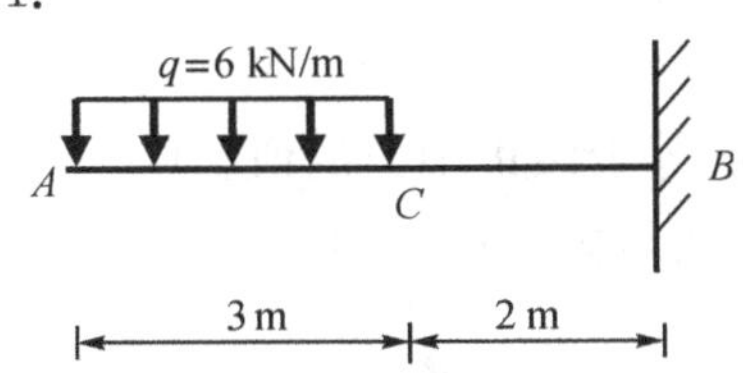

$F_{SA}=$　　　　　　$M_A=$

$F_{SB}=$　　　　　　$M_B=$

$F_{SC}=$　　　　　　$M_C=$

B类

一、填空题

1. 集中力作用处，剪力图上________，突变之值等于________；弯矩图上出现________。

2. 集中力偶作用处，两侧横截面上剪力________，剪力图上________，弯矩图上出现________，________等于力偶矩。

3. 梁段上无荷载时，剪力图为________。若梁段剪力为零，该段弯矩图为________。

4. 梁段上有均布荷载作用时，剪力图为________，弯矩图为________，梁上剪力为零的截面，其弯矩为________。

5. 受弯构件在集中力偶两侧横截面上剪力相同，而________发生了突变，突变值等于________。

二、选择题

1. 梁均布荷载段，在剪力为零的截面上，弯矩一定为(　　)。

A. 最大值　　B. 最小值　　C. 极值　　D. 零

2. 求梁的剪力时，在集中力的两侧截面，剪力会发生突变，其突变值等于该集中力的(　　)。

A. 1 倍　　B. 2 倍　　C. 3 倍　　D. 0.5 倍

3. 悬臂梁在均布荷载作用下，在固定端根部处的剪力和弯矩为(　　)。

A. 剪力为零，弯矩最大　　B. 剪力最大，弯矩为零

C. 剪力为零，弯矩为零　　D. 剪力最大，弯矩最大

4. 图中悬臂梁的最大弯矩大小为(　　)。

A. PL　　B. $2PL$

C. $PL/2$　　D. $4PL$

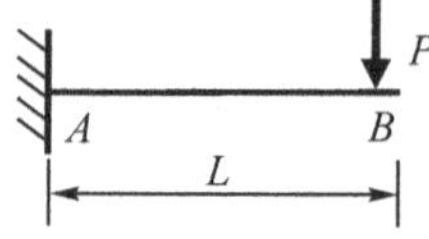

三、判断题

1. 有集中力作用处，剪力图有突变，弯矩图有尖点。(　　)

2. 在集中力的作用处，剪力发生了突变，突变绝对值等于该集中力的值。(　　)

3. 简支梁只在跨中受集中力 P 作用时，跨中弯矩一定最大。(　　)

四、画梁内力图

1.

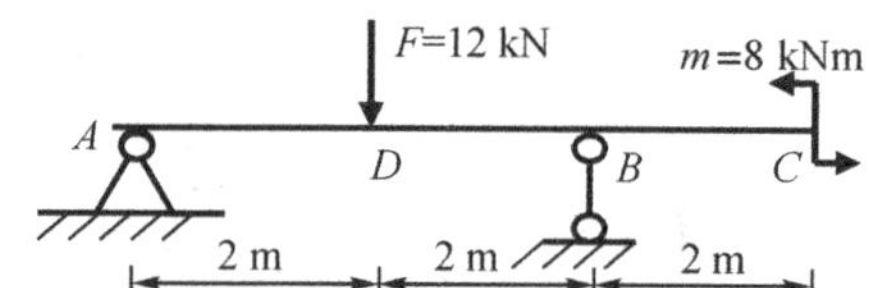

2.

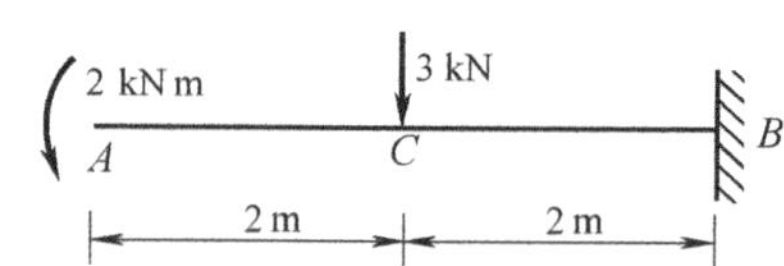

3.

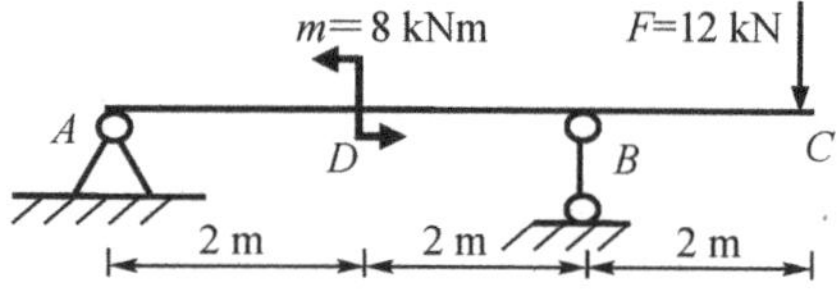

4.

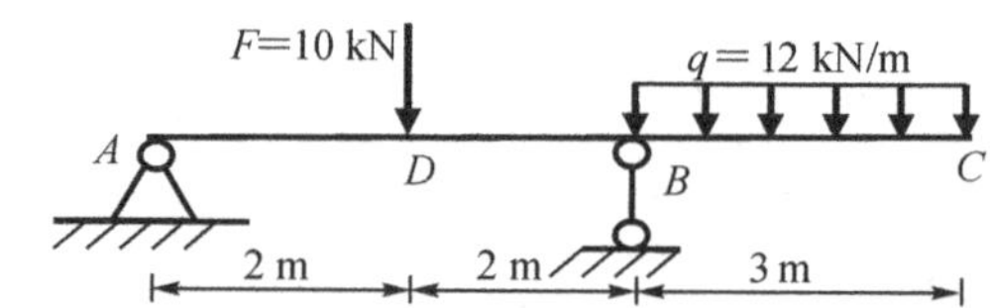

5.

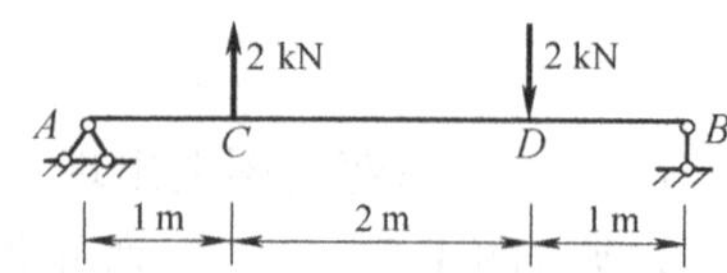

6.

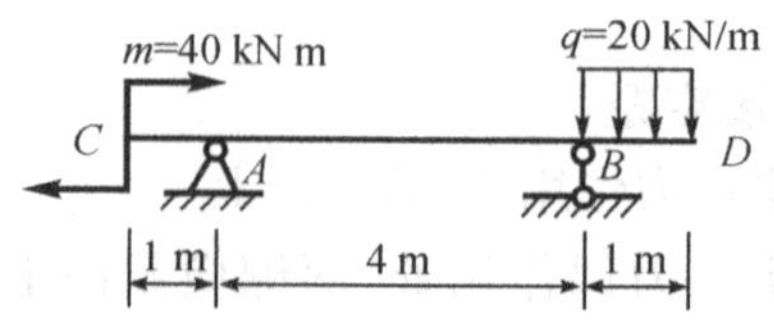

7.

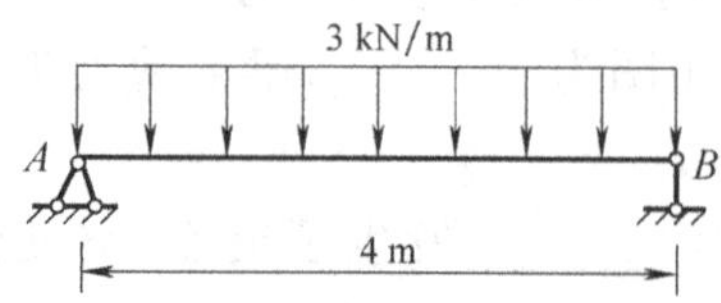

五、画梁的剪力图和弯矩图。已知 $P=10$ kN，$q=2$ kN/m，$L=4$ m，$a=2$ m。

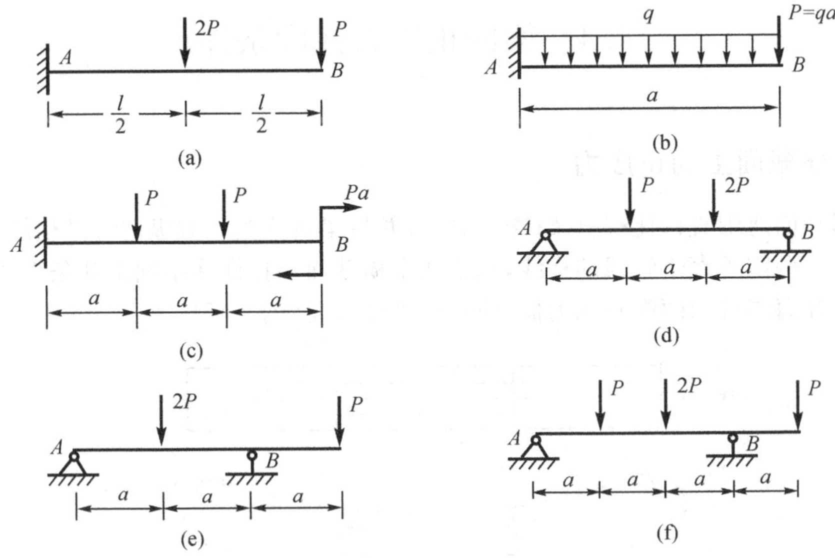

C类

一、选择题

1. 均布荷载作用在直梁上，弯矩方程 $M(x)$ 是截面位置坐标 x 的(　　)次函数。

A. 1　　B. 2　　C. 3　　D. 0

2. 均布荷载作用在直梁上，剪力方程 $F_S(x)$ 是截面位置坐标 x 的(　　)次函数。

A. 1　　B. 2　　C. 3　　D. 0

二、画梁内力图

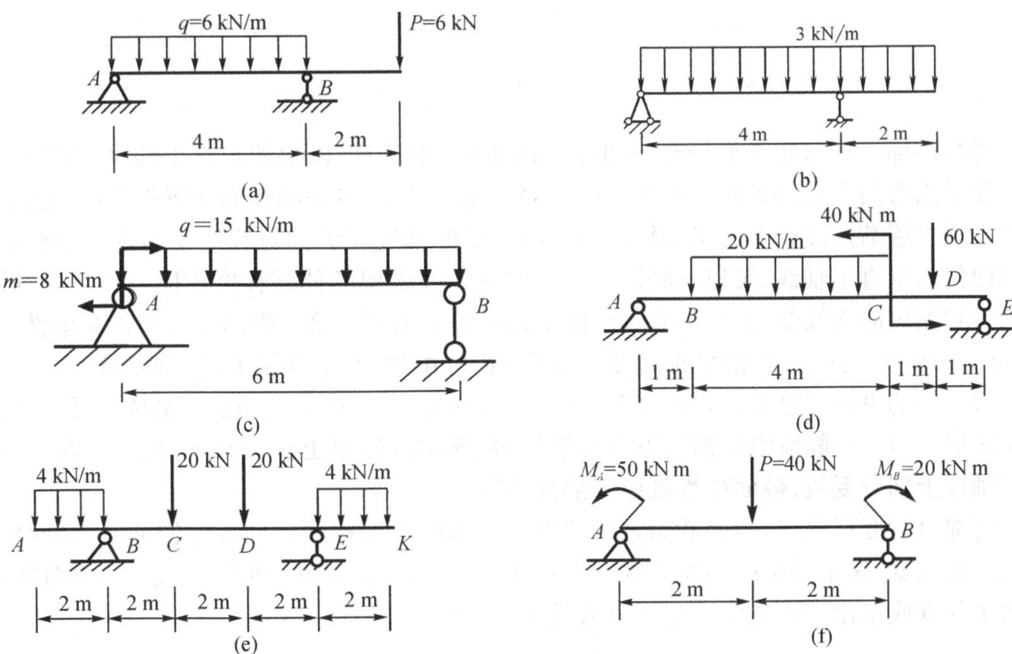

4.4 梁的正应力强度条件

一、梁横截面上的正应力

用矩形截面海绵直杆比拟直梁(图 4-15a),并将梁看成由无数纵向纤维粘结而成。在海绵杆的表面画两圈垂直于轴线的横线,代表两个横截面。在横线中间画几条纵线,代表纵向纤维。双手在海绵杆的两端施加力偶,使它作平面弯曲(图 4-15b)。

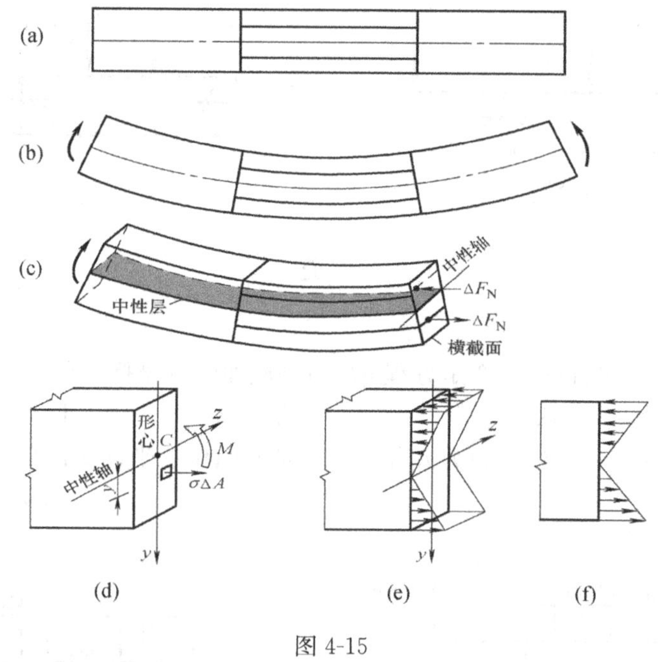

图 4-15

观察海绵直杆弯曲变形情况。轴线弯成曲线。观察横线,仍然垂直于轴线,表明横截面在梁作平面弯曲之后仍为垂直于轴线的平面。观察纵线,各条纵线的变形程度不同:由下边缘伸长最多逐渐过渡到上边缘缩短最多。由于梁的轴线在纵向对称平面内弯成平面曲线,横截面仍然垂直于轴线,可以推断同一高度的纵向纤维层的伸缩程度相同。在纵向纤维层由伸长到缩短的连续变化中,必有一层既不伸长也不缩短。这一纵向纤维层称为**中性层**(图 4-15c)。中性层与横截面相交的直线称为横截面的**中性轴,中性轴通过截面的形心**。可见,中性层一侧的纵向纤维受拉,另一侧的纵向纤维则受压;中性轴将横截面分成了受拉和受压两个区域。$M>0$,**截面中性轴以下部分受拉,截面中性轴以上部分受压**;反之,$M<0$,**截面中性轴以上部分受拉,截面中性轴以下部分受压**。

海绵直梁变形之前,两横截面之间的纵向纤维的长度相同。纤维的伸缩量与纤维原长之比为线应变,表示纤维的伸缩程度。在弹性范围内,纵向纤维的伸缩程度与纵向分布内力的密集程度成正比——线应变与正应力成正比(胡克定律)。

中性层的纵向纤维既不伸长，也不缩短——**横截面上中性轴处的正应力为零**；两横截面间的纵向纤维段的变形量沿梁的高度成直线变化(图4-15b)，而这些纵向纤维段的原长是相同的。因此，纵向纤维的变形程度沿梁的高度呈直线变化，即**横截面上正应力沿高度呈直线分布**；同一高度的纵向纤维的变形程度相同，对应**正应力沿横截面的宽度均匀分布**。图4-15e表现了梁的正应力在横截面上的分布规律，称为**弯曲正应力分布图**。图4-15f为它的平面表达形式。

梁的横截面上，任一点处的弯曲正应力公式为

$$\sigma=\frac{My}{I_z} \tag{4-1}$$

式中，M为该截面的弯矩，它由截面上各纵向分布内力对中性轴的力矩组成(图4-15c、d)；y为该点到中性轴的距离；I_z为对中性轴的截面二次矩。

例4-8 图4-16a所示矩形截面悬臂梁，受均布荷载$q=32$ kN/m，梁长$L=250$ mm，截面高$h=60$ mm，宽$b=40$ mm。对中性轴的截面二次矩$I_z=72\times10^4$ mm^4，试求(1)固定端截面上A点(图4-16b)的正应力；(2)梁的最大拉应力σ_{max}^{+}和最大压应力σ_{max}^{-}。

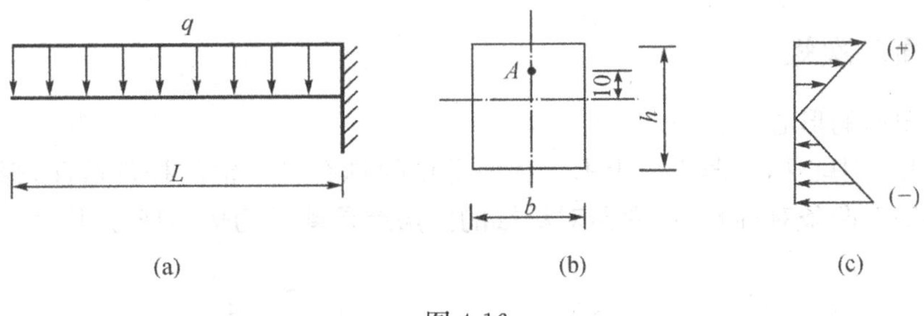

图4-16

解：(1)求固定端截面上的弯矩M

$$M=-q\times l\times\frac{l}{2}=-32\times250\times\frac{250}{2}=-10^6\ \text{Nmm}$$

(2)求固定端截面上A点的正应力图4-16b所示，截面上A点到中性轴的距离$y_A=10$ mm；A点位于中性轴以上位置，固定端截面弯矩为负值，中性轴以上的点受拉。

$$\sigma_A=\frac{M_A y_A}{I_z}=\frac{10^6\ \text{N}\cdot\text{mm}\times10\ \text{mm}}{72\times10^4\ \text{mm}^4}=13.9\ \text{MPa(拉)}$$

(3)求梁的最大拉应力σ_{max}^{+}和最大压应力σ_{max}^{-}。

最大应力所在截面为**危险截面**。由弯曲正应力公式$\sigma=\frac{My}{I_z}$可见，等截面梁各截面对其中性轴的截面二次矩相等，因此弯矩M值最大的固定端截面为危险截面。该截面上距中性轴最远的点y值最大，$y_{max}=h/2=30$ mm。截面为负弯矩，中性轴的上侧受拉，固定端截面上边缘产生最大拉应力σ_{max}^{+}；中性轴的下侧受压，固定端截面下边缘产生最大压应力σ_{max}^{-}(约定拉、压分别在右上角用“+”、“−”表示)。图4-16c为截面正应力分布图。

$$\sigma_{max}^{-}=\sigma_{max}^{+}=\frac{My_{max}}{I_z}=\frac{10^6\ \text{Nmm}\times30\ \text{mm}}{72\times10^4\ \text{mm}^4}=41.7\ \text{MPa}$$

梁的最大拉应力位于固定端截面上边缘，最大压应力位于固定端截面下边缘，数值相等为41.7 MPa。

练一练：

1. 依据受弯梁正应力的分布规律，下图 1-1 截面(　　)点为拉应力，(　　)点为压应力。

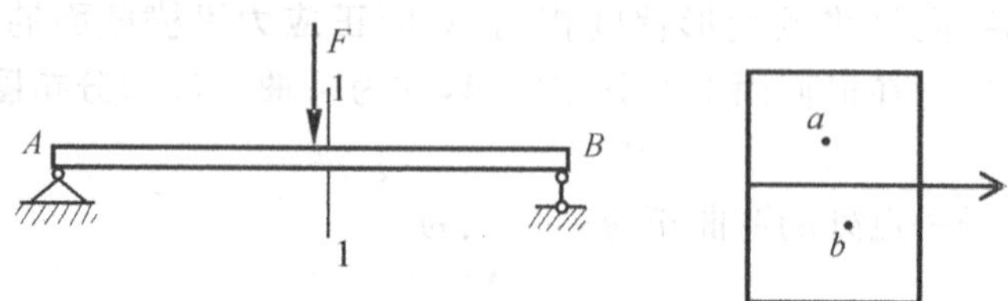

2. 已知梁的最大弯矩 $M_{max}=96$ kNm，横截面为矩形，$y_{max}=h/2=30$ mm。对中性轴的截面二次矩 $I_z=12\times10^6$ mm^4，试计算梁的最大正应力。

二、截面二次矩

1. 平面图形的形心

图形的几何中心称为**形心**。土木工程中常见的具有对称轴的杆件截面，**形心在对称轴上**。截面如果有两条对称轴，这**两条对称轴的交点就是截面图形的形心**(图 4-17)。

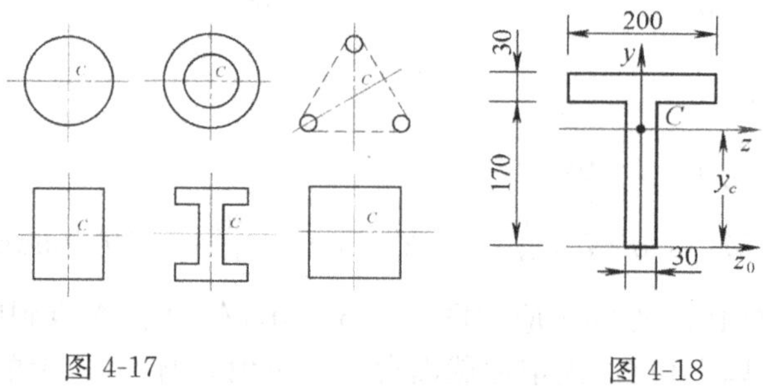

图 4-17　　　　图 4-18

较为复杂的截面图形，可以看成由一些简单图形组合而成。此时，称这样的截面为**组合截面**。图 4-18 所示 T 形截面，形心 C 在对称轴 y 上。其形心 C 点在 y 轴的具体位置，须由组合截面图形形心坐标公式计算确定。组合截面图形的形心坐标公式为：

$$Z_C=\frac{\sum Z_G A_i}{\sum A_i} \qquad y_C=\frac{\sum y_G A_i}{\sum A_i}$$

上式中，A_i 为组成图形的简单图形面积；Z_G、y_G 为组成图形的简单图形对应的形心坐标。

例 4-9　试计算图 4-18 所示 T 形截面的形心坐标 y_C。

解：视 T 形截面为上、下两个矩形组成。

建立 ZO 轴，在 ZO-y 坐标系中，上矩形的形心坐标 $y_{C1}=185$ mm，下矩形的形心坐标 $y_{C2}=85$ mm，代入组合截面图形的形心坐标公式，得

$$y_C=\frac{\sum y_{Ci}A_i}{\sum A_i}=\frac{185\times30\times200+85\times170\times30}{30\times200+170\times30}=139\ \mathrm{mm}$$

2. 对中性轴的截面二次矩

如图 4-19 所示，截面内微面积与它到某轴的距离的二次方的乘积 y^2dA 称为微面积对该轴的二次矩。截面内所有的微面积对中性轴的二次矩的总和，称为对中性轴的**截面二次矩**：

$$I_z=\int_A y^2\mathrm{d}A \tag{4-2}$$

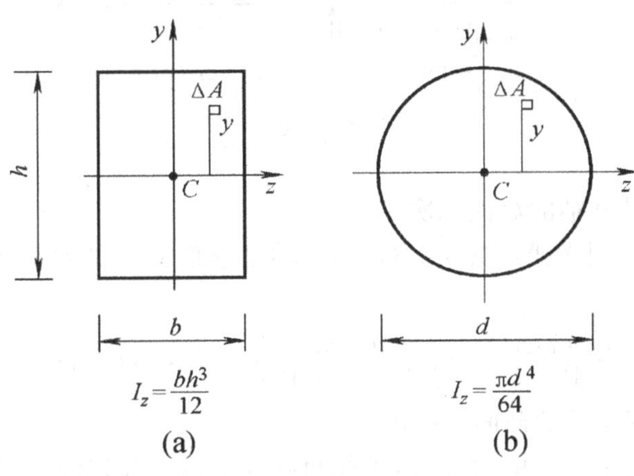

图 4-19

(1)**矩形截面**　中性轴为对称轴[图 4-19(a)]，对中性轴 z 的截面二次矩为

$$I_z=\frac{bh^3}{12} \tag{4-3}$$

如果梁做水平方向的弯曲，则 y 轴为中性轴，$I_y=\frac{hb^3}{12}$ 。

(2)**圆截面**　中性轴为直径轴(图 4-19b)，对中性轴的截面二次矩为

$$I_z=\frac{\pi d^4}{64} \tag{4-4}$$

(3)**型钢截面**　型钢的截面二次矩(惯性矩)在型钢规格表中给定。

(4)**组合截面**　由式(4-2)知，对中性轴的截面二次矩是所有的微面积对该轴的二次矩的总和。因此，**组合截面对中性轴的截面二次矩，等于各分图形对该轴的截面二次矩的总和。**

例 4-10　将图 4-20(a)所示矩形等分为 30 个小正方形，再按图 4-18(b)重新布置成工字形。分别求矩形、工字形对其 y 轴、z 轴的截面二次矩。

解：(1)矩形截面的截面二次矩

$$I_z=\frac{5\ \mathrm{cm}\times(6\ \mathrm{cm})^3}{12}=90\ \mathrm{cm}^4$$

$$I_y=\frac{6\ \mathrm{cm}\times(5\ \mathrm{cm})^3}{12}=62.5\mathrm{cm}^4$$

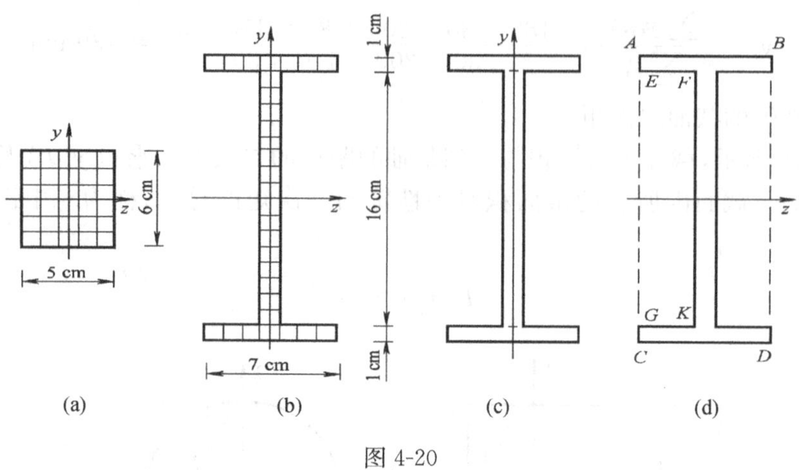

图 4-20

(2)工字形截面对 y 轴的截面二次矩

将图形分解为三个小矩形[图 4-20(c)],y 轴是它们共同的对称轴。上、下小矩形对 y 轴的截面二次矩相等。

$$I_y=\frac{1\ \text{cm}\times(7\ \text{cm})^3}{12}\times 2+\frac{16\ \text{cm}\times(1\ \text{cm})^3}{12}=58.5\ \text{cm}^4$$

(3)工字形截面对 z 轴的截面二次矩

由于 z 轴不是上、下矩形的对称轴,不能直接用公式(4-3)计算。可以将工字形看成大矩形 $ABDC$,减去两个小矩形 $EFKG$(图 4-20d)。这样,z 轴便成为三个矩形共同的对称轴。

$$I_z=\frac{7\ \text{cm}\times(18\ \text{cm})^3}{12}-\frac{3\ \text{cm}\times(16\ \text{cm})^3}{12}\times 2=1354\ \text{cm}^4$$

讨论:杆件的长度一定,横截面面积的大小反映了使用材料的多少。本题将矩形变成工字形,面积不变,而后者对中性轴 z 的截面二次矩却是前者的 15 倍。从式(4-1)可见,**截面二次矩反映了梁截面抵抗弯曲的能力。将材料布置到远离中性轴的地方,可以成倍地提高杆件的抗弯能力。**

练一练:计算矩形截面对形心轴的截面二次矩 I_z,。

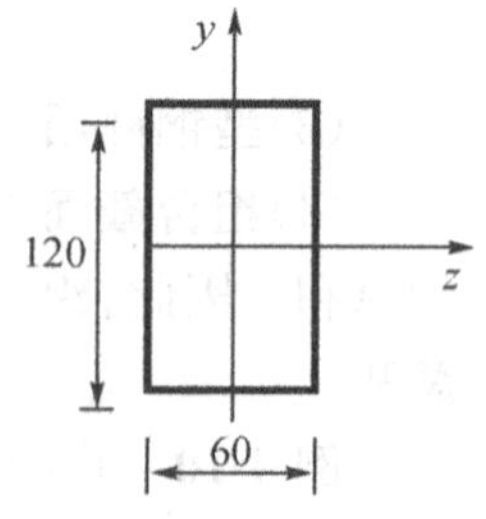

三、梁的正应力强度条件

梁内最大弯曲正应力应当控制在强度允许的范围内,即最大应力不超过材料的许用应力。

1. 对于许用压应力大于许用拉应力的脆性材料，强度条件为

$$\begin{cases} \sigma_{max}^{+}=\dfrac{My_{max}^{+}}{I_z}\leqslant[\sigma]^{+} \\ \sigma_{max}^{-}=\dfrac{My_{max}^{-}}{I_z}\leqslant[\sigma]^{-} \end{cases} \tag{4-5}$$

式中，σ_{max}^{+}为梁内最大拉应力，σ_{max}^{-}为梁内最大压应力；M 为危险截面的弯矩；y_{max}^{+}、y_{max}^{-}为**危险点**(位于危险截面上、下边缘)到中性轴的距离；I_z 为对中性轴的截面二次矩；$[\sigma]^{+}$为材料许用拉应力，$[\sigma]^{-}$为材料许用压应力。**梁内的最大压应力与梁内的最大拉应力不一定发生在同一截面，须注意确定各自危险截面的弯矩。**

2. 对于许用压应力等于许用拉应力的塑性材料，强度条件为

$$\sigma_{max}=\frac{M_{max}y_{max}}{I_z}\leqslant[\sigma] \tag{4-6}$$

将式(4-6)中的 I_z、y_{max}两个几何量合并成**抗弯截面系数** W_z：

$$W_z=\frac{I_z}{y_{max}} \tag{4-7}$$

则强度条件(4-6)转换为

$$\sigma_{max}=\frac{M_{max}}{W_z}\leqslant[\sigma] \tag{4-8}$$

图 4-19 中，矩形截面的抗弯截面系数 $W_z=\dfrac{bh^2}{6}$，圆截面的抗弯截面系数 $W_z=\dfrac{\pi d^3}{32}$。型钢的抗弯截面系数可查型钢表。

例 4-11　图 4-21a 所示悬臂梁用№18 工字钢制成，№18 工字钢的抗弯截面系数为 $W_z=185\ cm^3$，许用应力$(\sigma)=170$ MPa，试按弯曲正应力强度条件校核梁的强度。

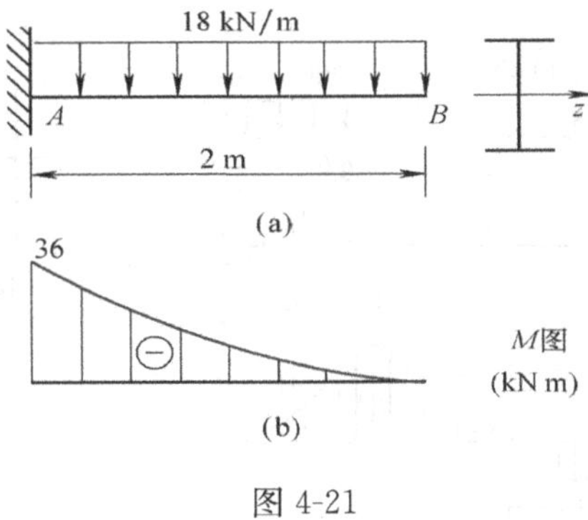

图 4-21

解：(1)画弯矩图(图 4-21b)

危险截面在固定端处，$M_{max}=-36$ kNm

(2)计算梁最大正应力，校核强度

$$\sigma_{max}=\frac{M_{max}}{W_z}=\frac{36\times10^6\ Nmm}{185\times10^3\ mm^3}=195\ MPa>[\sigma]=170\ MPa$$

梁的弯曲正应力强度不够。

练一练：图示矩形截面悬臂梁，其截面尺寸及所受荷载如图示。材料的许用应力$[\sigma]=170$ MPa，试按梁的正应力强度条件校核该梁的强度。

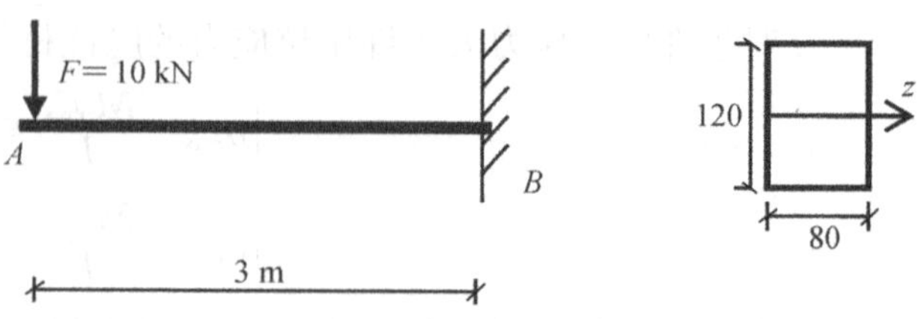

解：(1)画弯矩图

$M_{max}=$

(2)计算矩形截面的抗弯截面系数

$W_z=\dfrac{bh^2}{6}=$

(3)计算梁最大正应力，校核强度

例 4-12 试按弯曲正应力强度条件校核图 4-22(a)所示铸铁梁的强度。已知铸铁的许用拉应力$[\sigma]^+=40$ MPa，许用压应力$[\sigma]^-=110$ MPa。

解：(1)由平衡方程求得支座约束力

$F_A=14.3$ kN(↑)， $F_B=105.7$ kN(↑)

(2)画梁的弯矩图[图 4-22(b)]

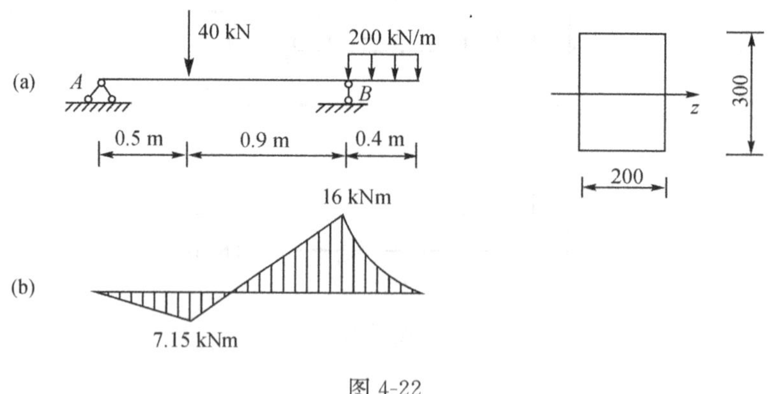

图 4-22

(3)强度校核

铸铁梁采用矩形截面，截面形状对称于中性轴。各截面上、下边缘到中性轴的距离一样，即y_{max}相等。因此，梁的最大正应力位于弯矩绝对值最大截面的上下边缘。由图 4-22(b)可知，弯矩绝对值最大截面位于 B 支座，$M_{max}=-16$ kNm。

$$W_z = \frac{bh^2}{6} = \frac{200 \times 300^2}{6} = 3 \times 10^6 \text{ mm}^3$$

$$\sigma_{max}^{+} = \sigma_{max}^{-} = \frac{M_{max}}{W_z} = \frac{16 \times 10^6}{3 \times 10^6} = 5.33 \text{ MPa}$$

$$\sigma_{max}^{+} = 5.33 \text{ MPa} < [\sigma]^{+} = 40 \text{ MPa}$$

$$\sigma_{max}^{-} = 5.33 \text{ MPa} < [\sigma]^{-} = 110 \text{ MPa}$$

梁的弯曲正应力强度足够。

例 4-13　图 4-23 所示 T 形截面铸铁梁，截面中性轴 z 的位置及对中性轴的截面二次矩已知。梁的许用拉应力 $[\sigma]^{+} = 35$ MPa，许用压应力 $[\sigma]^{-} = 70$ MPa，试按弯曲正应力强度条件校核梁的强度。

解：(1)画弯矩图[图 4-23(b)]，勾画挠曲线[图 4-23(a)中虚线](过程略)。

C 截面上有全梁的最大正弯矩，B 截面上有全梁的最大负弯矩，这两个截面是可能的危险截面，都要进行强度校核。

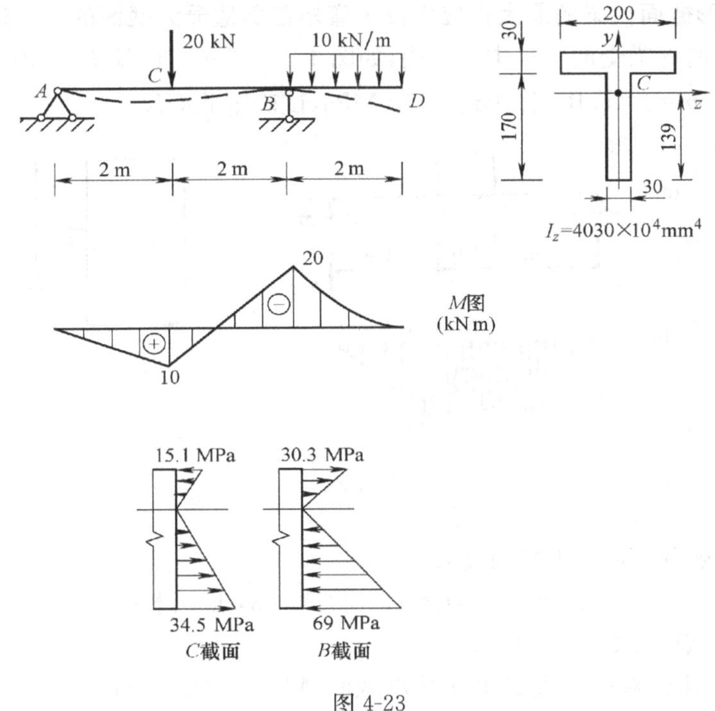

图 4-23

(2)应力、强度计算

C 截面为正弯矩。中性轴以下为受拉区，最大拉应力发生在下边缘各点；中性轴以上为受压区，最大压应力发生在上边缘各点。

$$\sigma_{max}^{+} = \frac{M_C y_{max}^{+}}{I_z} = \frac{10 \times 10^6 \times 139}{4030 \times 10^4} = 34.5 \text{ MPa}$$

$$\sigma_{max}^{-} = \frac{M_C y_{max}^{-}}{I_z} = \frac{10 \times 10^6 \times 61}{4030 \times 10^4} = 15.1 \text{ MPa}$$

B 截面为负弯矩。中性轴以上为受拉区，最大拉应力发生在上边缘各点；中性轴以下为受压区，最大压应力发生在下边缘各点。

$$\sigma_{\max}^{+}=\frac{M_B y_{\max}^{+}}{I_z}=\frac{20\times10^6\times61}{4030\times10^4}=30.3\ \text{MPa}$$

$$\sigma_{\max}^{-}=\frac{M_B y_{\max}^{-}}{I_z}=\frac{20\times10^6\times139}{4030\times10^4}=69\ \text{MPa}$$

(3)画 C、B 截面应力分布图[图 4-23(c)]

全梁的最大压应力发生在 B 截面的下边缘

$$\sigma_{\max}^{-}=69\ \text{MPa}<[\sigma]^{-}=70\ \text{MPa}$$

全梁的最大拉应力发生在 C 截面的下边缘

$\sigma_{\max}^{+}=34.5\ \text{MPa}<[\sigma]^{+}=35\ \text{MPa}$

所以，梁的弯曲正应力强度足够。

比较例 4-12 和例 4-13 可见，**截面形状对称于中性轴的梁(常见矩形截面、圆形截面，工字形截面)，梁的最大正应力位于弯矩绝对值最大截面的上下边缘；截面形状非对称于中性轴的梁(常见 T 形截面)，梁的最大正应力位于弯矩正负值最大截面的上下边缘。**

例 4-14 一简支梁受两个集中力作用，如图 4-24a 所示。已知 $P_1=10$ kN，$P_2=50$ kN。梁截面为矩形，$h/b=2$。许用应力$[\sigma]=170$ MPa，试确定截面尺寸。

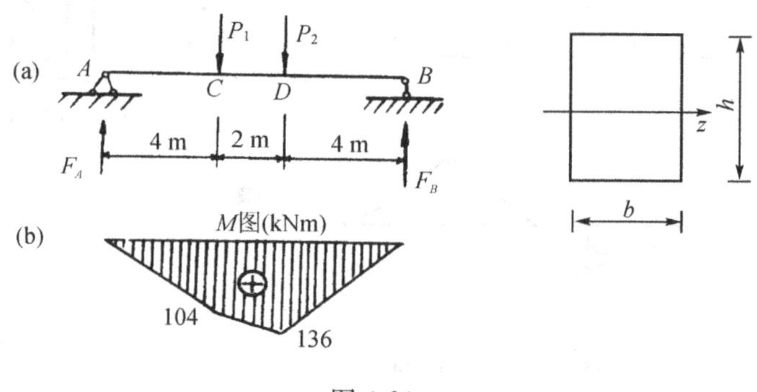

图 4-24

解：(1)由平衡方程求得支座约束力

$$F_A=26\ \text{kN}(\uparrow),\qquad F_B=34\ \text{kN}(\uparrow)$$

(2)画梁的弯矩图(图 4-24b)

由图可知，弯矩绝对值最大截面位于 D 截面，$M_{\max}=136$ kNm

(3)计算抗弯截面系数 W_z

根据梁弯曲正应力强度条件 $\sigma_{\max}=\dfrac{M_{\max}}{W_z}\leqslant[\sigma]$

$$W_z\geqslant\frac{M_{\max}}{[\sigma]}=\frac{136\times10^6\ \text{Nmm}}{170\ \text{MPa}}=8\times10^5\ \text{mm}^3$$

(4)确定截面尺寸

$$W_z=\frac{bh^2}{6}=\frac{\frac{h}{2}\times h^2}{6}=\frac{h^3}{12}\geqslant8\times10^5\ \text{mm}^3$$

$$h\geqslant212\ \text{mm}$$

取截面高 $h=220$ mm，宽 $b=110$ mm。

练一练：已知梁的最大弯矩 $M_{max}=80$ kNm，材料的许用应力 $[\sigma]=170$ MPa，试按梁的正应力强度条件确定弯曲截面系数 W_z。

例 4-15　矩形截面松木梁两端搁在墙上，承受由楼板传来的荷载(图 4-25a)。已知木梁的间距 $a=1.2$ m，梁的跨度 $L=5$ m，楼板的均布面荷载 $P=3$ kN/m²，材料的许用应力 $[\sigma]=10$ MPa。试求：(1)设梁截面的高宽比 $h/b=2$，试确定木梁的截面尺寸；(2)若木梁采用高 $h=210$ mm，宽 $b=140$ mm 的矩形截面，计算楼板的许可面荷载 $[P]$。

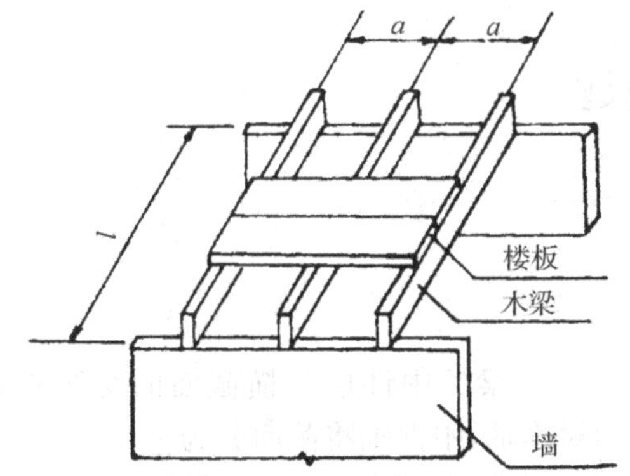

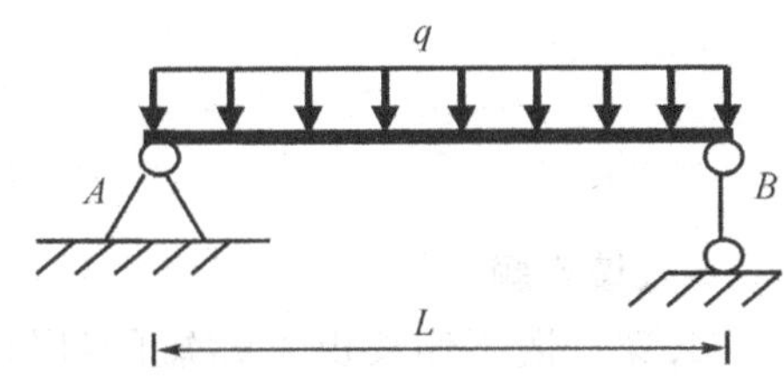

图 4-25

解：(1)画梁的计算简图(图 4-25b)，确定梁的最大弯矩值。

松木梁两端搁在墙上，视为简支梁。每根木梁的承受荷载宽度 $a=1.2$ m，每根木梁所承受均布线荷载集度为

$$q=P\times a=3\times 1.2=3.6\text{ kN/m}$$

弯矩最大截面位于跨中，$M_{max}=\dfrac{ql^2}{8}=\dfrac{1}{8}\times 3.6\times 5^2=11.25$ kNm

(2)确定木梁的截面尺寸

根据梁弯曲正应力强度条件　$\sigma_{max}=\dfrac{M_{max}}{W_z}\leqslant[\sigma]$

$$W_z\geqslant\frac{M_{max}}{[\sigma]}=\frac{11.25\times 10^6}{10}=1.125\times 10^6\text{ mm}^3$$

由于梁截面的高宽比 $h/b=2$，即

$$W_z=\frac{bh^2}{6}=\frac{b\times(2b)^2}{6}=\frac{2b^3}{3}\geqslant 1.125\times 10^6\text{ mm}^3$$

$$b\geqslant 119\text{ mm}$$

取截面高 $h=240$ mm，宽 $b=120$ mm。

(3)求楼板的许可面荷载$[P]$

当木梁的截面高$h=210$ mm,宽$b=140$ mm时,抗弯截面系数为

$$W_z=\frac{bh^2}{6}=\frac{140\times210^2}{6}=1.029\times10^6\ \text{mm}^3$$

木梁能承受的最大弯矩为

$$M_{\max}\leqslant W_z[\sigma]=1.029\times10^6\times10=10.29\times10^6\ \text{Nmm}=10.29\ \text{kNm}$$

又因为 $M_{\max}=\frac{1}{8}ql^2=\frac{1}{8}Pal^2$

即 $\frac{1}{8}P\times1.2\times5^2\leqslant10.29$

$P\leqslant2.74\ \text{kN/m}^2$

楼板的许可面荷载$[P]=2.74\ \text{kN/m}^2$。

4.4 习题

A类

一、填空题

1.梁中既不伸长也不缩短的纤维层称为________,梁的中性层与横截面的交线称为________。中性轴通过________且垂直于横截面的对称轴,中性轴将截面分为________。

2.梁横截面上最大正应力发生在距________最远的上、下边缘处。为了保证梁能安全地工作,必须使梁截面上的最大正应力不超过材料的________。

3.正应力最大值计算式________,Wz 称为________。

4.等截面梁内的最大正应力总是出现在________所在的横截面上。

5.依据受弯梁正应力的分布规律,下图1-1截面(　　)点为拉应力,(　　)点为压应力。

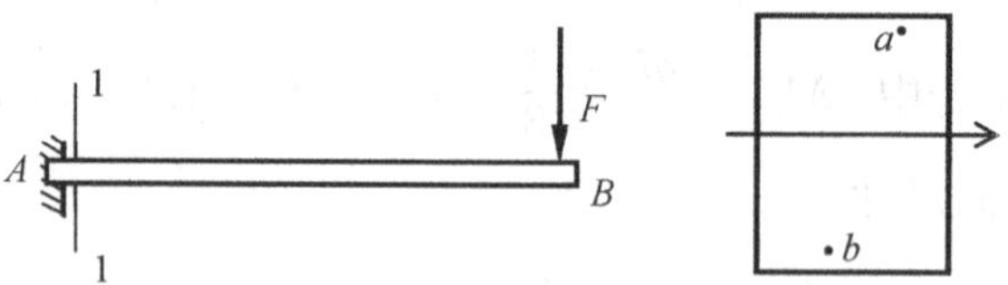

二、选择题

1.图示悬臂梁最大拉应力位于(　　)点。

A. A截面上边缘　　B. A截面下边缘

C. B截面上边缘　　D. B截面下边缘

2.梁横截面上弯曲正应力为零的点发生在截面的(　　)。

A.最上端　　B.最下端

C.中性轴上　　D.不确定

3. 中性轴是(　　)。

A. 梁的纵向对称面与横截面的交线

B. 梁变形时的中性层与任意截面的交线

C. 梁变形时的中性层与横截面的交线

D. 梁的任意纵向平面与任意截面的交线

4. 梁在纯弯曲变形后的中性层长度(　　)。

A. 伸长　　　　B. 缩短

C. 不变　　　　D. 不定

三、画图说明矩形截面梁中性层与中性轴位置

四、计算图示截面对形心轴的截面二次矩 I_Z 及抗弯截面系数 W_Z

1.

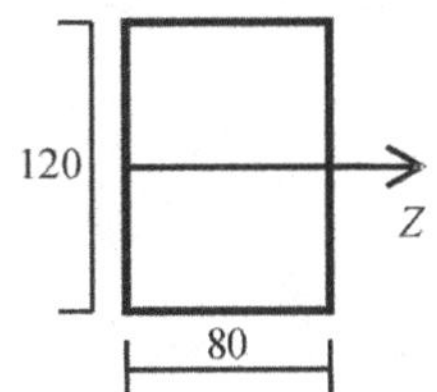

2.

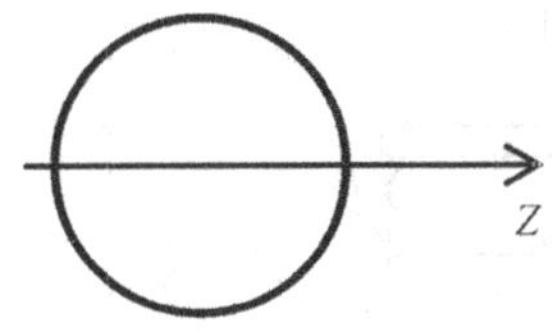

直径 200 mm

五、梁强度校核计算题

1. 已知梁的最大弯矩 $M_{max}=80$ kNm，材料的许用应力 $[\sigma]=170$ MPa，$W_z=5\times10^5$ mm^3，试按梁的正应力强度条件校核该梁强度。

2. 图示悬臂梁，受均布荷载 $q=6\ \text{kN/m}$，材料的许用应力 $[\sigma]=40\ \text{MPa}$，$W_z=5\times10^5\ \text{mm}^3$，试按梁的正应力强度条件校核该梁强度。

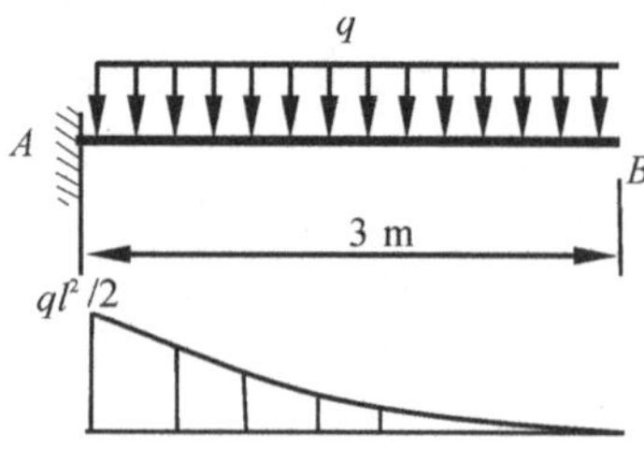

六、梁截面设计计算题

1. 图示简支梁，材料的许用应力 $[\sigma]=40\ \text{MPa}$，试按梁的正应力强度条件确定梁的弯曲截面系数 W_Z。

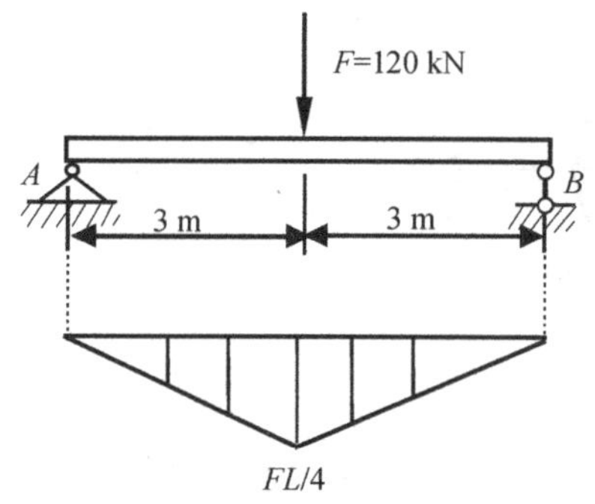

2. 图示矩形截面梁，其截面高度 $h=200\ \text{mm}$，受均布荷载 $q=40\ \text{kN/m}$，材料的许用应力 $[\sigma]=100\ \text{MPa}$，试按梁的正应力强度条件确定梁截面宽度 b。

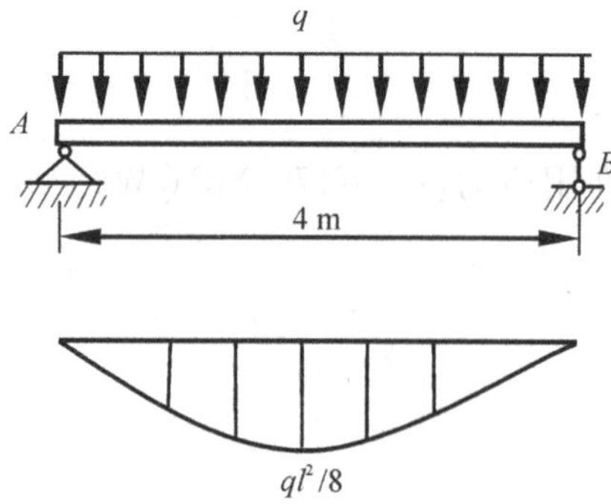

B类

一、填空题

1. 平面弯曲梁，横截面上任一点正应力的大小与该点到中性轴的距离成________，中性轴处正应力为________，如果某横截面中性轴上部为压应力，则中性轴下部为________应力。

2. 梁正应力计算公式________中，M为________，y为________，I_z为________。说明梁正应力σ沿截面高度呈________分布规律，中性轴上各点处正应力________。

3. 梁正应力计算公式中，$M>0$，表示截面以中性轴为界，________为拉应力；而________为压应力。$M<0$，表示截面以中性轴为界，________为拉应力；而________为压应力。

4. 弯曲变形的梁，最大弯矩M_{max}所在截面是________，该截面上距中性轴最远边缘处正应力________，是危险点。

5. 圆形截面，其直径为D，对任一形心轴的截面二次矩都等于________。

6. 图示矩形截面，对形心轴的截面二次矩为$I_z=$________。

2b z b

7. 对于横截面对称于中性轴的等截面梁，其弯曲时最大拉应力和最大压应力的大小________。

二、选择题

1. 比较图示截面$h>b$，对y、z轴的截面二次矩大小(　　)。

A. $I_z>I_y$　　B. $I_z<I_y$　　C. $I_z=I_y$

y h z b

2. 有圆形、正方形、矩形三种截面，在面积相同的情况下，能取得截面二次矩较大的截面是(　　)。

A. 圆形　　B. 正方形　　C. 矩形

3. 两根跨度相等的简支梁，内力相等的条件为(　　)。

A. 截面形状相同　　B. 截面积相同

C. 材料相同　　D. 外荷载相同

三、判断题

1. 弯矩使梁段上部受拉下部受压为负。(　　)

2. 弯矩最大的截面为危险截面。(　　)

3. 梁的最大正应力位于中性轴上。(　　)

4. 平面弯曲梁的最大正应力位于梁截面上下边缘。(　　)

5. 弯矩大于零时，梁截面上只有拉应力。(　　)

6. 平面弯曲梁横截面的中性层有最大伸缩变形。(　　)

7. 当弯矩不为零时，离中性轴越远，弯曲正应力的绝对值越大。(　　)

8. 梁在纯弯曲时，在横截面上任一点的正应力与截面对中性轴的截面二次矩成反比。(　　)

四、计算对形心轴的截面二次矩

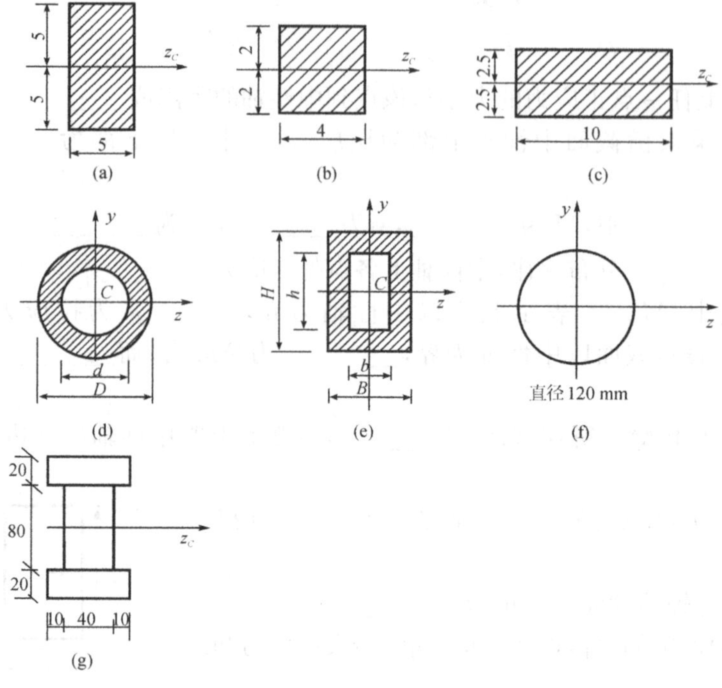

五、试计算图示各梁的最大正应力，并画出应力分布图。

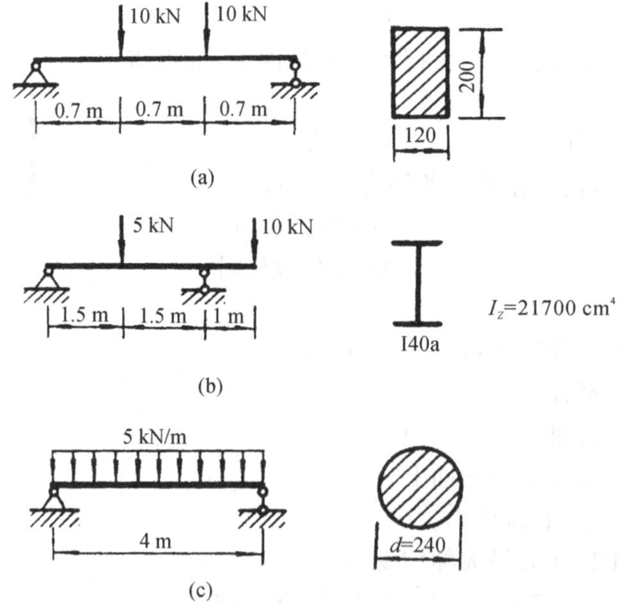

六、梁强度计算题

1. 图示矩形截面悬臂梁，其截面尺寸及所受荷载如图示。材料的许用应力$[\sigma]=170$ MPa，试按梁的正应力强度条件校核该梁的强度。

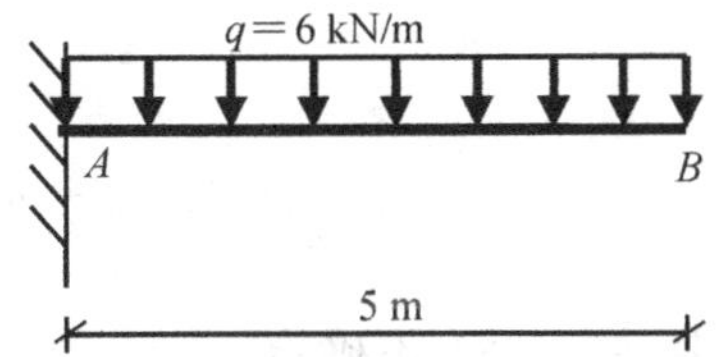

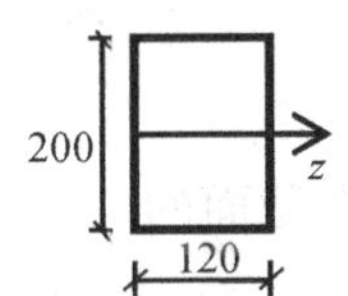

2. 圆形截面木梁，其截面尺寸及所受荷载如图示。材料的许用应力$[\sigma]=10$ MPa，试按梁的正应力强度条件校核该梁的强度。

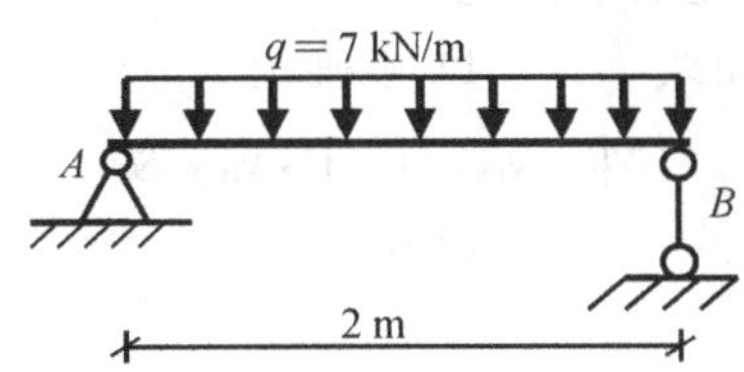

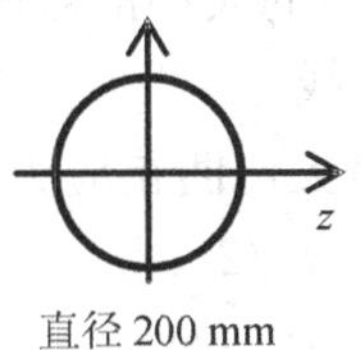

3. 图示矩形截面梁，其截面尺寸及所受荷载如图示，材料的许用应力$[\sigma]=80$ MPa，试按梁的正应力强度条件校核该梁的强度。

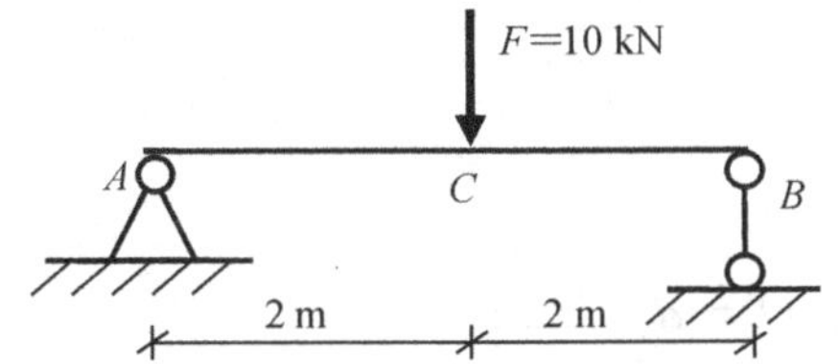

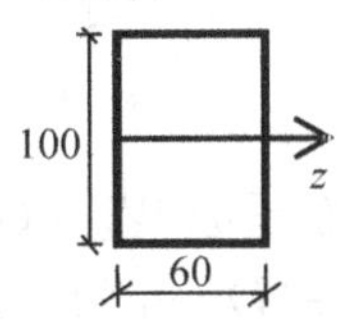

4. 图示外伸梁，截面对形心轴的惯性矩 $I_z=25\times10^6$ mm^4，材料的许用应力$[\sigma]=170$ MPa，试按梁的正应力强度条件校核该梁的强度。

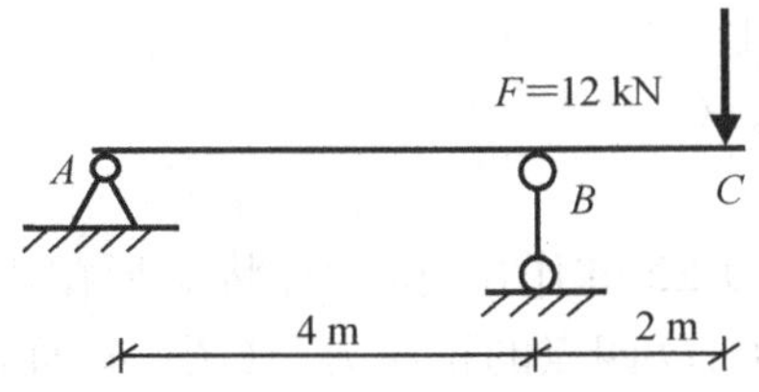

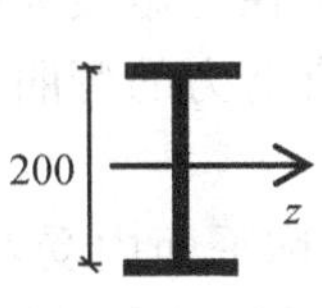

5. 矩形截面梁，其截面高 $h=200$ mm，所受荷载如图示。材料的许用应力$[\sigma]=100$ MPa，试按梁的正应力强度条件确定梁截面宽度 b。

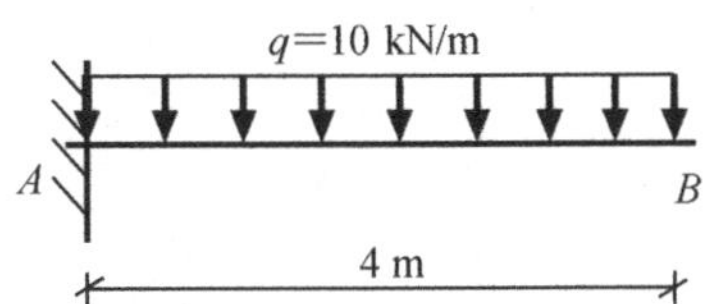

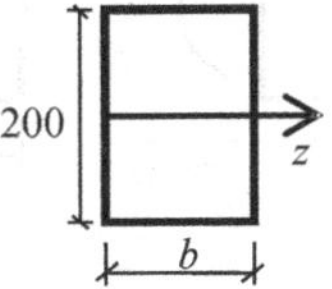

C类

一、选择题

1. 梁横截面上最大切应力发生在截面的(　　)。

A. 最上端　　B. 最下端　　C. 中性轴上　　D. 不确定

2. 梁各横截面上只有(　　)而无剪力的情况称为纯弯曲。

A. 轴力　　B. 扭矩　　C. 应力　　D. 弯矩

3. 矩形截面梁横截面上切应力的大小沿截面高度变化的规律是(　　)。

A. 平直线　　B. 斜直线　　C. 二次曲线　　D. 不确定

4. 梁受力如图所示，那么在最大弯曲正应力公式：$\sigma_{max}=M_{max}y_{max}/I_z$ 中，y_{max}为(　　)。

A. $D/2$　　B. $(D-d)/2$　　C. D　　D. d

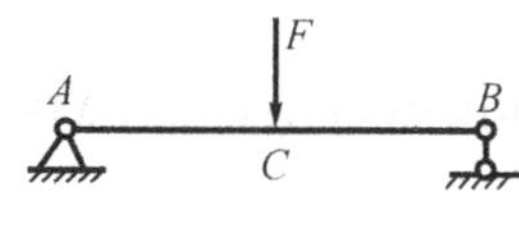

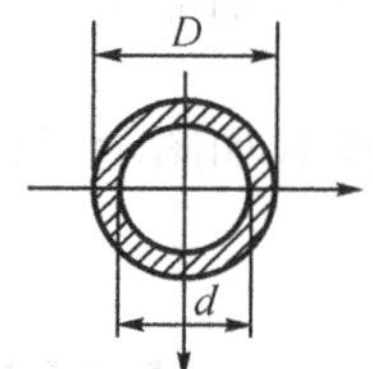

5. 上图示截面其抗弯截面系数 $W_z=$(　　)。

A. $\pi(D^3-d^3)/32$　　B. $\pi(D^4-d^4)/32D$　　C. $\pi(D^4-d^4)/32d$

二、判断题

1. 只要平面有图形存在，该图形对某轴的截面二次矩大于零。(　　)

2. 同一平面图形对不同坐标轴的截面二次是各不相同的。(　　)

3. 最大弯曲正应力一定发生在弯矩最大的横截面上。(　　)

4. 各横截面上只有弯矩没有剪力的弯曲为纯弯曲。(　　)

三、计算题

1. 某矩形截面梁，在纵向对称平面内受弯矩 $M=10$ kNm 作用，试计算将矩形截面“立放”(图 a)和将矩形截面“平放”(图 b)时，截面上 A、B、C、D 四点的正应力。(图中截面的尺寸单位是 cm)

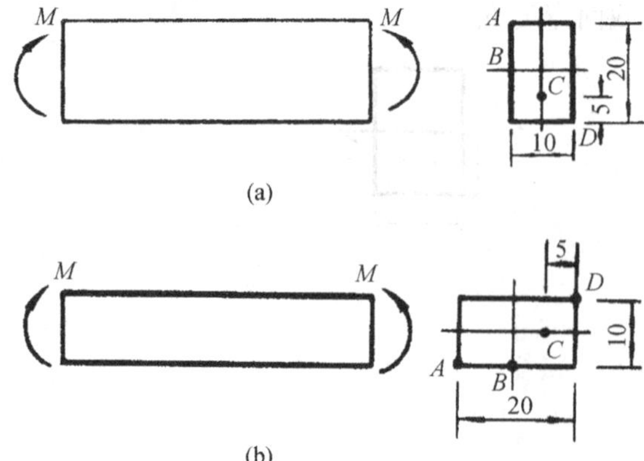

2. 图示外伸梁，截面对形心轴的惯性矩 $I_Z=25\times10^6\ \mathrm{mm}^4$，材料的许用应力$[\sigma_L]=40$ MPa，$[\sigma_Y]=80$ MPa，试按梁的正应力强度条件校核该梁的强度。

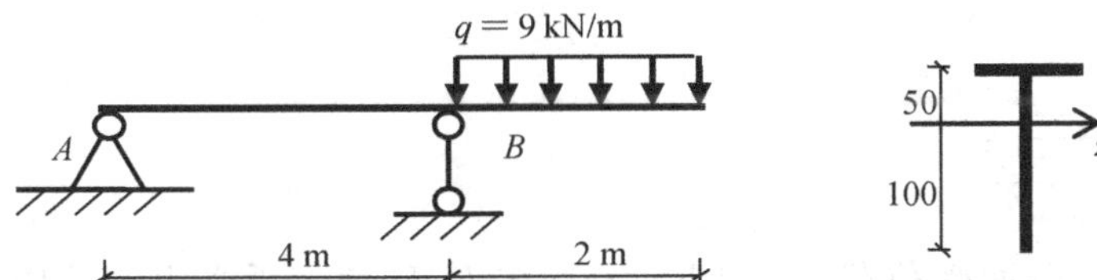

3. 图示外伸梁，所受荷载 $q=10$ kN/m，$L=4$ m，$a=2$ m。采用工字形截面，对形心轴的截面二次矩 $I_z=25\times10^6\ \mathrm{mm}^4$，材料的许用拉应力$[\sigma_L]=40$ MPa，许用压应力$[\sigma_Y]=80$ MPa，试按梁的正应力强度条件校核该梁的强度。

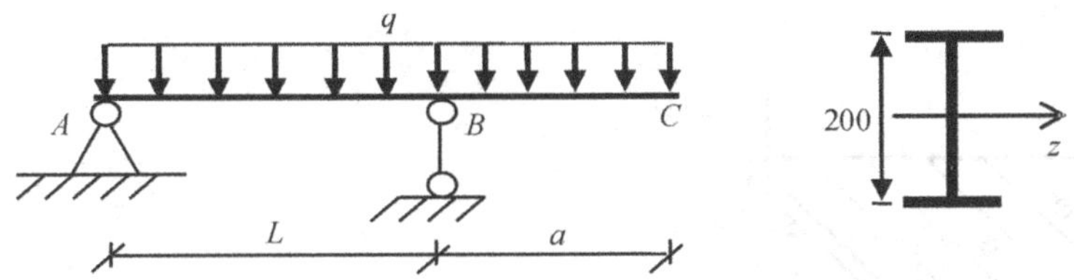

4. T 形截面外伸梁，弯矩图如图所示，截面对形心轴的截面二次矩 $I_z=2\times10^8\ \mathrm{mm}^4$，材料的许用拉应力$[\sigma^+]=40$ MPa，许用压应力$[\sigma^-]=70$ MPa，试确定最大正应力所在位置，并按梁的正应力强度条件校核该梁的强度。($F=40$ kN，$q=20$ kN/m)

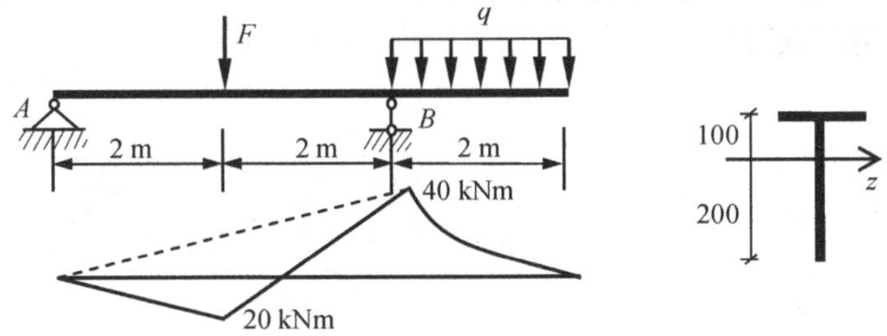

5. 松木外伸梁，采用矩形截面。其高宽比 $h=2b$，材料的许用应力$[\sigma]=9$ MPa，试按梁的正应力强度条件确定梁的截面尺寸。

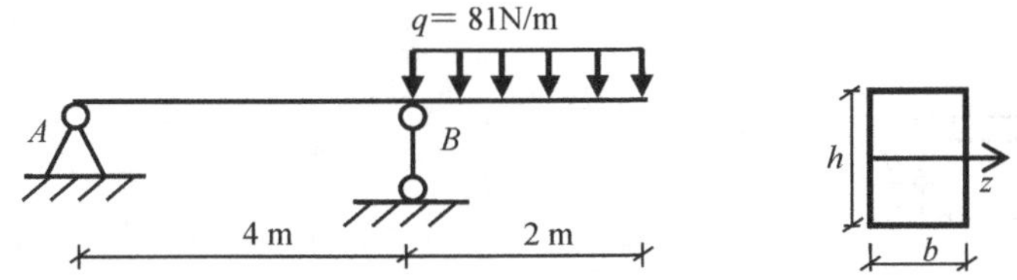

6. 松木简支梁所受荷载如图所示，材料的许用应力$[\sigma]=10$ MPa，采用圆形截面，试按梁的正应力强度条件确定梁截面直径 D。

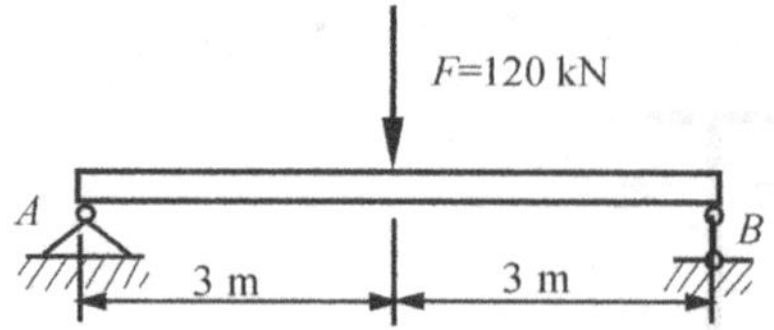

7. 图示小阳台由木板铺成，台面受荷载 $q'=2$ kN/m^2，在 B、D 角上承受由立柱传来的压力 $P=2$ kN。阳台上的荷载全部由两根固定于墙内的悬臂梁 AB 和 CD 承担。若木材的许用应力$[\sigma]=10$ MPa 。(1)画出 AB 梁的受力简图；(2)如木梁截面为矩形，高宽比$h:b=2:1$，试确定梁的截面尺寸。

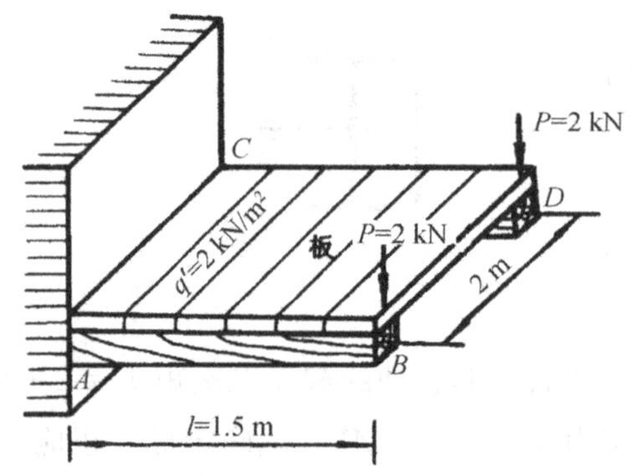

四、梁许用荷载计算题

1. 梁材料的许用应力$[\sigma]=120$ MPa，梁的截面尺寸为 $h\times b=180\times100$ mm^2。试按梁的正应力强度条件确定梁的许用荷载$[P]$。

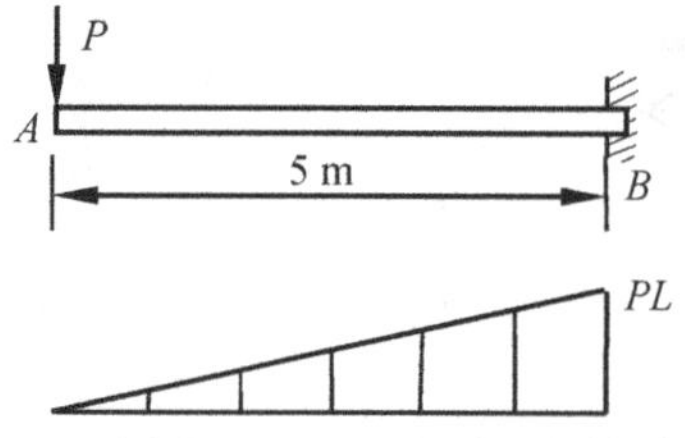

2. 简支梁所受荷载如图示，材料的许用应力$[\sigma]=160$ MPa，梁的抗弯截面系数 $W_z=3\times10^5$ mm^3。试按梁的正应力强度条件确定梁的许用荷载$[F]$。

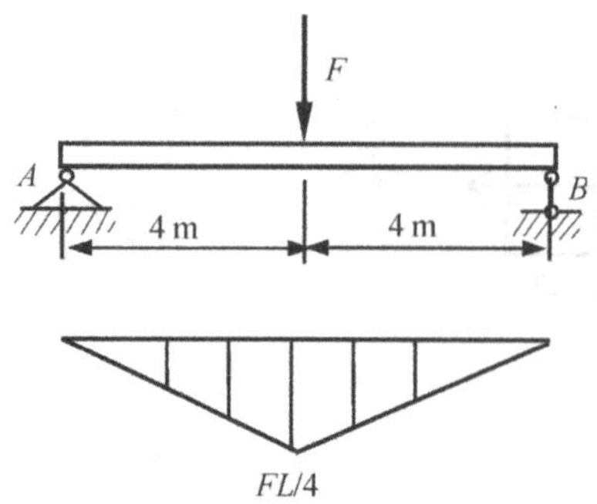

3. 图示矩形截面悬臂梁受均布荷载 q，$W_z=5\times10^5\ \text{mm}^3$，材料的许用应力$[\sigma]=60$ MPa，试按梁的正应力强度条件确定梁的许用荷载$[q]$。

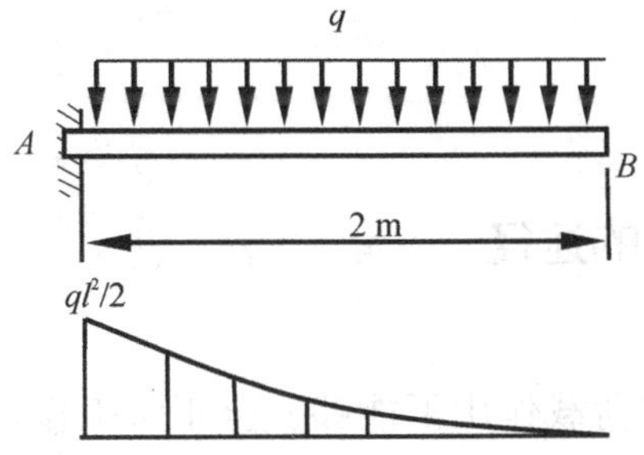

4. 图示矩形截面梁，其截面高度 $h=120$ mm，宽度 $b=80$ mm，材料的许用应力$[\sigma]=100$ MPa，试按梁的正应力强度条件确定梁的许用荷载$[q]$。

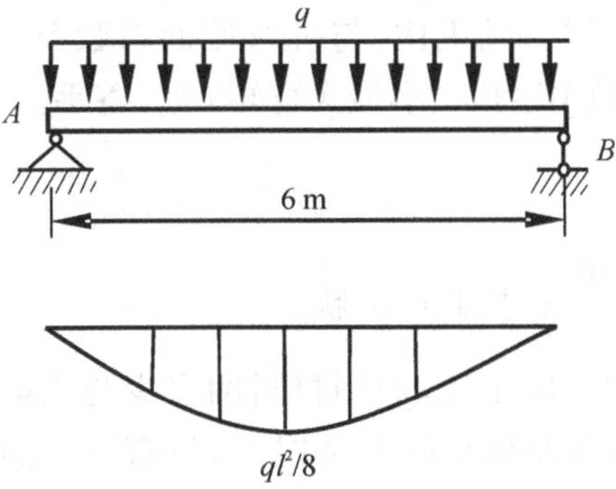

4.5 直梁弯曲知识

(一)提高梁抗弯强度的途径

在设计梁时,既要保证梁具有足够的强度,使梁在荷载作用下能够安全正常工作,又要充分发挥材料的潜力,节省材料,减轻自重,达到既安全又经济的要求。

由梁弯曲正应力强度条件

$$\sigma_{max}=\frac{M_{max}}{W_z}\leqslant[\sigma]$$

可见,梁横截面上最大正应力 σ_{max} 与最大弯矩 M_{max} 成正比,与抗弯截面系数 W_z 成反比。因此,提高梁的抗弯强度应从增大抗弯截面系数 W_z 和减小最大弯矩 M_{max} 着手。

一、选择合理的截面形状

1. 根据抗弯截面系数 W_z 与横截面面积的比值 $\frac{W_z}{A}$ 选择截面形状

梁所能承受的最大弯矩 M_{max} 与抗弯截面系数 W_z 成正比,而用材料的多少与横截面面积 A 成正比,所以合理的梁截面形状应该是在横截面面积相同的情况下,具有较大的抗弯截面系数 W_z,即比值 $\frac{W_z}{A}$ 大的横截面形状较合理。

现在对同高度不同形状的截面的 $\frac{W_z}{A}$ 值作一比较:

直径为 h 的圆形截面

$$\frac{W_z}{A}=\frac{\pi h^3/32}{\pi h^2/4}=0.125h$$

高为 h,宽为 b 的矩形截面

$$\frac{W_z}{A}=\frac{bh^2/6}{bh}=0.167h$$

高为 h 的槽形与工字形截面

$$\frac{W_z}{A}=(0.27\sim0.31)h$$

可见,工字形、槽形截面比矩形截面合理,矩形截面比圆形截面合理。梁通常采用“竖放”,即梁的高度往往较宽度大。

截面形状的合理性,可以从正应力分布来说明。弯曲正应力沿截面高度呈直线规律分布,在中性轴附近正应力很小,这部分材料没有得到充分的利用。如果把中性轴附近的材料尽量减少,而把大部分材料布置在距中性轴较远处,则截面形状就显得合理。所以,在土木工程中梁常采用工字形、圆环形、箱型(图 4-26)等截面形式。建筑中常用的空心板也是根据这个道理制作的。

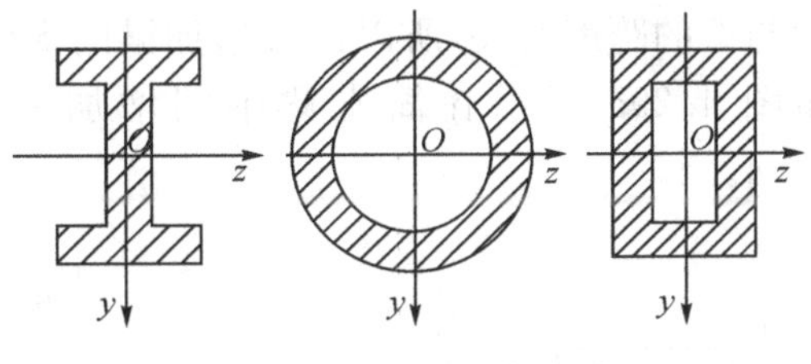

图 4-26

2. 根据材料特性选择截面形状

对于抗拉和抗压强度相等的塑性材料，一般采用对称于中性轴的截面，如矩形、工字形、圆形等截面形式，使得截面上、下边缘的最大拉应力和最大压应力相等，同时达到材料的许用应力值，较充分发挥材料的作用。

对于抗拉和抗压强度不相等的脆性材料，最好选择对中性轴不对称的截面形状，如 T 字形、槽形等截面，使中性轴偏向材料强度较低的一侧，使得截面上、下边缘的最大拉应力和最大压应力同时接近材料的许用拉、压应力(图 4-27)。

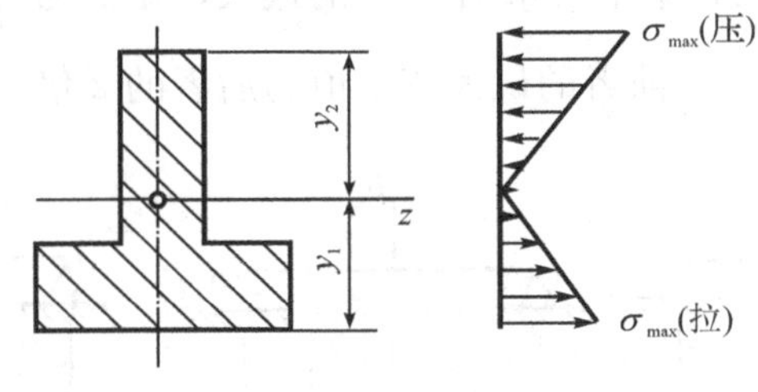

图 4-27

二、合理安排分布梁的受力，以降低最大弯矩值

1. 合理布置梁的支座

由于支座位置不同，其最大弯矩值也不同。如图 4-28a 所示均布荷载作用下的简支梁最大弯矩值为 $0.125ql^2$，而外伸梁如图 4-28(b)所示的最大弯矩值为 $0.025ql^2$，只有前者的 1/5。

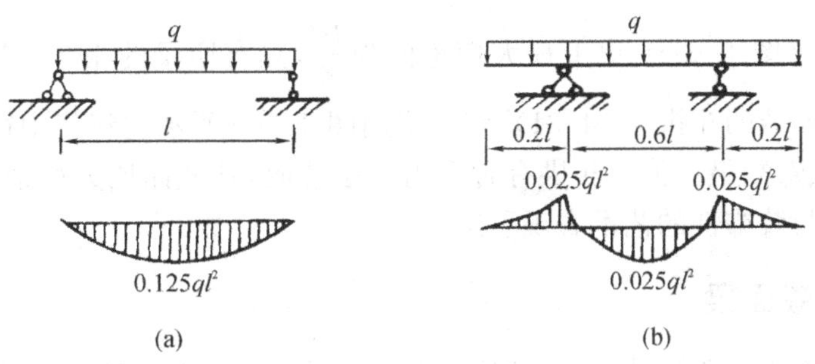

图 4-28

2. 适当增加支座

由于梁的最大弯矩值与梁的跨度有关，所以适当增加梁的支座，可以减小梁的跨度，从而降低最大弯矩值。如图 4-29a 所示在简支梁中间增加一个支座，最大弯矩值为 $0.03125ql^2$，只有原梁的 1/4。

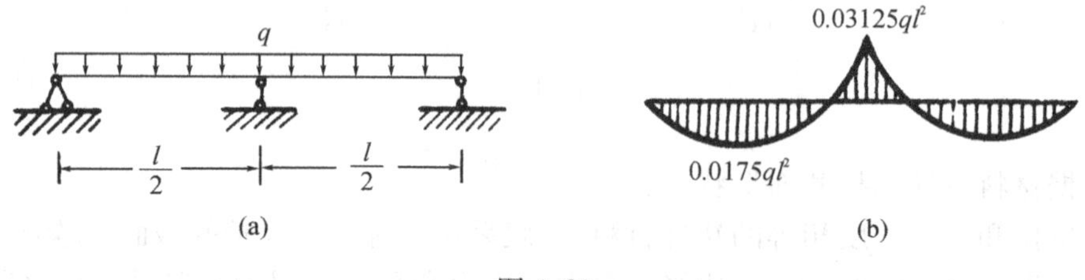

图 4-29

3. 改善荷载的布置

在可能的条件下，将集中荷载分散布置，可以降低梁的最大弯矩值。

如图 4-30a 所示简支梁在集中力 ql 作用下的最大弯矩值为$\frac{ql^2}{4}$，较之将该力分散成均布荷载作用下的情况(图 4-28a)，前者的最大弯矩值为后者的 2 倍。

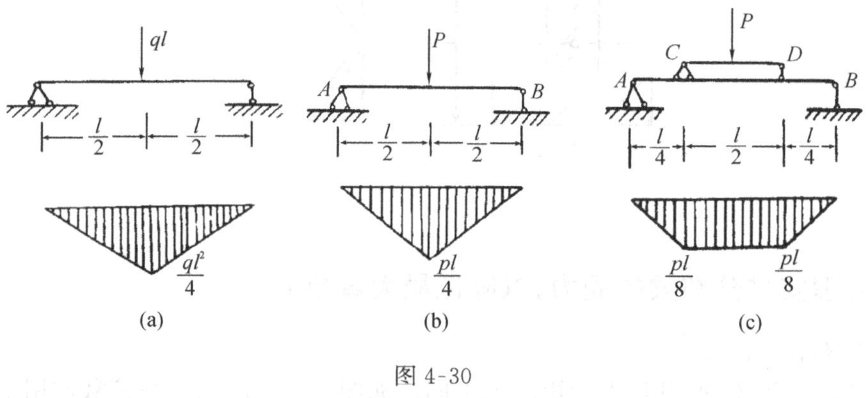

图 4-30

又如简支梁 AB 在跨中集中力(图 4-30b)作用下，梁上最大弯矩值为$\frac{Pl}{4}$；若在 AB 梁上安置一根短梁 CD(图 4-30c)，梁上最大弯矩值为$\frac{Pl}{8}$，只有原梁的 1/2。古代抬梁式木构架柱和内外檐坊上安装的斗拱(图 4-31)，就是采用图 4-30c 所示的将集中荷载分散并靠近支座的方法，以降低弯矩最大值。斗拱有时采用多层叠放，其截面比大梁细小得多，同时还是一种富有感染力与装饰性的艺术表现手法。

三、采用变截面梁

在按梁的强度进行梁设计时，通常是根据危险截面上的最大弯矩值来确定梁的截面尺寸，而在梁其他截面上，弯矩值常常小于最大弯矩。因此，除了最大弯矩截面外，其余截面上的应力可能远小于材料的许用应力。为了充分发挥材料的强度，截面尺寸最好随弯矩值变

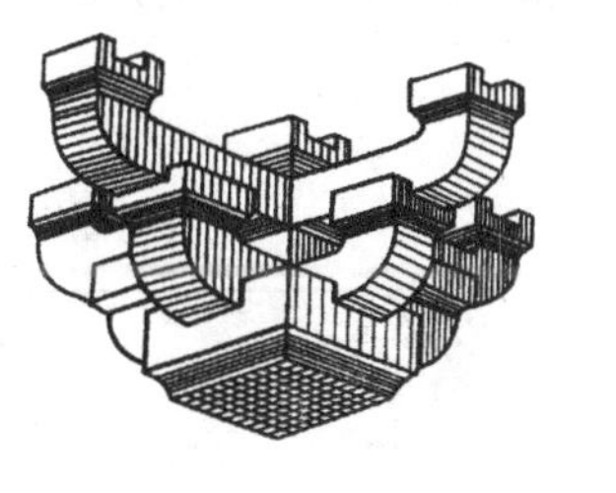

图 4-31

化，弯矩值大的位置截面面积大，弯矩值较小的位置截面面积小，这种横截面沿梁轴变化的梁称为变截面梁。理想的情况是：每一个横截面上的最大正应力都刚好等于或略小于材料的许用应力，这样的梁称为等强度梁。

等强度梁截面变化较大，施工困难。因此，一般采用形状简单或接近等强度梁的变截面梁，如阳台、雨蓬的挑梁，鱼腹式吊车梁。

(二)梁的位移

一、梁的挠度和转角

梁截面形心的线位移称为梁的挠度，用 w 表示。梁的挠度向下为正。构件弯曲时横截面的方位发生转变，转变量用角量度，称为角位移。梁横截面的角位移称为转角，用 θ 表示。在图 4-32 所示的坐标系中，转角以顺时针转向为正。转角用弧度(rad)做单位。

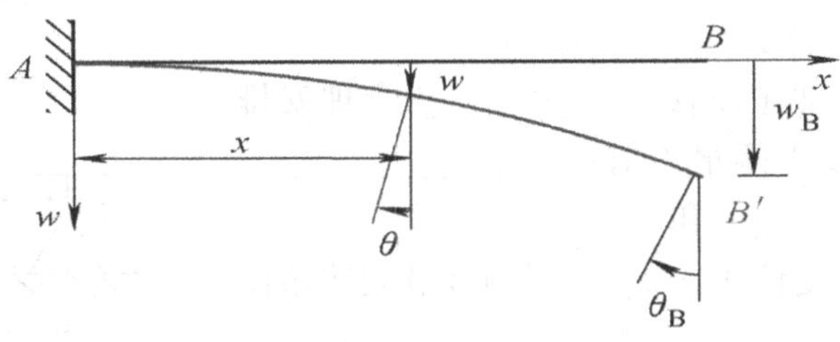

图 4-32

二、画梁的挠曲线

梁弯曲后的曲线称为挠曲线。要求绘弯矩图之后，勾画梁的挠曲线。勾画挠曲线只要求画准三个方面：

(1)梁在支座处的位移与支座的约束特性相符；

(2)挠曲线的凸向与弯矩图的侧向相同；

(3)挠曲线是连续、平滑的曲线。它的拐点和弯矩图线与基线的交点对齐。

图 4-33(a)、(b)中的虚线所示为梁的挠曲线。由图可见，“弯矩图画在受拉侧”与“挠曲线向受拉侧凸出”的表示一致。

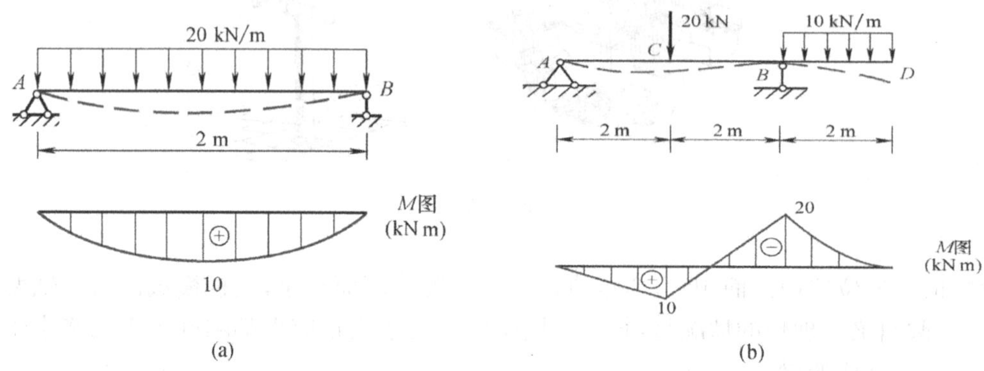

图 4-33

4.5 习题

一、填空题

1. 对于抗拉和抗压强度不相等的脆性材料，最好选择对中性轴不对称的截面形状，使中性轴偏向________________，使得截面上、下边缘的最大拉应力和最大压应力同时接近材料的许用拉、压应力。

2. 梁的________与________之比的大小，可用来衡量梁的截面形状是否经济合理。

3. 工程上用的鱼腹梁、阶梯轴等，其截面尺寸随弯矩大小而变，这种截面变化的梁，往往就是近似的________梁。

4. 提高梁抗弯强度途径有____________；合理安排梁的受力情况，以降低弯矩最大值；________________。

5. 梁的变形为________和________。

6. 图示梁最大挠度位于________截面，最大转角位于________截面。

二、选择题

1. 塑性材料受弯构件从应力角度来分析，下列最合适的截面形状是(　　)。

A. 矩形　　B. 圆形　　C. 工字形　　D. T 形

2. 对于许用拉应力和许用压应力相等的直梁，从强度角度看，其合理的截面形状为(　　)。

A. 矩形　　B. 工字形　　C. T 形　　D. ⊥形

3. 对于许用拉应力和许用压应力不等的脆性材料梁，从强度角度看，其合理的截面形状为(　　)。

A. 矩形　　B. 工字形　　C. T 形　　D. 圆形

4. 矩形截面梁，当截面的高度和宽度分别增加一倍时，其抗弯能力为原来的(　　)倍。

A. 2　　B. 8　　C. 16　　D. 32

5. 关于挠度的下列定义中，正确的是(　　)。

A. 横截面在垂直于轴线方向的线位移

B. 横截面的形心在垂直于轴线方向的线位移

C. 横截面的形心沿轴线方向的线位移

D. 横截面的形心的总线位移

三、选择、判断题

1. 塑性材料梁，截面积一样时，较合理的截面形式为(　　)。

(a)　　(b)

2. 塑性材料梁，较合理的截面形式为(　　)。

(a)　　(b)

3. 钢梁采用工字钢是为了增大截面二次矩，减小梁的变形。(　　)

4. 合理的梁截面形状在截面积相同的情况下具有较大的抗弯截面系数。(　　)

5. 钢筋混凝土梁做成箱型梁，可以增大截面二次矩，减小梁的变形。(　　)

6. 从梁的正应力强度考虑，梁的高度应大于宽度。(　　)

7. 从梁的正应力强度考虑，梁上荷载采用分散分布较集中分布合理。(　　)

8. 等强度梁是梁最大弯矩截面的最大应力等于材料的许用应力的梁。(　　)

9. 外伸梁、连续梁利用减小梁跨度，造成反向弯曲，达到减小梁的变形的目的。(　　)

10. 对于许用压应力大于许用拉应力的脆性材料，强度校核时只需要校核危险截面的最大拉应力。(　　)

11. 可以采用增加梁支座的办法来提高梁的承载力。(　　)

12. 把作用于梁的集中力分散成分布力，可以取得减小弯矩和弯曲变形的效果。(　　)

13. 提高 W_Z 和降低 M_{max} 都能减少梁的最大正应力。(　　)

14. 从强度出发，横截面积相等的圆形和方形直杆，在轴向拉伸时，圆和方一样；在纯弯曲时，方比圆好。(　　)

15. 梁最大挠度处的截面转角必定为零。(　　)

16. 梁的变形有两种，它们是挠度和转角。(　　)

17. 转角为横截面绕中性轴转过的角度。(　　)

第 5 章　受压构件的稳定性

一、压杆平衡状态的稳定性

用食指逐渐对锯条施加压力(图 5-1b)。当压力增加到一定大小时,锯条会突然弯曲。弯曲的锯条尽管也处于平衡状态,却已经丧失了承载能力(图 5-1c)。

图 5-1a 为图 5-1b 所示钢锯条受压时的计算简图。锯条宽 11 mm,厚 0.6 mm,许用应力$[\sigma]=200\times10^6$ MPa。用强度条件计算锯条的许可荷载为:

$$F_P\leqslant A\cdot[\sigma]=11\ \text{mm}\times0.6\ \text{mm}\times200\ \text{MPa}=1320\ \text{N}$$

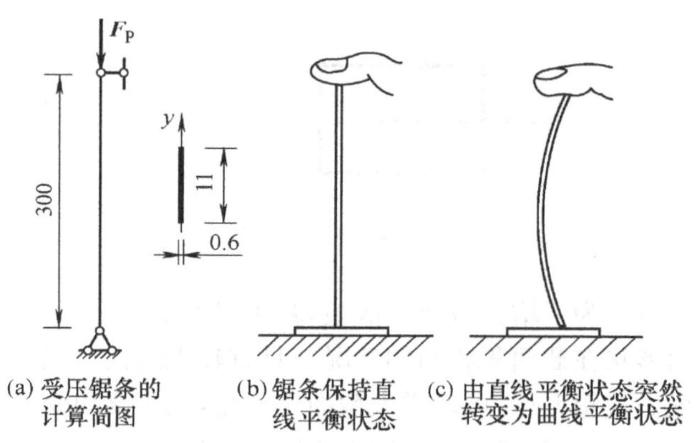

图 5-1　锯条受压

由强度条件计算出锯条能够承受 1320 N 的压力,相当于两个男生的重量。然而食指在此处施加的压力小得不能与人的重量相比。可见,轴向受压直杆(简称**压杆**)的承载能力除了强度方面之外,还有另一方面的问题。

按图 5-1b、c 所示再做一次实验。当压力小于某一量值时,压杆处于直线平衡形态。一次微小的横向扰动会使压杆振动,最终压杆能够回复到初始的平衡形态。这样,称压杆初始的平衡状态是稳定的;当压力逐渐增加到某一量值时,压杆突然弯曲。压杆由直线平衡形态突然转变为曲线平衡形态,则称此时的直线平衡形态丧失了稳定性,简称**失稳**。压杆失稳时的压力值称为**临界力**,用 F_{cr} 表示。

二、临界压力的欧拉公式

如果把稳定性理解为保持原有平衡状态的能力,那么临界力 F_{cr} 便是压杆稳定性的标志:F_{cr}大,保持原有平衡状态的能力强,不易失稳;F_{cr}小,这种能力弱,则容易失稳。因此需要确定压杆的临界力。

对于细长压杆,可以采用欧拉公式计算临界力。

1. 计算压杆临界力的欧拉公式

$$F_{cr}=\frac{\pi^2 EI}{(\mu l)^2} \tag{5-1}$$

式中:E——材料的弹性模量;

I——压杆失稳弯曲时横截面对形心轴的截面二次矩;

μ——长度因数,反映杆端支承情况对临界力的影响;

l——压杆的长度。μl 称为压杆的计算长度。

表 5-1　各种支承约束条件下长度因数

支端情况	两端铰支	一端固定另一端铰支	两端固定	一端固定另一端自由
长度因数	$\mu=1$	$\mu=0.7$	$\mu=0.5$	$\mu=2$

例 5-1　已知图 5-1 所示钢锯条的弹性模量 $E=2.1\times10^5$ MPa,试用欧拉公式计算锯条的临界压力。

解:锯条失稳弯曲时,截面绕 y 轴转动(图 5-1a)。

截面二次矩　　$I_y=\frac{11\times0.6^3}{12}=0.198\ \text{mm}^4$

锯条的支承约束视为两端铰支,长度因数 $\mu=1$。

$$F_{cr}=\frac{\pi^2 EI_y}{(\mu l)^2}=\frac{\pi^2\times2.1\times10^5\ \text{MPa}\times0.198\ \text{mm}^4}{(1\times300\ \text{mm})^2}=4.56\ \text{N}$$

可见,在图 5-1 中,食指使锯条失稳弯曲的压力不到 5 N,小于一袋食盐的重量,不及强度计算许可荷载的 1/250。

2. 计算压杆临界应力的欧拉公式

压杆在临界力作用下,横截面上的平均压应力称为临界应力,以 σ_{cr} 表示。如以 A 表示压杆的横截面积,则

$$\sigma_{cr}=\frac{\pi^2 EI}{(\mu l)^2 A}$$

记 $I/A=i^2$,代入上式,可得

$$\sigma_{cr}=\frac{\pi^2 Ei^2}{(\mu l)^2}=\frac{\pi^2 E}{\left(\frac{\mu l}{i}\right)^2}$$

令

$$\lambda=\frac{\mu l}{i} \tag{5-2}$$

则压杆临界应力的欧拉公式为

$$\sigma_{cr}=\frac{\pi^2 E}{\lambda^2} \tag{5-3}$$

λ 称为压杆的长细比或柔度。它综合反映了压杆的长度、支承情况、截面形状和尺寸等因素对临界力的影响。杆细而长,则柔度大,临界应力小,表明压杆稳定性差;杆粗而短,则

柔度小，临界应力大，表明压杆稳定性好。

3. 欧拉公式的适用范围

欧拉公式只能在杆内应力不超过材料的比例极限时才适用。换言之，由欧拉公式计算出来的临界应力值 σ_{cr} 不得超过材料的比例极限 σ_p，即

$$\sigma_{cr}=\frac{\pi^2 E}{\lambda^2}\leqslant\sigma_p$$

记 λ_p 为 $\sigma_{cr}=\sigma_p$ 时的柔度值，工程上将 $\lambda\geqslant\lambda_p$ 的压杆称为细长杆或大柔度杆，只有这种细长杆才能应用欧拉公式计算临界力或临界应力。

三、影响压杆稳定性的因素

提高压杆稳定性的关键，在于提高压杆的临界力或临界应力。由欧拉公式可见，影响压杆稳定性的因素有材料、杆的截面形状和尺寸、杆长和支承约束。欧拉公式中的 EI 为抗弯刚度，综合体现材料、截面抵抗弯曲变形的能力。

1. 材料对压杆稳定性的影响

在欧拉公式中，临界压力 F_{cr} 与受压构件材料的弹性模量 E 成正比。钢的弹性模量 $E=(2\sim2.1)\times10^5$ MPa，铝合金(LY12)的弹性模量 $E=7.1\times10^4$ MPa，在其他条件相同的前提下，钢质压杆比铝质压杆不易失稳。

不同钢材品种的弹性模量是接近的。因此，选用优质钢材做压杆，对于提高稳定性而言没有意义。

2. 尽量减小压杆的柔度是提高压杆稳定性的有效措施

(1)截面形状对受压构件稳定性的影响

在欧拉公式中，临界压力 F_{cr} 与受压构件横截面的截面二次矩 I 成正比。可见，**改变截面的形状，增大截面二次矩，是提高压杆稳定性的措施之一。**压杆一般在最小刚度平面内失稳。所以，为提高压杆稳定性，应使截面对任一形心轴的截面二次矩相等，以保证压杆在各个方向上的稳定性相等。

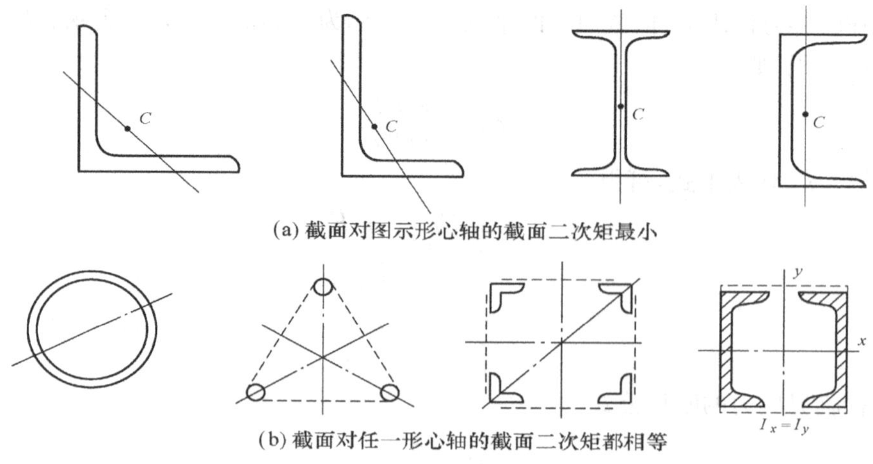

图 5-2

图 5-2a 列出了型钢表中的四种截面，在每个截面上都画出一根形心轴（通过形心的轴线）。截面有无数根形心轴，唯独对这根形心轴的截面二次矩最小，在这个方向截面抵抗弯曲的能力最弱。当支承约束各向相同时，受压构件会绕这根轴失稳——失稳弯曲时，截面绕这根轴转动。可见，单独用这类杆件承压，还未做到充分地利用材料。

图 5-2b 中的截面为组合截面，材料布置在远离中性轴的地方，截面二次矩已经得到了很大的提高。而且，轮廓为圆形、正方形、正三角形的**截面具有三根或三根以上的对称轴，截面对任何一根形心轴的截面二次矩都相等**；调整两根槽钢的间距使 $I_x=I_y$，也能使截面对任何一根形心轴的截面二次矩都相等。选用这类截面的杆件承压，最能充分地利用材料，因此在工程中应用最广。

（2）杆长对压杆稳定性的影响

在欧拉公式中，临界压力 F_{cr} 与压杆的长度 l 的二次方成反比。**压杆越长越容易失稳。**

塔式起重机的塔身由若干塔节拼成（图 5-3）。在塔节中，承受压力的四根角钢被缀条撑开，形成塔身最合理的截面形式。对单根角钢而言，缀条在结点处对它都是约束，从而成倍地缩短了单根角钢的自由长度，提高了单根角钢的稳定性；对于整个塔身，中间用几处横撑与建筑物联结，也成倍地缩短塔身的自由长度，提高了塔身整体的稳定性。

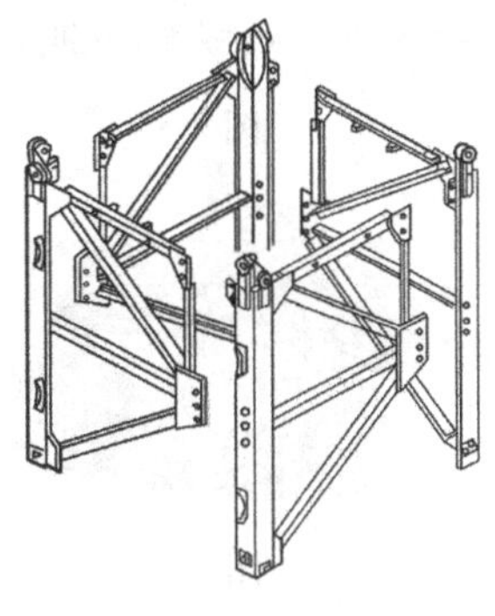

图 5-3

（3）支承约束对受压构件稳定性的影响

在欧拉公式中，临界压力 F_{cr} 与反映支承约束的长度因数 μ 的二次方成反比。工程中常采用一些措施加强支承约束，来提高受压构件的稳定性。

四、工程中受压构件失稳的案例

在近代土木工程发展的进程中，认识受压构件的稳定性问题是付出了血的代价的。尽管解决受压构件的稳定问题早已列入相应的设计规范，早已进入工程力学课程，直到今日，因受压构件失稳造成建筑垮塌的事故仍在发生。这不能不引起每一位土木工程工作者的高度重视。

1907 年 8 月 9 日，在加拿大离魁北克城 14.4 km 横跨圣劳伦斯河的大铁桥在施工中倒塌。灾害发生在收工前 15 分钟，工程进展如图 5-4b 所示，桥上的 74 人坠河遇难。在 23 天前发现悬臂桁架西侧的下弦杆有两节变弯，被解释为加工中的问题。9 天前又发现东侧下弦杆有三节变弯，还是没有引起警觉。两天前的早晨发展到侧跨的西侧也有一节弯了，之后还发现多处。技术监督虽然向上级主管作了报告，却很平静，认为最大工作应力小于许用应力(前者不超过后者的89%)，应该是安全的。事故发生的当天早晨，设计顾问电话通知说，桥上不能再增加荷载了，要立即修复已经弯曲的杆件。虽然他体察到事态有些严重，但还不清楚下弦杆已失稳，要想逆转事态的发展已经不可能了。

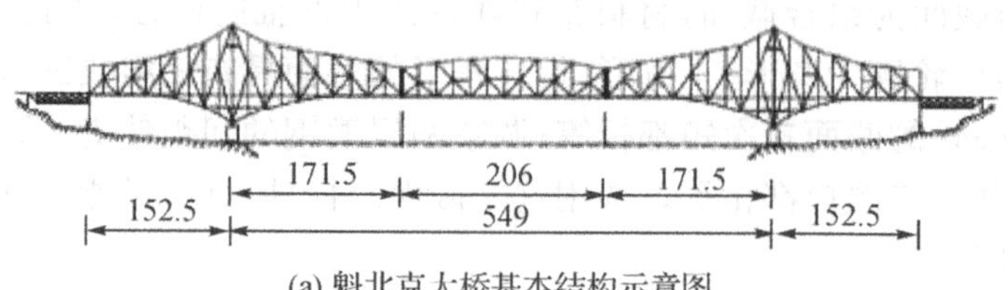

(a) 魁北克大桥基本结构示意图

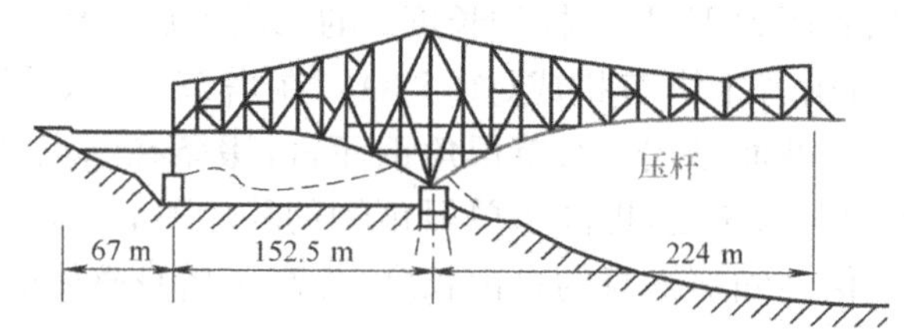

(b) 魁北克大桥失稳倒塌时进度

图 5-4

图 5-5

1922年，在魁北克大桥竣工不久，加拿大的七大工程学院一起出钱将建桥过程中倒塌的残骸全部买下，并决定把这些亲临过事故的钢材打造成一枚枚戒指，发给每年从工程系毕业的学生。然而由于当时技术的限制，桥梁残骸的钢材无法被打造戒指。于是这些学院只好用其他钢材代替。不过为了体现是代表桥坍塌的残骸，戒指被设计成被扭曲的钢条形状，用来纪念这起事故和在事故中被夺去的生命。于是，这一枚枚戒指就成为了后来在工程界闻名的工程师之戒(图 5-5)。这枚戒指戴在右手小拇指上，制作图纸的时候硌着手指，时刻提醒着工程师们，要具有高度的责任感去设计安全、牢固和有用的结构。

5　习题

一、填空题

1. 杆件由于平衡形态的突然转变而引起的失效，称为________。

2. 压杆稳定中临界力越________ 压杆越稳定。杆件的计算长度越________ 压杆越稳定。

3. 当压杆所受压力小于某一数值时，直线形态的平衡是稳定的；当压杆所受压力达到这一数值时，直线形态的平衡丧失稳定性，压杆屈曲失效。该压力数值称为________ 。

4. 压杆的柔度 λ 又称________，与________ 、________ 、________ 有关。

5. 应用欧拉公式计算临界力只适用于________杆。理论上把柔度________的压杆称为细长杆。

6. 细长压杆的临界力与________成正比，与________成反比。细长压杆的临界应力与________成反比。

7. 提高压杆稳定性的关键在于________压杆的临界力或临界应力。

8. 在不增加压杆横截面积的情况下，若将其实心截面改成空心截面，则压杆的临界力将________ 。

9. 其他条件相同时，压杆的杆端的约束越强，长度因数 μ 值越________，相应的临界力越________。

10. 其他条件相同时，压杆的长度越长，失稳时的临界力越________。

二、选择题

1. 细长压杆，其他条件相同，临界力最大的是(　　)

A. 两端固定　　B. 两端简支

C. 一端固定，一端自由　　D. 一端固定，一端简支

2. 同条件的细长压杆，常用普通碳素钢制造，而不用高强度优质钢制造，这是因为(　　)。

A. 普通碳素钢的屈服强度高

B. 普通碳素钢的强度极限高

C. 高强度优质钢的比例极限低

D. 普通碳素钢价格便宜，而弹性模量与高强度优质钢相差不多

3. 当压杆各个方向的约束情况相同，而截面二次矩不同时，计算其临界力应该用(　　)。

A. 数值最小的轴截面二次矩 I_{min}

B. 数值最大的轴截面二次矩 I_{max}

C. 取 I_{min} 与 I_{max} 的平均值

D. 任意取某一轴截面二次矩

4. 四根等长的压杆，材料、截面均相同，支承情况不同，最先失稳的是(　　)。

A. 两端铰支　　B. 一端固定，一端自由

C. 两端固定　　D. 一端固定，一端铰支

5. 某矩形压杆各方向的支承情况相同，压杆将绕截面(　　)轴转动失稳。

A. Z　　B. Y　　C. 无法确定

6. 某工字形压杆各方向的支承情况相同，压杆将绕截面(　　)轴转动失稳。

A. Z　　B. Y　　C. 无法确定

7. 四根不等长的压杆，材料、截面均相同，支承情况不同，临界力最大的是(　　)。

A. 两端铰支，长 $L=3M$ 的压杆

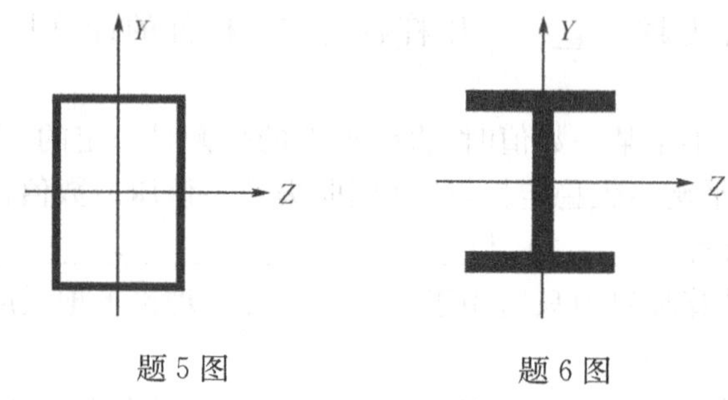

题 5 图　　　　题 6 图

B. 一端固定，一端自由，长 $L=2M$ 的压杆

C. 两端固定，长 $L=6.5M$ 的压杆

D. 一端固定，一端铰支，长 $L=5M$ 的压杆

8. 当理想压杆柔度 $\lambda=\lambda p$ 时，其临界应力 $\sigma_{cr}=$（　　）。

A. σ_p　　　　B. σ_b　　　　C. σ_s

9. 理想压杆柔度 $\lambda>\lambda_p$ 时，其临界应力 σ_{cr}（　　）σ_p。

A. 大于　　　　B. 等于　　　　C. 小于

10. 图示三种截面，若截面面积相等，作为压杆时，最理想的截面是（　　）。

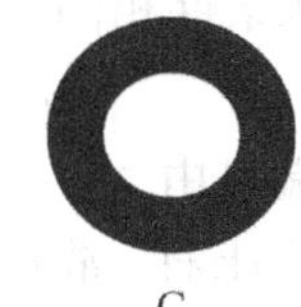

A　　　　B　　　　C

11. 由两根槽钢组成的压杆，两种组合形式，支承情况相同，临界压力较大的是（　　）。

a　　　　b

A. 图 a　　　　B. 图 b　　　　C. 图 a、图 b 一样大

12. 材料相同的压杆，最容易失稳的是（　　）。

A. 长度因数 μ 大的压杆　　　　B. 柔度 λ 大的压杆

C. 计算长度 μl 大的压杆

13. 某圆形压杆，当压杆截面绕 Y 轴转动时，两端为铰支座；当压杆截面绕 Z 轴转动时，一端为固定端，一端为铰支座。压杆将会绕（　　）轴失稳。

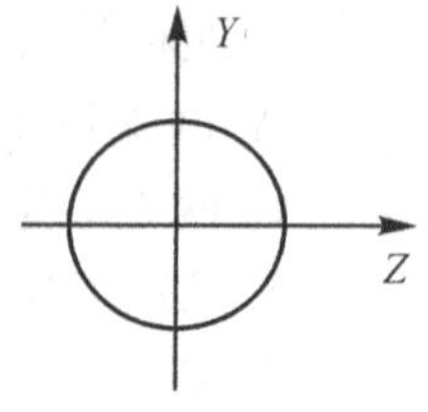

A. Y　　　　B. Z　　　　C. 另一条

三、判断题

1. 欧拉公式适用于各种压杆。（　　）

2. 其他条件相同，杆件越长，压杆越稳定。（　　）

3. 临界力越大，压杆越稳定。（　　）

4. 其他条件相同，柔度越大，压杆越稳定。（　　）

5. 其他条件相同，最小截面二次矩越大，压杆越稳定。(　　)

6. 临界应力越大，压杆越稳定。(　　)

7. 欧拉公式适用条件为杆内应力不超过材料的比例极限。(　　)

8. 对于压杆而言，将截面做成方形较矩形合理。(　　)

9. 长度、横截面面积、材料和杆端约束完全相同的两根压杆，其临界应力不一定是相等的。(　　)

四、在材料、杆长、支座约束相同的前提下，受压构件绕获得最小截面二次矩的形心轴失稳(失稳弯曲时，横截面绕该轴转动)。试在图示各压杆的截面上，标出受压构件失稳弯曲时截面绕哪根轴转动。

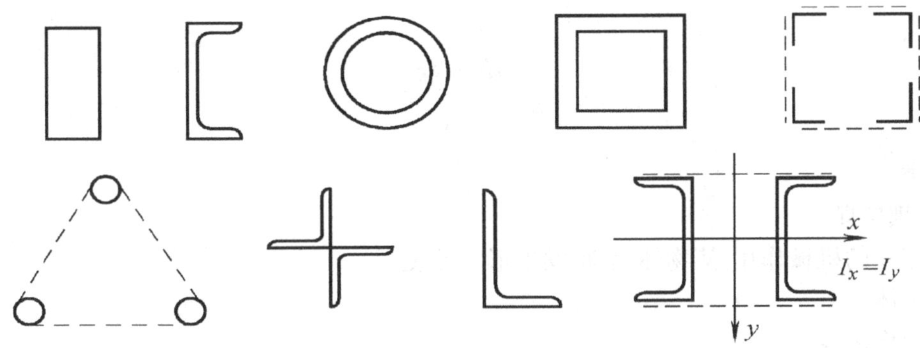

五、工程中常从以下四个方面采取措施来提高受压构件的稳定性：

① 选用适当的材料；② 选择合理的截面；③ 加强支承约束；④ 减小自由长度。

试在各图号后的空白处选填所采取措施的编号。

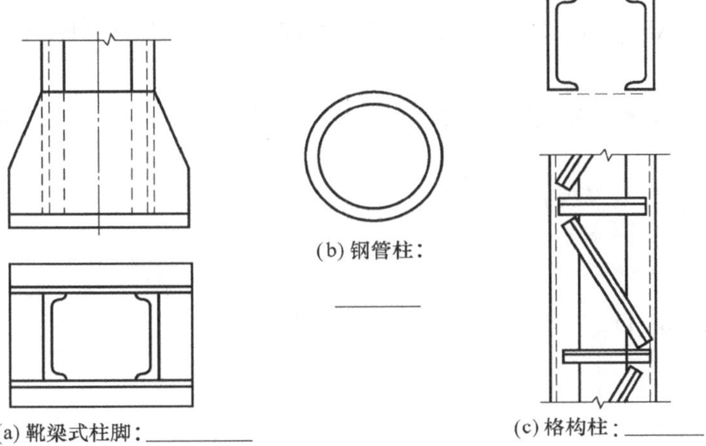

(a) 靴梁式柱脚：________　(c) 格构柱：________

部分习题参考答案

第1章

1.1

A类

一、填空题

1. 相互的机械作用 使物体运动 发生形状改变
2. 刚体
3. 力作用线
4. 力的大小 力的方向 力的作用点
5. N(牛顿) N/m
6. 集中荷载 分布荷载 静荷载 动荷载

二、选择题

1. C　2. C　3. B　4. B　5. B

6. (1)H　(2)AB　(3)CD　(4)EF　(5)F　(6)A　(7)C　(8)B　(9)D　(10)E

三、判断题

1. ×　2. √　3. ×　4. √　5. ×

四、略

B类

一、选择题

1. B　2. A　3. D

二、判断题

1. √　2. ×

三、9 kN/m

C类

1. 2 kN/m
2. 30 kN/m

1.2

A 类

一、填空题

1. 力系
2. 禁止　作匀速直线运动
3. 大小相等　方向相反　作用在同一直线上　同一刚体上
4. 沿两作用点连线
5. 大小相等　方向相反　共线
6. 合力 分力
7. 力系的合成　力的分解
8. 力的平行四边形

二、选择题

1. D　2. C　3. A　4. C　5. D　6. B

三、判断题

1. √　2. √　3. ×　4. ×　5. ×

B 类

一、选择题

1. A　2. C B　3. D　4. D　5. A　6. A　7. D　8. A　9. B　10. A　11. C

二、判断题

1. ×　2. ×　3. √　4. ×　5. ×　6. ×　7. √　8. ×　9. √

三、1. $\begin{cases} F_{1x}=10\sqrt{3}\ \text{kN} \\ F_{1}y=10\ \text{kN} \end{cases}$　2. $\begin{cases} F_{2x}=10\sqrt{2}\ \text{kN} \\ F_{2y}=10\sqrt{2}\ \text{kN} \end{cases}$　3. $\begin{cases} F_{3x}=10\ \text{kN} \\ F_{3y}=10\sqrt{3}\ \text{kN} \end{cases}$　4. $\begin{cases} F_{4x}=10\ \text{kN} \\ F_{4y}=10\sqrt{3}\ \text{kN} \end{cases}$

C 类

一、填空题

1. B　2. B　3. C

一、判断题

4. √

1.3

A 类

一、填空题

1. 主动力　与运动趋势方向一致
2. 相反
3. 受力图
4. 支座　结点
5. 铰结点　刚结点

二、选择题

1. D　2. B　3. C　4. C　5. A　6. D　7. A　8. D　9. C

三、判断题

1. ×　2. ×　3. √　4. √

四—六　略

B类

一、选择题

1. C　2. D　3. A

二、判断题

1. ×　2. ×　3. √

三、略

C类

1. B　2. D

1.4

A **类**

一、填空题

1. 物体系

2. 大小相等　方向相反　沿同一直线　两个物体上

3. 作用与反作用

二、选择题

1. B

三、判断题

1. ×　2. ×

四　略

B **类**、C **类**　略

第2章

2.1

A **类**

一、填空题

1. 为零 等于力本身的大小

2. 矢 代数

二、选择题

1. A　2. B　3. A　4. C

三、判断题

1.√　2.×　3.√　4.√

四　略

五、$\begin{cases}F_x=-F\cos\alpha\\F_y=-F\sin\alpha\end{cases}$　$\begin{cases}F_x=F\cos\alpha\\F_y=F\sin\alpha\end{cases}$　$\begin{cases}F_x=0\\F_y=F\end{cases}$

B类

一、选择题

1. C　2. C　3. B　4. C　5. A　6. D　7. A　8. D

二、

投影	F_1	F_2	F_3	q
F_x	0	0	0	—10 kN
F_y	—10 kN	15 kN	—12 kN	$10\sqrt{3}$ kN

C类

(a) $\begin{cases}F_1x=80\text{ N}\\F_1y=-60\text{ N}\end{cases}$　$\begin{cases}F_2x=43.3\text{ N}\\F_{2y}=25\text{ N}\end{cases}$　$\begin{cases}F_3x=0\\F_{3y}=-60\text{ N}\end{cases}$　$\begin{cases}F_4x=-56.56\text{ N}\\F_{4y}=56.56\text{ N}\end{cases}$

(b) $\begin{cases}F_1x=0\\F_1y=500\text{ N}\end{cases}$　$\begin{cases}F_2x=-300\text{ N}\\F_{2y}=0\end{cases}$　$\begin{cases}F_3x=-300\text{ N}\\F_{3y}=-519.6\text{ N}\end{cases}$

2.2

A类

一、填空题

1. $\sum F_x=0\ \sum F_y=0$

2. x　代数和

3. y　代数和

二、选择题

1. A　2. A　3. C

三、判断题

1.×　2.×　3.×　4.√

四、$F_A=3$ kN　$F_B=20$ kN

B类

一、选择题

1. C　2. C　3. B

二、略

三、1. $F_{AB}=11.55$ kN(拉)　$F_{AC}=5.77$ kN(压)

2. $F_{AB}=5$ kN(拉)　$F_{AC}=8.66$ kN(压)

3. $F_{BC}=10$ kN(拉)　　$F_{AC}=10$ kN(拉)
4. $F_{AB}=10$ kN(拉)　　$F_{BC}=10$ kN(压)

C 类

一、选择题

1. C　2. C

二、$F_{AB}=74.64$ kN(拉)　　$F_{AC}=74.64$ kN(压)

2.3

A 类

一、填空题

1. 移动 转动
2. 力对点的矩　矩心 力矩
3. 力矩中心　力作用线的距离
4. 力矩的大小　逆时针转向为正,顺时针转向为负
5. 为零
6. d_1

二、选择题

1. C　2. C　3. D　4. A　5. C　6. D　7. B　8. D

三、判断题

1. √　2. √

B 类

一、选择题

1. C　2. D

二、略

三、(a) $M_o(F)=-\frac{1}{2}qa^2$　　(b) $M_o(F)=-F\sqrt{a^2+b^2}$

(c) $M_o(q)=-22.5$ kNm(↻)　(d) $M_o(P)=-20$ kNm(↻)

(e) $M_o(P)=10$ kNm(↺)

四、$M_A=80$ kNm(↻)　$M_B=40$ kNm(↻)　$M_C=0$　$M_D=80$ kNm(↺)

五、1. $M_o(F)=\frac{1}{2}Fl$　2. $M_o(F)=\sqrt{a^2+b^2}F\sin\alpha$

C 类

一、A

二、(a) $M_o(F)=Fl\sin\beta$　(b) $M_o(F)=F(l_1-l_3)\cos\alpha-Fl_2\sin\alpha$

三、1. $M_A(F)=23.48$ kNm(↺)　2. $M_A(P)=8$ kNm(↺)

四、$M_A(G)=\frac{1}{2}G_a\cos\alpha-\frac{1}{2}G_b\sin\alpha$　$M_A(F)=-F_b\cos\alpha-F_a\sin\alpha$

2.4

A类

一、填空题

1. 大小相等　方向相反　作用线平行而不重合　力偶臂
2. 力偶矩　零
3. 力偶矩　无关　力偶矩
4. 转动　力偶矩　力偶
5. kNm
6. 力偶矩的大小　力偶的转向　力偶的作用面
7. 力偶矩的大小　力偶的转向
8. $\sum M$　$\sum M=0$
9. 力偶　原力

二、选择题

1. C　2. D　3. A　4. A　5. C A　6. C

三、(a)(d)

B类

一、选择题

1. B　2. C　3. B　4. C　5. C　6. A　7. D　8. C　9. B　10. C

二、判断题

1. √　2. √　3. ×　4. √　5. ×　6. ×　7. ×　8. √　9. √　10. √　11. √　12. ×
13. ×

三、$M_A=5$ kNm(↻)　$M_B=4$ kNm(↻)　$M_C=13$ kNm(↺)
$M_D=40$ kNm(↺)　$M_E=58$ kNm(↺)

C类

一、选择题

1. D　2. A　3. D　4. C

二、1. $F'=5$ kN(↓)　$m=20$ kNm(↺)　2. $m=15$ kNm(↻)
3. $F'=10$ kN(↙)　$m=2.68$ kNm(↻)

三、$m=1.5$ kNm(↺)

2.5

A类

一、填空题

1. $\sum F_x=0$ $\sum F_y=0$ $\sum M_A(F)=0$
2. $\sum F_x=0$　$\sum M_A(F)=0$ $\sum M_B(F)=0$　A、B连线不垂直x轴
3. $\sum M_A(F)=0$ $\sum M_B(F)=0$ $\sum M_C(F)=0$　A、B、C三点不共线

4. 力系各力对 B 点之矩的代数和等于零

二、选择题

1. A　2. A　3. C　4. B　5. A　6. A　7. B

三、判断题

1. √　2. √　3. √　4. √

四、1. $F_A=5$ kN(↑)　$F_B=5$ kN(↑)

2. $F_A=9$ kN(↑)　$F_B=6$ kN(↑)

3. $F_A=6$ kN(↓)　$F_B=18$ kN(↑)

4. $F_A=2$ kN(↓)　$F_B=2$ kN(↑)

5. $F_A=3$ kN(↑)　$F_B=3$ kN(↓)

6. $F_A=21$ kN(↑)　$F_B=21$ kN(↑)

7. $F_A=4.5$ kN(↓)　$F_B=22.5$ kN(↑)

8. $F_B=10$ kN(↑)　$m_B=50$ kNm(↺)

9. $m_A=12$ kNm(↺)

10. $F_A=30$ kN(↑) $m_A=75$ kNm(↺)

11. $F_B=18$ kN(↑) $m_B=63$ kNm(↺)

B 类

一、选择题

1. B　2. D　3. C　4. C　5. D　6. D

二、判断题

1. ×　2. ×

三、1. $F_A=0$ kN(↑)　$F_B=10$ kN(↑)　2. $F_A=8$ kN(↑)　$F_B=4$ kN(↑)

3. $F_A=4$ kN(↓)　$F_B=16$ kN(↑)　4. $F_A=37$ kN(↑) $m_A=117$ kNm(↺)

5. $F_A=8.5$ kN(↓)　$F_B=54.5$ kN(↑)　6. $F_A=43.67$ kN(↑) $F_B=46.33$ kN(↑)

7. $F_A=\frac{80}{3}$ kN(↑)　$F_B=\frac{160}{3}$ kN(↑)　8. $F_A=45$ kN(↑) $m_B=67.5$ kNm(↺)

C 类

一、选择题

1. A　2. B　3. C

二、判断题

1. √　2. √　3. ×　4. ×　5. √

三、(a) $F_{Ay}=3.2$ kN(↓)　$F_{Ax}=6$ kN(←)　$F_B=13.59$ kN(↑)

(b) $F_c=15$ kN(↑)　$F_A=9$ kN(↑)

(c) $F_{Ay}=5$ kN(↑)　$F_{Ax}=2.89$ kN(→)　$F_B=5.78$ kN(↖)

四、(a) $F_{Ax}=8$ kN(←)　$F_{Ay}=12$ kN(↑)　$F_C=12$ kN(↓)

(b) $F_{Ay}=0.25$ kN(↓)　$F_{Ax}=3$ kN(←)　$F_B=4.25$ kN(↑)

(c) $F_A=6$ kN(↑)　$m_A=5$ kNm(↺)

(d)F_A=1 kN(↓)　F_{Bx}=5 kN(←)　F_{By}=1 kN(↑)

五、(a) F_{Ax}=40 kN(←)　F_{Ay}=40 kN(↑)　F_B=40 kN(→)

(b) F_{Ax}=148.04 kN(→)　F_{Ay}=10 kN(↑)　F_B=103.93 kN(↗)

六、1. F_c=30 kN (↓)　F_{AB}=90 kN(拉)

2. F_c=10 kN (↑)　F_{AB}=10 kN(压)

3. F_{cx}=33.33 kN (→)　F_{cy}=13.33 kN(↓)　F_{AB}=47.15 kN(拉)

4. F_{cx}=26.67 kN(←)　F_{cy}=20 kN(↑)　F_{AB}=33.33 kN(拉)

七、1. F_A=30 kN(↑)　F_C=20 kN(↑)　m_A=50K Nm(↺)

2. F_A=4.67 kN(↑)　F_B=10 kN(↑)　F_D=2.67 kN(↓)

3. F_{Ay}=10 kN(↑)　F_{Ax}=10 N(→)　F_B=60 kN(↑)　F_D=14.14 kN(↖)

八、F_A=25.83 kN(↑)　F_{Bx}=5 kN(→)　F_{By}=19.17 kN(↑)　F_C=0

九、(a) F_{Ax}=0.12 kN(←)　F_{Ay}=12.2 kN(↑)

F_{Bx}=0.12 kN(→) F_{By}=11.8 kN(↑)

(b) F_{Ax}=10.8 kN(→)　F_{Ay}=33.6 kN(↑)

F_{Bx}=10.8 kN(←)　F_{By}=32.4 kN(↑)

十、F_{Ax}=60 kN(→)　F_{Ay}=120 kN(↑)　F_{Bx}=60 kN(←)　F_{By}=120 kN(↑)

十一、F_A=60 kN(↑)　F_B=60 kN(↑)　F_{AB}=90 kN(拉)　F_{Cx}=90 kN　F_{Cy}=0

十二、F=20 N　F_A=10 N(←)　F_D=10 N(←)

第3章

3.1

A 类

一、填空题

1. 轴向拉伸或压缩 剪切 扭转 弯曲
2. 均匀连续、各向同性和小变形
3. 轴力
4. 外力或外力的合力的作用线与杆的轴线重合　伸长或缩短
5. 大小相等 方向相反 垂直于杆的轴线 相对错动
6. 截面法

二、选择题

1. B　2. B　3. D　4. B　5. A　6. B

三、判断题

1. √　2. ×

B 类

一、填空题

1. 组合变形
2. 两个互相垂直

3. 轴向压缩 弯曲
4. 轴力 弯矩
5. 斜弯曲

二、选择题

1. B 2. D 3. B 4. A 5. C

三、判断题

1. √ 2. ×

四、偏心压缩 轴向压缩 弯曲

C 类

1. D 2. B 3. C 4. B 5. C

3.2

A 类

一、填空题

1. 杆的轴线 轴力 轴力为拉力时用正号表示,轴力为压力时用负号表示
2. 轴力图 轴力 轴力沿杆长变化情况 最大轴力所在位置和数值

二、选择题

1. D 2. A 3. A

三、判断题

1. √ 2. √

四、1. $F_{NAB}=16$ kN(拉) 2. $F_{NAB}=-15$ kN(压)
3. $F_{NAB}=30$ kN(拉) 4. $F_{NAB}=-20$ kN(压)
5. $F_{NAB}=25$ kN(拉)

B 类

一、选择题

1. A 2. B

二、(a)$F_{NAB}=22$ kN(拉) $F_{NBC}=0$
(b)$F_{NAB}=-15$ kN(压) $F_{NBC}=15$ kN(拉) $F_{NBC}=35$ kN(拉)

三、略

C 类

一、$F_N=500+16.6x(x=0-h)$(压)

二、$F_{NAC}=15$ kN(压) $F_{NCE}=27$ kN(压) $F_{NBD}=5$ kN(压) $F_{NDF}=17$ kN(压)

3.3

A 类

一、填空题

1. 应力

2. 正应力　σ

3. 横截面积　轴力

4. 正应力　σ　拉应力　压应力

5. 10^3　10^3　10^-3　10^{-3}　10　10

6. 垂直　相切　N/m^2　10^6

二、选择题

1. A　2. A　3. B　4. A　5. C

三、判断题

1. √　2. ×　3. √　4. ×　5. √　6. √

B 类

一、选择题

1. B　2. B　3. A　4. B

二、$\sigma_{AB} = 50$ MPa(压)

C 类

一、选择判断题

1. D　2. ×

二、$\sigma_{AB} = 75$ MPa(拉)

3.4

A 类

一、填空题

1. 构件抵抗断裂破坏的能力

2. 强度校核　设计截面　确定许用荷载

3. $\sigma_{\max}=\dfrac{F_N}{A}\leqslant[\sigma]$

4. 最大的工作应力　危险截面　许用应力

5. 强度　刚度　稳定性

6. σ_s　σ_b

二、选择题

1. A　2. A　3. B　4. B　5. B　6. D　7. C

三、判断题

1. ×　2. √　3. √　4. √　5. √　6. ×　7. √　8. ×

四、(1)画受力图,确定须求的未知外力;

(2)画轴力图，判断危险截面，提供危险截面的内力值；

(3)$\sigma=\dfrac{F_N}{A}$计算出最大工作应力，与许用应力$[\sigma]$比较。

五、1. $\sigma_{AB}=10$ MPa　杆件强度满足要求。

2. $\sigma_{AB}=127$ MPa　杆件强度不满足要求。

六、(1)画受力图，确定须求的未知外力；

(2)画轴力图，判断危险截面，提供危险截面的内力值；

(3)由 $\sigma=\dfrac{F_N}{A}\leqslant[\sigma]$得　$A\geqslant\dfrac{F_N}{[\sigma]}$，根据截面形状确定截面尺寸。

七、1. $A_{AB}=100\ \text{mm}^2$　　2. $A_{AB}=600\ \text{mm}^2$

B 类

一、选择题

1. B　2. A

二、判断题

1. √　2. ×　3. ×

三、1. $\sigma_{AB}=6.37$ MPa　杆件强度满足要求。

2. $\sigma_{MAX}=250$ MPa　杆件强度不满足要求。

3. $\sigma_{MAX}=3.5$ MPa　杆件强度满足要求。

4. $\sigma_{AB}=12.5$ MPa　杆件强度满足要求。

5. $\sigma_{AC}=72.2$ MPa　$\sigma_{BC}=115$ MPa　AC 杆强度满足要求　BC 杆强度不满足要求。

6. $\sigma_{AC}=86.6$ MPa　$\sigma_{AB}=33.3$ MPa　两杆强度满足要求。

7. $\sigma_{AC}=118$ MPa　$\sigma_{BC}=3.33$ MPa　AC 杆强度不满足要求　BC 杆强度满足要求。

8. $\sigma_{AC}=\sigma_{BC}=83.3$ MPa　两杆强度满足要求。

9. 截面积 $A=750\ \text{mm}^2$

10. $a=40$ mm　$D=53$ mm

11. 截面积 $A=900\ \text{mm}^2$　截面边长 $a=30$ mm

12. $A_{AB}=1000\ \text{mm}^2$　$A_{BC}=1250\ \text{mm}^2$

13. $[F]=10$ kN

14. $[F]=100.5$ kN

C 类

1. $\sigma_{AB}=150$ MPa(拉)　AB 杆强度满足要求。

2. 截面积 $A=333.3\ \text{mm}^2$　直径 $D=20.6$ mm

3. $\sigma_{DA}=\sigma_{EB}=177$ MPa　$\sigma_{AC}=\sigma_{BC}=90.1$ MPa　AC、BC 绳强度满足要求，
DA、EB 绳强度不满足要求。

4. $[F]=19.2$ kN

5. $[F]=40.7$ kN

6. $[q]=4.8\ kN/m$

3.5

A 类

一、填空题

1. 应力未超过材料的比例极限　$\sigma=E\varepsilon$　$\Delta l=\frac{F_N l}{EA}$　抗拉(压)刚度

2. 弹性受力

3. 弹性阶段　屈服阶段　硬化阶段　颈缩阶段

4. 比例极限　屈服极限　强度极限

二、选择题

1. A　2. C　3. A　4. D　5. A　6. B　7. D

B 类

一、选择题

1. B　2. C　3. A　4. C　5. A　6. B　7. C　8. C　9. D　10. A　11. D　12. B

二、判断题

1. ×　2. ×　3. √　4. √　5. √　6. √　7. √　8. ×　9. ×

三、$\Delta l=0.05\ mm$(缩短)

C 类

一、选择题

1. B　2. C　3. D　4. D

二、$\sigma=120\ MPa$　$P=9.42\ kN$

三、(1) $F_{N上}=40\ kN$(压) $\sigma_1=0.694\ MPa$(压)　$F_{N下}=120\ kN$(压) $\sigma_2=0.877\ MPa$

(2)$\varepsilon_上=2.31\times10^{-4}$　$\varepsilon_下=2.92\times10^{-4}$

(3)$\Delta A=1.86\ mm$(向下)　$\Delta B=1.17\ mm$(向下)

第4章

4.1

一、填空题

1. 纵向对称平面　纵向对称平面

2. 梁　悬臂梁　简支梁　外伸梁

二、选择题

1. C　2. C　3. A　4. B　5. D　6. D　7. C

三、判断题

1. √　2. √　3. ×

四、略

4.2

A 类

一、填空题

1. 剪力　弯矩

2. 下凸弯曲　顺时针转

3. 外力　对截面形心

二、1. $F_{S1}=9$ kN　$M_1=0$　　$F_{S2}=9$ kN　$M_2=18$ kNm

$F_{S3}=-6$ kN　$M_3=18$ kNm　　$F_{S4}=-6$ kN　　$M_4=0$

2. $F_{S1}=7$ kN　　$M_1=-35$ kNm　　$F_{S2}=7$ kN　$M_2=0$

B 类

一、选择题

1. C　2. D　3. C　4. C　5. B　6. A

二、判断题

1. √　2. √

三、(a) $F_{S1}=4$ kN　　$M_1=-4$ kNm　　$F_{S2}=0$　　$M_2=0$

(b) $F_{SA}=37$ kN　　$M_A=-117$ kNm　　$F_{SC}=7$ kN　$M_C=-7$ kNm

$F_{SB}=7$ kN　$M_B=0$

(c) $F_{S1}=0.5$ kN　　$M_1=7$ kNm　　$F_{S2}=4.5$ kN　$M_2=4.5$ kNm

(d) $F_{S1}=-0.25$ kN $M_1=3.5$ kNm　　$F_{S2}=2$ kN　$M_2=-1$ kNm

(e) $F_{SA}=3$ kN　$M_A=8$ kNm　　$F_{SC左}=3$ kN　$M_{C左}=14$ kNm

$F_{SC右}=-7$ kN　$M_{C左}=14$ kNm　　$F_{SB}=-7$ kN　$M_B=0$

(f) $F_{S1}=4$ kN $M_1=0$　　$F_{S2}=-4$ kN　$M_2=0$　　$F_{S3}=0$ $M_3=4$ kNm

C 类

一、选择题

1. D　2. C

二、(a) $F_{S1}=0$　$M_1=0$　$F_{S2}=-P$ $M_2=0$

(b) $F_{S1}=0$　$M_1=-M$　$F_{S2}=0$　$M_2=-M$

(c) $F_{S1}=0$　$M_1=2\mathrm{Pa}$　$F_{S2}=-P$　$M_2=\mathrm{Pa}$

(d) $F_{S1}=0$　$M_1=ql^2/8$

(e) $F_{S1}=M/4a$　$M_1=-M/4$　$F_{S2}=-m/4a$　$M_2=m/4$

(f) $F_{S1}=-ql^2/8$　　$M_1=ql^2/16$

(g) $F_{S1}=-P/4$　$M_1=-Pa/2$　　$F_{S2}=-P/4$　$M_2=-Pa$

(h) $F_{S1}=7qa/8$　$M_1=7qa^2/4$　　$F_{S2}=qa$　$M_2=-qa^2/2$

(i) $F_{S1}=2qa$　$M_1=-5qa^2/2$　　$F_{S2}=2qa$　　$M_2=-qa^2/2$

$F_{S3}=qa$　$M_3=0$

4.3

A 类

一、填空题

位置	无荷载段	均布荷载段	集中力作用点	力偶作用点
剪力图	水平线	斜直线	突变	无变化
弯矩图	直线	抛物线	转折点	突变

二、选择题

1. C 2. B 3. C 4. A

三、1. $F_{SA}=-10\ \text{kN}$ $F_{SB}=-10\ \text{kN}$ $M_A=0$ $M_B=-30\ \text{kNm}$

2. $F_{SA}=0$ $F_{SB}=-24\ \text{kN}$ $M_A=0$ $M_B=-36\ \text{kNm}$

3. $F_{SA}=10\ \text{kN}$ $F_{SB}=10\ \text{kN}$ $M_A=-30\ \text{kNm}$ $M_B=0$

4. $F_{SA}=30\ \text{kN}$ $F_{SB}=0$ $M_A=-75\ \text{kNm}$ $M_B=0$

5. $F_{SA}=5\ \text{kN}$ $F_{SB}=-5\ \text{kN}$ $F_{SC左}=5\ \text{kN}$ $F_{SC右}=-5\ \text{kN}$
$M_A=0$ $M_B=0$ $M_C=10\ \text{kNm}$

6. $F_{SA}=-6\ \text{kN}$ $F_{SC}=12\ \text{kN}$ $F_{SB左}=-6\ \text{kN}$ $F_{SB右}=12\ \text{kN}$
$M_A=0$ $M_C=0$ $M_B=-24\ \text{kNm}$

7. $F_{SA}=-2\ \text{kN}$ $F_{SB}=-2\ \text{kN}$ $F_{SC}=-2\ \text{kN}$
$M_A=0$ $M_B=0$ $M_{C左}=-4\ \text{kNm}$ $M_{C右}=4\ \text{kNm}$

8. $F_{SB}=-3\ \text{kN}$ $F_{SC}=0$ $F_{SA左}=0$ $F_{SA右}=-3\ \text{kN}$
$M_B=0$ $M_C=-12\ \text{kNm}$ $M_A=-12\ \text{kNm}$

9. $F_{SA}=-4.5\ \text{kN}$ $F_{SC}=0$ $F_{SB左}=-4.5\ \text{kN}$ $F_{SB右}=18\ \text{kN}$
$M_A=0$ $M_C=0$ $M_B=-184\ \text{kNm}$

10. $F_{SA}=0$ $F_{SB}=0$ $M_A=-12\ \text{kNm}$ $M_B=-12\ \text{kNm}$

11. $F_{SA}=0$ $F_{SB}=-18\ \text{kN}$ $F_{SC}=-18\ \text{kN}$
$M_A=0$ $M_B=-63\ \text{kNm}$ $M_C=-27\ \text{kNm}$

B 类

一、填空题

1. 有突变　集中力　转折点
2. 相等　无变化　突变　突变值
3. 水平线　水平线
4. 斜直线　抛物线　极值
5. 弯矩图　集中力偶

二、选择题

1. C 2. A 3. D 4. B

三、判断题

1. √　2. √　3. √

四、五、略

C 类

一、选择题

1. B　2. A

二、略

4.4

A 类

一、填空题

1. 中性层　中性轴　形心　受拉和受压两个区域

2. 中性轴　许用应力

3. $\sigma_{Max}=M_{Max}/W_Z$　抗弯截面系数

4. 最大弯矩

二、选择题

1. A　2. C　3. C　4. C

三、略

四、1. $I_Z=11.52\times10^6\ mm^4$　$W_Z=1.92\times10^5 mm^3$

2. $I_Z=78.5\times10^6\ mm^4$　$W_Z=7.85\times10^5\ mm^3$

五、1. $\sigma_{max}=160\ MPa$　梁强度足够

2. $\sigma_{max}=54\ MPa$　梁强度不足

六、1. $W_Z=4.5\times10^6\ mm^3$

2. $b=120\ mm$

B 类

一、填空题

1. 正比　零　拉

2. $\sigma=My/I_Z$　横截面的弯矩 截面上点到中性轴的距离　对中性轴的截面二次矩　直线　为零

3. 下侧　上侧　上侧　下侧

4. 危险截面　最大

5. $\pi D^4/64$

6. $2b^4/3$

7. 相等

二、选择题

1. A　2. C　3. D

三、判断题

1. √ 2. × 3. × 4. √ 5. × 6. × 7. √ 8. √

四、(a) $I_{ZC}=416.67\ \text{mm}^4$

(b) $I_{ZC}=21.33\ \text{mm}^4$

(c) $I_{ZC}=104.17\ \text{mm}^4$

(d) $I_Z=I_y=\pi(D^4-d^4)/64$

(e) $I_Z=(BH^3-bh^3)/12$ $I_y=(HB^3-hb^3)/12$

(f) $I_Z=I_y=1.02\times10^7\ \text{mm}^4$

(g) $I_{ZC}=7.79\times10^6\ \text{mm}^4$

五、(a) $\sigma_{\max}=8.75\ \text{MPa}$

(b) $\sigma_{\max}=9.22\ \text{MPa}$

(c) $\sigma_{\max}=7.37\ \text{MPa}$

六、1. $\sigma_{\max}=93.75\ \text{MPa}$ 梁强度足够。

2. $\sigma_{\max}=4.46\ \text{MPa}$ 梁强度足够。

3. $\sigma_{\max}=100\ \text{MPa}$ 梁强度不足。

4. $\sigma_{\max}=96\ \text{MPa}$ 梁强度足够。

5. $b=120\ \text{mm}$

C类

一、选择题

1. C 2. D 3. C 4. A 5. B

二、判断题

1. √ 2. √ 3. × 4. √

三、1. (a) $\sigma_A=15\ \text{MPa}$(压) $\sigma_B=0$ $\sigma_C=7.5\ \text{MPa}$(拉) $\sigma_D=15\ \text{MPa}$(拉)

(b) $\sigma_A=\sigma_B=30\ \text{MPa}$(拉) $\sigma_C=0$ $\sigma_D=30\ \text{MPa}$(压)

2. $\sigma_{\max}^{+}=36\ \text{MPa}$, $\sigma_{\max}^{-}=72\ \text{MPa}$ 梁强度足够。

3. $\sigma_{\max}^{+}=\sigma_{\max}^{-}=80\ \text{MPa}$ 梁强度不足

4. $\sigma_{\max}^{+}=20\ \text{MPa}$，位于 B 截面上边缘和 C 截面下边缘；

$\sigma_{\max}^{-}=40\ \text{MPa}$ 位于 B 截面下边缘；梁强度足够。

5. $b=180\ \text{mm}$, $h=360\ \text{mm}$

6. $D=570\ \text{mm}$

7. $b=93\ \text{mm}$, $h=186\ \text{mm}$

四、1. $[P]=12.96\ \text{kN}$

2. $[F]=24\ \text{kN}$

3. $[q]=15\ \text{kN/m}$

4. $[q]=4.27\ \text{kN/m}$

4.5

一、填空题

1. 材料强度较低的一侧
2. 抗弯截面系数　横截面面积
3. 等强度
4. 选择合理的截面形状 采用变截面梁
5. 挠度 转角
6. C　　A、B

二、选择题

1. C　2. B　3. C　4. B　5. B

三、选择、判断题

1. B　2. A　3. √　4. √　5. √　6. √　7. √　8. ×　9. √　10. ×　11. √　12. √　13. √　14. √　15. ×　16. √　17. √

第5章

一、填空题

1. 失稳
2. 大　小
3. 临界力
4. 长细比 压杆的长度 支承情况 截面的形状和尺寸
5. 细长 大于 λ_p
6. 截面二次矩　计算长度的平方　柔度的平方
7. 提高
8. 提高
9. 小　大
10. 小

二、选择题

1. A　2D　3. A　4. B　5. B　6. B　7. A　8. A　9. C　10. C　11. A　12. B　13. A

三、判断题

1. ×　2. ×　3. √　4. ×　5. √　6. √　7. √ 8. √　9. √

四、略

五、(a)③　(b)②　(c)④

参考书目

[1]卢光斌编. 土木工程力学基础(第 2 版)[M]. 北京:机械工业出版社,2015
[2]范钦珊主编. 工程力学教程(Ⅰ)[M]. 北京:高等教育出版社,1998
[3]孙训芳等编. 材料力学(第 6 版)[M]. 北京:高等教育出版社,2019
[4]龙驭球,包世华. 结构力学(Ⅰ)——基础教程(第 3 版)[M]. 北京:高等教育出版社,2012
[5]沈伦序主编. 建筑力学(上册)[M]. 北京:高等教育出版社,1990